CT画像診断の臨床例と 活用マニュアル

OsiriX

獣医師のための
実践 OsiriXマニュアル

Macintosh版・フリーソフト

OsiriX Manual & Case Report for Companion Animal Practitioners

 編・著　横浜動物CTセンター
　　　　 監　修　藤原玲奈

アニマル・メディア社

発刊によせて

藤原玲奈（東京大学附属動物医療センター 画像診断部 特任助教）

　横浜動物ＣＴセンターは、開業されている先生方が共同でＣＴを持つ、というコンセプトで立ち上げられた検査センターです。しかも、ＣＴ単独の検査センターではなく併設された横浜夜間動物病院にあるさまざまな検査機器（超音波検査装置、内視鏡など）や手術設備も同じ麻酔下で利用することができる、という強みがあります。同ＣＴセンターは横浜夜間動物病院と一体となってこの地域の中核病院として機能しており、地域の先生方がここを利用することで１次病院で診断・治療できる疾患が飛躍的に広がったのではないでしょうか。私も同ＣＴセンターでＣＴ読影の一部を手伝わせていただいていますが、大学にいてもいまだ経験したことのない珍しい症例に遭遇することもあり、私自身にとっても貴重な勉強・経験の場です。

　そんな横浜動物ＣＴセンターの約４年間の集大成として出版されたのが本書です。ＣＴ初心者であった先生方が、読影を一から勉強され、OsiriXを使いこなし、本書を書きあげるまでになられたわけですが、その志と努力には本当に頭が下がる思いです。小動物臨床でＣＴやＣＴ画像処理、院内画像データ管理に特化した書籍は少ないため、ＣＴを扱う方だけでなく、ＣＴと関係なくOsiriXを使っている方やこれから使おうと思っている方にも有用な内容が詰まった１冊です。

　本書の前半では、横浜動物ＣＴセンターの会員の中でも中心的に動いていらっしゃる先生方が"Case Report"として実際に経験された症例について分担執筆されています。OsiriXに搭載されている機能の中で使用頻度の高いものを中心に、症例を交えてＣＴ画像とそれをOsiriXで加工して得た画像が紹介されています。ＣＴの読影所見だけでなく、OsiriXに搭載された機能を使うことでどのようなメリットがあったのか、ときおり著者の先生方の印象を交えながら述べられています。そして、各章の最後には"豆講座"として、使用したOsiriXの機能や操作に関する解説が添えられています。

　本書の後半では、御子柴先生が"Manual"としてOsiriXに搭載されているさまざまな機能を、非常に細かく丁寧に解説されています。よく使う機能だけでなく、ほとんど使うことがないかもしれない機能まで取りこぼしなく、これぞまさしくOsiriX攻略本です。当初、会員の先生の中には「パソコンはWindowsしか使ったことないから…」と躊躇される方もいたのではないかと思いますが（私もおそらくそんな１人だったと思います）、今では画像の閲覧や３Ｄ画像作成にとどまることなく、DICOMデータの一括管理ツールとしても使用している先生がいるほど、OsiriXはあって当たり前のものとなっています。御子柴先生が丹精込めて書きあげられた私家版の"獣医師向けOsiriX解説本"があったからこそ、「Macなんて初めてで、よく分からない…」という先生方にもOsiriXが定着したのでしょう。

　最後に、本書をきっかけに、「ＣＴを持つ病院に患者を紹介しても、返ってきた所見を鵜呑みにするだけだったけど画像でもみてみよう」、「OsiriXを使ってみよう」、さらには「地域で１台のＣＴを持てたらいいなぁ」、読んでいただいた先生たちにそんな思いを抱いていただけたら幸いです。ゆくゆくは、地域に１台のＣＴやＭＲＩが当たり前の時代となり、確実な診断のもとに適切な治療が進められていくことで、高度画像診断機器の普及が飼い主さんと動物たちの幸福に還元されていくことを願います。

2010年11月

ＣＴ検査を身近なものへ

松倉源太郎（横浜動物ＣＴセンター代表、洋光台ペットクリニック）

　コンピューター断層撮影（ＣＴ）が日本に初めて導入されたのが1975年であり、獣医領域に登場したのが1990年代前半だと思います。それから20年が経過しているのですが、まだまだ普及率は高くない印象があります。高度医療化が著しい小動物診療において、一般開業医へのＣＴの普及を妨げているいくつかの問題があると思います。1つは動物の不動化についてであり、そしてさらなる大きな問題が、機械の大きさと導入コストであることは言うまでもありません。

　麻酔に対するリスクを背負い不動化を行ってまでも、ＣＴを撮りたい（撮るべき）症例が導入コストに見合うだけコンスタントに来院する病院はそう多くはありません。そのため一般開業医にとって、ＣＴという精度の高い検査機器も「対岸の火事」ならぬ、「対岸の機械」になってしまっているのだと思います。

　この点を解決するために、われわれは2004年、日本ではじめて、ＣＴの共同使用を目的とした、有限会社横浜動物ＣＴセンターを立ち上げました。会員が予約を取って必要なときに自分の機械同様にＣＴの撮影を行うことができます。そして、会員はデータを共有し、いつでも症例を検討できるようにしました。このシステムを可能にしたのが、パーソナルコンピューター、マッキントッシュ（Mac）とOsiriXというフリーソフトウェアです。（詳しくは、マニュアルを書いていただいた御子柴先生にお任せいたしますが）Macが1台あれば、ＣＴセンターで撮影された症例のデータを、いつでもどこでも、検討し勉強することを可能にしました。そしてその結果、会員は多くのＣＴ画像に接し、ＣＴ検査がごく身近なものへと変わっていったのです。この運営状況については、2009年の日本獣医師会年次大会（盛岡）で発表しました。現在では、60病院近い会員が集まり、1カ月に50件ほどの撮影を行っています。

　断層撮影というと、どうしてもＣＴはＭＲＩと比較されます。ＭＲＩの方が新しい技術であるために、ＭＲＩはＣＴより精度が高いと思われることも多いかもしれません。しかし、実際には得意な分野が異なるだけでなく、人医領域においても、そのスピードと簡便さからまずＣＴを撮影するケースが多いように思われます。ご存じのように、近年のコンピューター技術の進歩のスピードは目覚ましいものがあります。そしてその名のとおり、コンピューターそのものであるＣＴおよびその解析技術もすごいスピードで成長し続けているのです。

　われわれは、横浜動物ＣＴセンターの立上げとOsiriXを使用することで、一般開業医が行える診断、治療の幅が大きく広がったと考えています。もう、遠くでみているだけの、「対岸の機械」ではなくなったのです。また、この本を読んでいただくことにより、読影に関しても決して難しいものではないことがわかっていただけると思います。

　この本の出版をきっかけとして、今後ますますＣＴが小動物診療に対し浸透し、診断、治療に力を発揮してくれることを期待いたします。

OsiriXを使った症例集の刊行を喜ぶ！

御子柴壽夫（みこしば動物病院）

　ひと昔前に比べると家庭で飼育される小動物の数や種類は増加の一途を辿っていますが、それに伴って動物を正しく飼育することに対する飼い主側の意識が向上したこと、さらにインターネットの普及により、情報を誰でも簡単に入手することが可能になったことなどで、とりわけ動物の健康を維持するための知識と技術に関する情報（しかも内容の正否にかかわらず…）が一般に広く認知されるようになってきました。

　同時に私たち小動物臨床にかかわる獣医師を取り巻く環境にも変化が生じています。飼い主の病気に対する関心や知識の向上に伴い、病気を診る獣医師側にも正確な診断と十分なインフォームド・コンセントを行うための準備がさらに求められるようになり、そのための"検査"の重要性を多くの獣医師が強く認識しており、ニーズに対応するために以前では考えられなかったような高性能な検査機器の導入が行われるようになってきました。

　実際、ＣＴやＭＲＩ装置を導入している個人の動物病院も最近はちらほらと…。

　では、「ウチも高度医療検査システムを構築！」となると、個人の動物病院がＣＴ装置を導入し、それを維持・管理するために要する経費負担の大きさは想像に難くなく、実現には（やはり）相当な覚悟が…。さらに、このような装置を導入した際に生ずる飼い主側の経済的負担も…。

　そうなりますと、高度医療検査システムは、小さな規模の動物病院にとっては「絵に描いた餅」とか「大きな動物病院や大学病院のもの」ということになってしまいかねません。

　そこで、このように個人のレベルではなかなか導入が困難なＣＴ装置を多数の会員で共有することで、自分の患者さんのＣＴ検査を（自分で）行うことができ、加えて装置の導入や維持・管理にかかわるコストの削減を実現、さらに、共有メンバー間での情報交換を通じて、より正確で的確な診断と対応を行うことを目指して、「横浜動物ＣＴセンター」が結成されました。

　この「横浜動物ＣＴセンター」のシステムは、開設以来会員相互の献身的な協力のおかげで、たいへん円滑に機能していますが、唯一の課題は検査で取り込んだ患者さんのデータをＣＴセンターのワークステーションでみる以外は、ディスクメディアにコピーして持って帰り、自宅のパソコンで閲覧するしかできないということでした。ワークステーションからコピーしたデータにはとりあえずパソコンでみることができる最低限のビューアが付属しているのですが、何分にもそれだけでは役不足でした（もちろん、各自がワークステーションを購入するなど、元々のコンセプトに反することですし、現実的ではありません）。

　「何か役に立つビューアはないか？」という要望に、明るい答えがありました。わが家のパソコンでもサクサク動く「DICOM Viewer」が無料配布ソフトウェアとして入手できたのです。

　その名前が「OsiriX（オザイリクス）」。Mac専用ソフトウェアとして開発され（なんと！）無料で配布されています。さらに、まさにワークステーション並みの能力を備えていて（開発者の弁です）、このソフトウェアを自宅のパソコン（Mac限定ですが…）にインストールするだけで、ＣＴセンターで取り込んだデータを自宅で閲覧したり、複雑な処理を付加して病態を解析することができるのです。

　OsiriXは、以下のような経歴を持っています。

　医療用画像がデジタル（DICOM）化するのに合わせて1990年代当初、スイスで[Osiris]という名前で開発されたDICOMビューアが、その開発者Osman RatibとUCLAのAntoine Rossetの手によって、Super DICOM Viewer：OsiriXとして生まれ変わったのは2004年頃。これがOsiriXのルーツのようです。発表されたOsiriXは最初（私のわかるかぎりですが）バージョン0.2から始まり、順次公開され続けています。バージョン1.4からは日本語化も行われ、バージョン1.5からは公開日も公示されています。

　このプログラムは、オープンソースとして公開され、機能の改修や追加が可能で、多くの関係者（プログラマー）によって日々充実したプログラムとして生まれ変わり続けています。

　なお、最新の日本語版バージョンは本年2010年4月に行われた更改で、バージョン3.7.1（現時点）です。本書では、このバージョン3.7.1についてご紹介します。

Contents
獣医師のための 実践Osirixマニュアル

http://www.osirix-viewer.com

発刊によせて
　藤原玲奈 …………………………………… 3
ＣＴ検査を身近なものへ
　松倉源太郎 ………………………………… 4
OsiriXを使った症例集の刊行を喜ぶ！
　御子柴壽夫 ………………………………… 5

＜Case Report＞

OsiriXによるデータ管理
　検査データの整理整頓／住谷和宣 ……… 9
2Dビューアの応用
　「比較すること」を中心に／小野隆之 …… 13
ＭＰＲ（Multiplanar reformation）の活用
　鼻腔内異物／吉池正喜 …………………… 19
　椎間板ヘルニア／松倉源太郎 …………… 21
　腹腔内腫瘤（脾臓の出血）／酒井秀夫 …… 24
ＭＩＰ（Maximum intensity projection）の活用
　門脈体循環シャント／小野隆之 ………… 28
　腹腔内腫瘤（肝細胞癌）／酒井秀夫 ……… 32
ＭｉｎＩＰ（Minimum intensity projection）の活用
　気管支肺炎、気管支拡張症／峰崎　央 … 37
　肺癌／酒井秀夫 …………………………… 38
３ＤＭＰＲによるＣＴ画像診断
　歯根腫瘍／酒井秀夫 ……………………… 43
　眼球突出／酒井秀夫 ……………………… 45
ＳＲ（Surface rendering）の活用
　尺骨近位骨折／松倉源太郎 ……………… 50
　頸部皮下腫瘤／松倉源太郎 ……………… 52
ＶＲ（Volume rendering）の活用
　裁断処理とオパシティー処理を中心に
　新井　弦、小野隆之 ……………………… 54

３Ｄ内視鏡の活用
　胃癌／小野隆之 …………………………… 60
　リンパ球性胃炎／小野隆之 ……………… 61
　胃癌／小野隆之 …………………………… 63
ＲＯＩ（Region of interest）と計測機能
　森下　佳 …………………………………… 65

＜OsiriXの使い方実践豆講座　御子柴壽夫＞

① OsiriXによるデータ管理 ………………… 12
② ２Ｄビューアの応用 ……………………… 17
③ ＭＰＲ（Multiplanar reformation）の活用 … 27
④ ＭＩＰ（Maximum intensity projection）モード
　の活用 ……………………………………… 35
⑤ ＭｉｎＩＰ（Minimum intensity projection）の
　活用 ………………………………………… 40
⑥ ３ＤＭＰＲによるＣＴ画像診断 ………… 48
⑦ ＳＲ（Surface rendering）の活用 ………… 53
⑧ ＶＲ（Volume rendering）の活用 ………… 59
⑨ ３Ｄ内視鏡の活用 ………………………… 64
⑩ ＲＯＩと計測機能 ………………………… 68

＜OsiriXの使い方　御子柴壽夫＞

Ｓ１：プログラムの入手とインストール … 71
Ｓ２：プログラムの起動と終了 …………… 71
　Ｓ２-１：OsiriXの起動 …………………… 71
　Ｓ２-２：起動画面 ………………………… 71
　Ｓ２-３：OsiriXの終了 …………………… 72
Ｓ３：ローカルデータベースウインドウ … 72
　Ｓ３-１：はじめに ………………………… 72
　Ｓ３-２：ウインドウの名称 ……………… 72
　Ｓ３-３：データの読み込み ……………… 73

データをOsiriXに登録する……………73
　　　ファイルからデータを登録する…………73
　Ｓ３-４：ウインドウのデータ表示……………73
　　　新規データの登録……………………73
　　　データベースウインドウ………………74
　　　プレビューリスト……………………74
　　　プレビューウインドウ…………………74
　Ｓ３-５：ウインドウの仕様 ……………………75
　Ｓ３-６：２Ｄビューアへの移行 ………………75

Ｓ４：２Ｄビューア……………………76

　Ｓ４-１：全般 ……………………………76
　　　２Ｄビューアの表示……………………76
　　　ウインドウのサイズ変更………………76
　　　２Ｄビューアの終了……………………76
　Ｓ４-２：画面の構成 ……………………76
　　　２Ｄビューア……………………………76
　　　プレビューリスト………………………77
　Ｓ４-３：ファイルを操作する ……………77
　　　複数のシリーズを読み込む……………77
　　　左右のウインドウを連結させる…………78
　　　左右の画像位置を連動させる…………78
　Ｓ４-４：ファイルを並べて表示する ……79
　Ｓ４-５：方向を変えてみる ………………79
　Ｓ４-６：画像にマークを付ける …………80
　　　キー画像の設定と解除…………………80
　　　キー画像の利用………………………80
　Ｓ４-７：画像処理 …………………………80
　　　WL/WWの変更…………………………80
　　　　プリセットの適用………………………80
　　　　微調整……………………………81
　　　　WL/WW値の作成 ……………………81
　　　　WL/WW値を元に戻す ………………82
　　　CLUTの変更……………………………82
　　　Thick Slabについて ……………………83
　　　　メニュー…………………………83
　　　　投影法の違い……………………83
　　　　ボリュームレンダリング………………83

　　　　具体的な違い………………………84
　Ｓ４-８：マウスボタン機能………………84
　　　機能の割り付け…………………………84
　　　WL/WW…………………………………85
　　　移動………………………………86
　　　ズーム……………………………86
　　　回転………………………………87
　　　動画………………………………87
　Ｓ４-９：関心領域（ＲＯＩ）……………88
　　　ＲＯＩツール：総論………………………88
　　　　ＲＯＩの設置……………………88
　　　　表題………………………………88
　　　　ＲＯＩ図形の訂正…………………88
　　　　ＲＯＩ図形の修正…………………88
　　　　ＲＯＩ図形の移動…………………89
　　　　ＲＯＩ-info……………………89
　　　　その他……………………………90
　　　ＲＯＩツール：各論………………………90
　　　　長さ………………………………90
　　　　角度………………………………90
　　　　矩形………………………………90
　　　　楕円形……………………………91
　　　　テキスト…………………………91
　　　　矢印………………………………91
　　　　Opened Polygon…………………91
　　　　Closed Polygon……………………91
　　　　鉛筆………………………………92
　　　　ポイント…………………………92
　　　　ブラシ……………………………92
　　　　Repulsor…………………………92
　　　ＲＯＩを管理する………………………94
　　　　ＲＯＩの保存と呼び出し……………94
　　　　ＲＯＩの削除………………………94
　　　　ＲＯＩマネージャ…………………94
　　　　ＲＯＩ情報…………………………94
　　　　ＲＯＩ名を変更……………………94
　　　　デフォルトのＲＯＩ名を設定………94
　　　　ＲＯＩ選択時のみ情報を表示………95

ＲＯＩ名のみを表示・・・・・・・・・・・・・・・・・ 95
　　　選択したＲＯＩのヒストグラム・・・・・・ 95
　　　選択したＲＯＩ容積を計算・・・・・・・・・・ 95
　　　選択したＲＯＩを維持・継承・・・・・・・・ 95
　　　選択したＲＯＩsをグループ化・・・・・ 95
　　　リージョングローイング・・・・・・・・・・・・ 95

Ｓ５：２Ｄ多断面再構成処理・・・・・・・・・・・・・ 96
　　メニュー・・・・・・・・・・・・・・・・・・・・・・・・・・・・・・・ 96
Ｓ５-１：２Ｄ直交面ＭＰＲ・・・・・・・・・・・・ 96
　　概要・・・・・・・・・・・・・・・・・・・・・・・・・・・・・・・・・・・ 96
　　ウインドウの操作・・・・・・・・・・・・・・・・・・・・・ 96
　　WL/WW＆CLUTの変更・・・・・・・・・・・・・・・ 97
　　Thick Slab・・・・・・・・・・・・・・・・・・・・・・・・・・・・・ 98
Ｓ５-２：３ＤＭＰＲ・・・・・・・・・・・・・・・・・・・・ 98
　　概要・・・・・・・・・・・・・・・・・・・・・・・・・・・・・・・・・・・ 98
　　ウインドウの調整・・・・・・・・・・・・・・・・・・・・・ 98
　　画像の調整・・・・・・・・・・・・・・・・・・・・・・・・・・・ 98
　　読み込んだ画像の位置を調整・・・・・・・・・ 98
　　WL/WW＆CLUTの変更・・・・・・・・・・・・・・・ 99
　　ウインドウの名前・・・・・・・・・・・・・・・・・・・・・ 99
　　画面の操作・・・・・・・・・・・・・・・・・・・・・・・・・・・ 99
　　実際の操作・・・・・・・・・・・・・・・・・・・・・・・・・・・ 100
　　Thick Slab・・・・・・・・・・・・・・・・・・・・・・・・・・・・・ 101
　　　モード・・・・・・・・・・・・・・・・・・・・・・・・・・・・・ 101
　　　ＭＩＰ-最大値投影・・・・・・・・・・・・・・・・・ 101
　　　平均（Mean）・・・・・・・・・・・・・・・・・・・・・・・ 101
　　　ｍｉｎＩＰ-最小値投影・・・・・・・・・・・・・ 101
　　　枚数・・・・・・・・・・・・・・・・・・・・・・・・・・・・・・・ 101
Ｓ５-３：２Ｄ曲面ＭＰＲ・・・・・・・・・・・・・・ 102

Ｓ６：３Ｄ処理・・・・・・・・・・・・・・・・・・・・・・・・・ 103
Ｓ６-１：はじめに・・・・・・・・・・・・・・・・・・・・・・ 103
　　概要とレンダリングモード・・・・・・・・・・・ 103
　　３Ｄプリセットアイコン・・・・・・・・・・・・・ 103
Ｓ６-２：３ＤＭＩＰモード・・・・・・・・・・・・ 104
Ｓ６-３：３ＤＶＲモード・・・・・・・・・・・・・・ 104
Ｓ６-４：ビューアの機能・・・・・・・・・・・・・・ 104

　　画像の閲覧・・・・・・・・・・・・・・・・・・・・・・・・・・・ 105
　　回転の停止・・・・・・・・・・・・・・・・・・・・・・・・・・・ 105
　　描画レベル・・・・・・・・・・・・・・・・・・・・・・・・・・・ 105
　　表示方向・・・・・・・・・・・・・・・・・・・・・・・・・・・・・ 105
　　WL/WW＆CLUT＆不透明度・・・・・・・・・・・ 106
　　マウスボタン機能・・・・・・・・・・・・・・・・・・・・・ 106
　　　焦点を中心にして回転・・・・・・・・・・・・・ 106
　　　カメラを回転・・・・・・・・・・・・・・・・・・・・・ 107
　　　３Ｄはさみ・・・・・・・・・・・・・・・・・・・・・・・ 107
　　　骨除去・・・・・・・・・・・・・・・・・・・・・・・・・・・・・ 108
　　　裁断・・・・・・・・・・・・・・・・・・・・・・・・・・・・・・・ 108
Ｓ６-５：３Ｄサーフェスレンダリング・・・ 110
　　概要・・・・・・・・・・・・・・・・・・・・・・・・・・・・・・・・・・・ 110
　　リージョングローイング・・・・・・・・・・・・・ 110
　　３Ｄサーフェスレンダリングビューア・・・ 111
Ｓ６-６：３Ｄ内視鏡・・・・・・・・・・・・・・・・・・・・ 112
　　概要・・・・・・・・・・・・・・・・・・・・・・・・・・・・・・・・・・・ 112
　　実際の操作・・・・・・・・・・・・・・・・・・・・・・・・・・・ 113

終わりに・・・・・・・・・・・・・・・・・・・・・・・・・・・・・・・・ 117
　　索引・・・・・・・・・・・・・・・・・・・・・・・・・・・・・・・・・・・ 118
　　奥付・・・・・・・・・・・・・・・・・・・・・・・・・・・・・・・・・・・ 120
　　ＣＤ-Ｒ版マニュアル・・・・・・・・・・・・・・ 付録

動作環境について・・・・・・・・・・・・・・・・・・・・・ 71
OsirixをDockに登録する・・・・・・・・・・・・・・ 72
複数のファイルを選択・・・・・・・・・・・・・・・・・ 79
ホットキーを使う方法・・・・・・・・・・・・・・・・・ 85
マウスを使わない方法（移動）・・・・・・・・・ 86
マウスを使わない方法（ズーム）・・・・・・・ 86
マウスを使わない方法（回転）・・・・・・・・・ 87
マウスを使わない方法（動画）・・・・・・・・・ 87
著者の独り言・・・・・・・・・・・・・・・・・・・・・・・・・・・ 100
ダイコムとは?!・・・・・・・・・・・・・・・・・・・・・・・・・ 102
画像のリセット・・・・・・・・・・・・・・・・・・・・・・・ 108
リージョングローイングを使う場合・・・・・・ 111
サーフェスレンダリングの操作・・・・・・・・・ 112

Case Report

OsiriXによるデータ管理
検査データの整理整頓

住谷和宣（ハート動物病院、横浜動物ＣＴセンター）

はじめに

OsiriXはＣＴ検査などの画像ファイルを単に閲覧するだけのソフトウェアではなく、さまざまなデータを整理整頓して管理できるソフトである。近年、検査データのデジタル化や電子カルテの普及が目覚しく、獣医療の世界でもペーパーレス化の流れが加速している。それにともなって膨大な患者データを効率よく、有効に活用するためのソフトウェアが必要不可欠になってきている。

OsiriXはこの役割を十分に果たすソフトウェアであり、諸先生方のさまざまなニーズにあったデータの管理を可能にするものである。

スマートアルバム

動物病院でOsiriXに収められるデータとしては、ＣＴ検査、Ｘ線検査、超音波検査などがあげられる。

OsiriXに取り込まれた検査データは、基本的に検査実施日に従って整理される。このとき各検査項目ごとに検査実施日順にまとめた方が管理しやすい。

ここでお薦めできるOsiriXの機能がスマートアルバムというものである。スマートアルバムは、あらかじめ設定したキーワードに従って自動的にファイルを振り分けてくれる機能である。例えば、OsiriXに収めるデータがＣＴ検査、Ｘ線検査、超音波検査であるなら、スマートアルバム機能を使って元のデータベースを検査項目により３つのフォルダに振り分けるようにすれば、後から検査データを探し出すのが容易になる（図１）。

また、振り分けのキーワードを検査項目でなく、患者名にしておけばその患者データを常に１つのフォルダにまとめてくれるため、その症例について経過を追う際に便利である。

あらかじめコメント欄に動物種や疾病名を入力しておくことで、動物種別や疾病別にフォルダを作成することも可能となる。このフォルダを使用することで、画像のインフォームド・コンセントを行う際に異常所

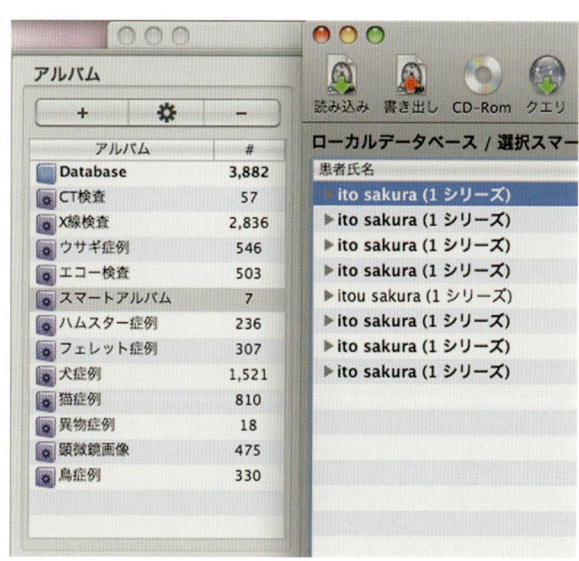

図１　検査項目や動物種などによって振り分けられたスマートアルバムの例（紫色のアイコンがスマートアルバム）

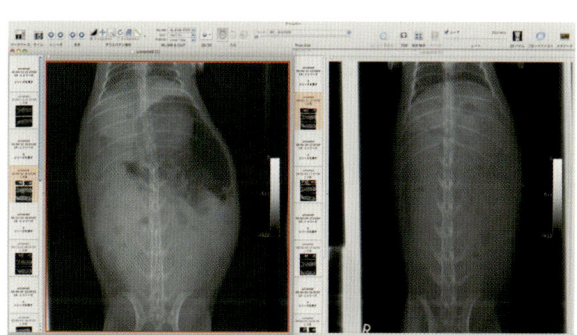

図２　症例（左）と正常例（右）を同時に表示

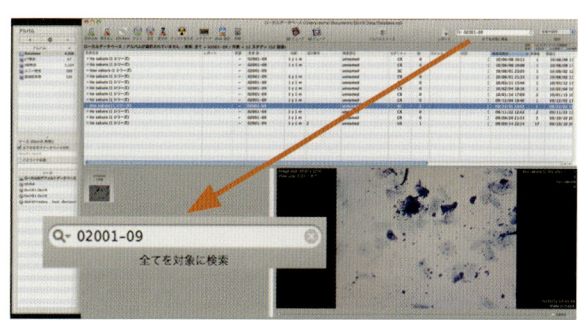

図３　ツールバーに備えられた検索用のウインドウ（矢印は拡大図）。キーワードを書き込んで実行する。ウインドウ左端の虫眼鏡マークをクリックすると現れるメニューを使って検索対象を限定することもできる

見を口頭で伝えるだけでなく、正常画像と対比させることや、同様の所見を呈する患者の画像を参考に提示することが容易となる（図2）。

また、スマートアルバムは基本となるデータベースに一切変更を加えることなく作成されるため、不要になったスマートアルバムを削除してもそこに含まれるデータが削除されてしまうことはない。したがって、一時的な検討や資料収集のためにスマートアルバムを作成し、用が済んだら削除する、といったことも気軽に行うことができる。

その他、キーワードをいろいろな角度から設定できるので、自分のニーズにあったデータ管理が実現可能と思われる。

OsiriXはもちろん検索機能も備えている（図3）。探したいデータのキーワード（例：患者名）を打ち込めば瞬時にデータを出してくれる。あらかじめカルテ番号を登録しておけば、カルテ番号からの検索も可能であることは言うまでもない。

便利なサムネイル表示

個人的な意見を言わせてもらえば、OsiriXを使っていて最も便利さを感じるのは、X線検査において過去のデータと比べたいときである。骨折の治療経過の評価（図4）や時間を追って撮影する必要がある消化管造影検査（図5）では、何枚もの画像を見比べることが多いため、シャーカステンにフィルムをとっかえひっかえしていた時代を考えると、かなり効率がよくスマートなデータ管理だと思う。とはいえ、これはOsiriXというよりCR（Computed ragiography）の利点である。

OsiriXの利点としては、2Dビューア画面左側に表示されるサムネイル欄をあげることができる。このサムネイル欄には現在ビューア画面に表示されている検査データだけでなく、同じ患者の過去の画像が検査日とともにサムネイルとして表示されており（図6）、その画像をクリックすることにより必要な画像が取り出せ、読めるのである。

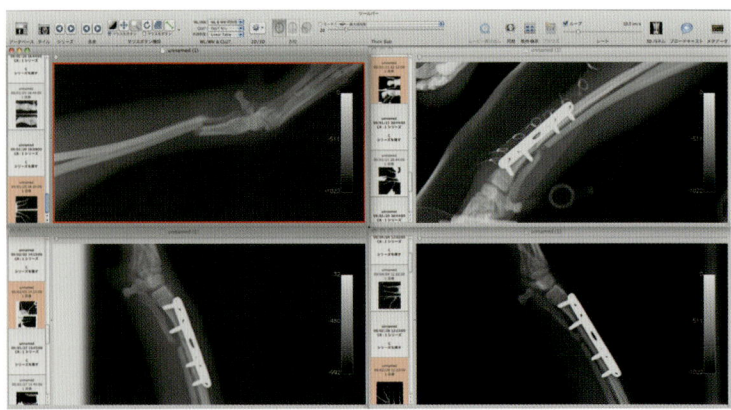

図4　骨折の治療経過を4枚同時に表示

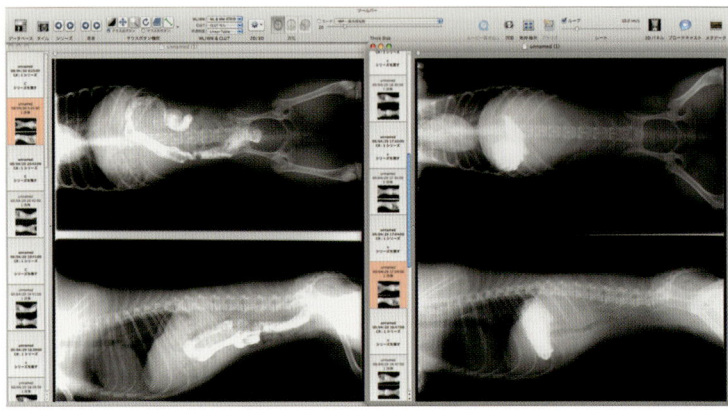

図5　消化管造影例を2枚同時に表示

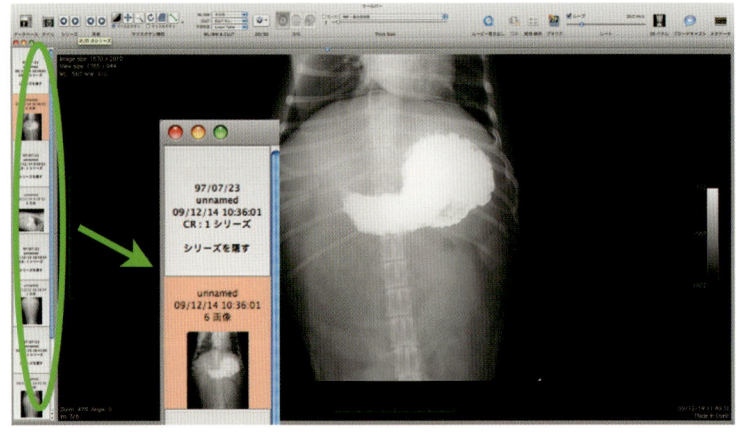

図6　ビューア画面左側のサムネイル表示欄（緑色円、矢印は拡大図）。オレンジ色のサムネイルが現在表示されている画像

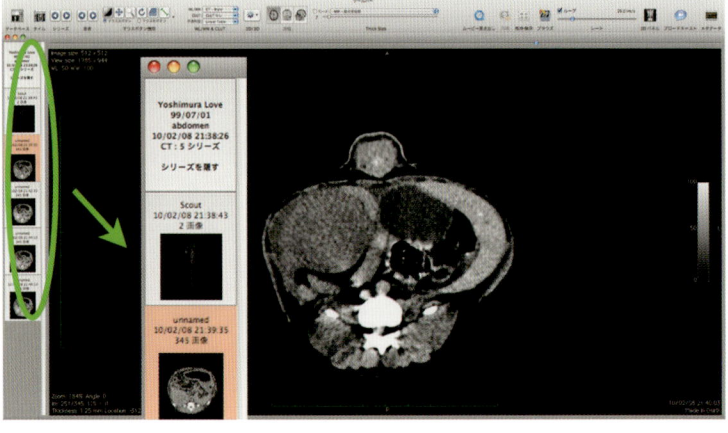

図7　CT検査の場合のサムネイル表示欄（緑色円、矢印は拡大図）。オレンジ色のサムネイルが現在表示されているシリーズ

ＣＴ検査では、画面左端には造影前と造影後の各シリーズのサムネイルが並んでおり、それらを瞬時に交換あるいは並べて表示することができ、作業効率のアップになっている（図７）。

　なお、このサムネイル欄はビューア画面を広く使いたいときなどに非表示とすることも可能である。

まとめ

　このようにOsiriXは、日々の診療で否応なくたまっていく膨大なデータを効率よく整理整頓してくれるソフトウェアであり、今後の動物病院では欠かせない便利なツールである。そのツールにより診療のさらなる効率化が実現でき、結果として患者に向き合える時間を増やしてくれると思われる。OsiriXは開発当初より進化を続けており、フリーソフトウェア（無料で配布されるソフトウェア）とは思えない有能なソフトウェアとなっている。今後も社会のニーズおよび諸先生方のニーズに合うようさらなるバージョンアップが行われ、さらに便利で使いやすいソフトウェアへと発展していくと思われる。

OsiriXの使い方実践豆講座 ①

OsiriXによるデータ管理

スマートアルバムの作り方

　スマートアルバムを作ってみます。データの蓄積で煩雑になったデータベースを有効に管理することができます。ツールバーの［アルバムとソース］というアイコンをクリックすると、ローカルデータベースウインドウ（以下、L.D.Bウインドウ）の左側にアルバムというカテゴリーが出現します（図1）。

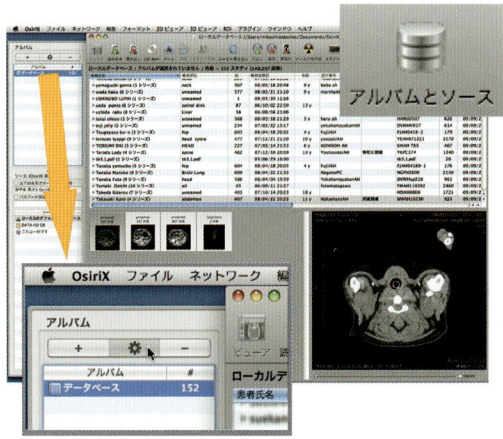

図1

　上段のアルバムを作成するアイコンから作業を始めます（矢印の基部にあります）。真ん中のギアのマークのアイコンをクリックすると下のようにスマートアルバムを作成するためのダイアログボックスが出ます（図2）。

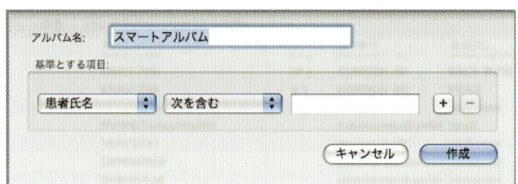

図2

　上段のアルバム名の項目に、作成するアルバムの名前を入れます。今回は「頭部撮影」としました（図3）。

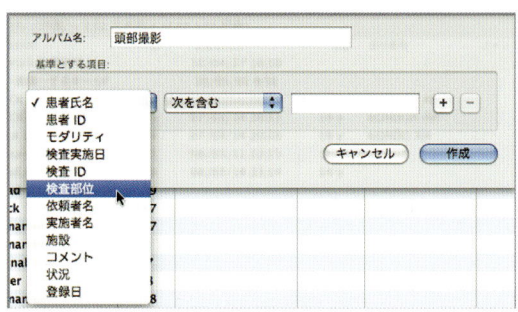

図3

　検索の文言の入力は3項目で、うち2項目はプルダウンメニューです。1番左側の項目には、データベースの項目名が一覧表示されますので、検索する項目名を指定します（今回は「検査部位」を指定しました）。

　右側の項目は検索する文言を入力します。検査部位の項目のデータからどのような文言を拾って検索を行うのかということです。ここでは、アルバム名が頭部検査ですから「head」とし、頭部の検査を行った症例だけを集めることにしました。真ん中の項目の設定は、「次を含む」でよいでしょう（図4）。

図4

　［作成］ボタンを押すと、新しいアルバムが作成されます。図5は「頭部撮影」というスマートアルバムが作成された様子です。データベース内の全データから頭部を撮影したデータだけが22症例集められました。
　同様に、検査機器別のデータベースを作ることもできます。左項目をモダリティに、右項目にはモダリティの種類（CT、MRI、CRなど）を指定するだけです。

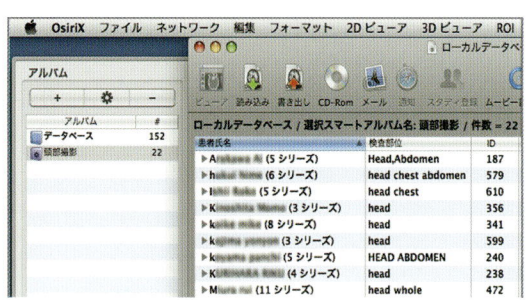

図5

データを抽出する

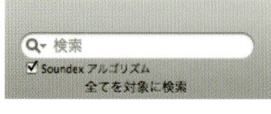

図6

　不特定で多数のデータから目的の症例を探し出すために、OsiriXのツールバーには検索機能が搭載されています（図6）。データベースやスマートアルバムから検索を行うときは、ここに検索文字列を入力します。検索文言は1文字からでも可能で、データ中にその文言が存在する症例を抽出します。例えば、「oo」と入れたとき、Soundexアルゴリズムのチェックボックスが［Off］になっているときは純粋にooという文字列が存在するデータ（oonoやootsukiなど）が、［On］の場合はそれらに加えてデータのいずれかの場所にoの字が2カ所存在するデータ（yokohamaやonoderaなど）も含めて抽出されます。

サムネイル表示

　2Dビューアのサムネイル表示とその使い方は、次ページ「2Dビューアの応用」の章を参照してください。

Case Report

2Dビューアの応用
「比較すること」を中心に

小野隆之（マーサ動物病院）

はじめに

OsiriX上で画像を操作する場合、まずデータベースウインドウから目的の画像を選び、2Dビューア画面を開いてさまざまな処理を施すという流れになる。画像診断するうえではこの画面が基本となる。

そして、この画面での大きな特長の1つとして複数の画像を並べて操作できるという点があげられる。この画面はOsiriXでは2Dビューアと呼ばれているが、実際には2D（平面）画像だけでなくMIP（Maximum intensity projection）やVR（Volume rendering）などの3D（立体）画像も表示可能である。また、CT以外のCR、超音波検査などのDICOMファイル、さらにはJPEGファイルや動画などのさまざまな画像データも表示可能である。

われわれが最もよくこの機能を使用するのは、単純CT像と造影CT像各相を比較する際であろう。また、複数の症例のCT像を比較することも多く行われている。本稿では使用頻度の高い複数ビューア操作法を症例に基づいて紹介する。

なお、麻酔は症例3のミナミアメリカオットセイを除きプロポフォールで導入後、気管内挿管してイソフルランにて維持麻酔を行った。また、血管造影はイオヘキソール（300mgI/mL）2mL/kgを静脈内に急速投与して行った。

症例1　肝臓腫瘍（造影効果の比較）

プロフィール：犬（ウェルシュ・コーギー）、雌、14歳齢、体重12.0kg。
主訴：元気・食欲の不振。
身体検査：触診で上腹部に腫瘤を触知。
血液検査：肝酵素の数値がスケールオーバー。
CT検査：前述のプロトコールにしたがってCT検査を行った。単純CT撮影後に造影剤を投与し、15秒後、40秒後、3分後に造影CTを撮影した（図1）。血管造影15秒後は動脈相（造影剤がおもに肝動脈に分布している）を、40秒後は門脈相（造影剤がおもに門脈に分布している）を、3分後は平衡相（造影剤がおもに肝実質および肝静脈に分布している）を示している。複数ビューアを利用することで腫瘍や肝臓の血管走行が容易に確認でき、肝葉の同定も可能である。この操作は肝臓以外でも同一症例で造影効果を比較をするときには欠かすことのできないものである。

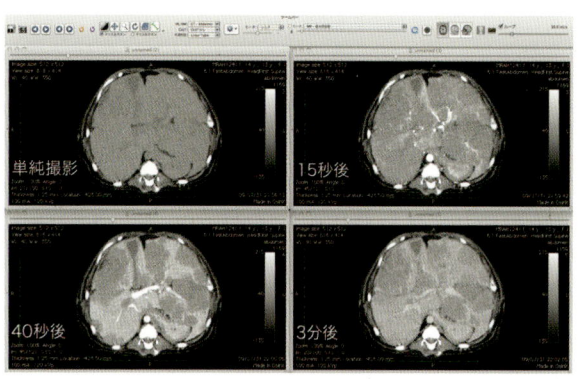

図1　肝臓腫瘍の造影効果の比較
単純CT（左上）、血管造影15秒後の動脈相（右上）、40秒後の門脈相（左下）、3分後の平衡相（右下）の同じ断面を複数のビューアを開いて同時に表示している

症例2　肝細胞癌（術後経過の比較）

プロフィール：犬（シー・ズー）、雌、12歳齢、体重8.0kg。健康診断目的のX線検査で偶然肝臓領域の腫瘤が発見され、確定診断を目的としてCT検査を行った。
CT検査とその後の経過：前述のプロトコールにしたがってCT検査を行い、外側左葉から生じた腫瘤が確認された。その後、外側左葉・内側左葉の切除を行い、直後に残存肝葉を評価するためのCT検査を行った。切除した腫瘤の病理組織学的診断は肝細胞癌であった。さらに4カ月後に経過観察のためのCT検査を行った。2Dビューアで比較すると、残された右側の肝葉が4カ月後に代償性に大きく肥大していることがわかった（図2）。

このように同一症例で時間経過による変化を比較することも多く行われる。

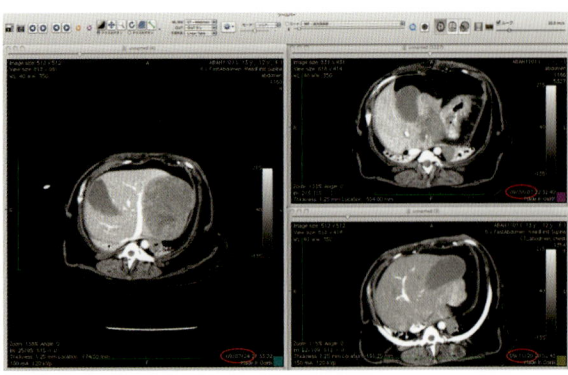

図2　肝細胞癌の術後の経過観察
術前（左）、手術直後（右上）、術後4カ月（右下）

症例3　ミナミアメリカオットセイのCT像（動物種による違いを比較）

プロフィール：ミナミアメリカオットセイ、雌、1歳齢。
主訴：左眼下の皮下腫瘤。
CT検査：本種は頸部で気管が分岐しており、気管内挿管が不可能であったため、麻酔はマスクによって導入・維持しCT検査を行った。
　犬との比較では気道の構造がかなり異なっていた。ミナミアメリカオットセイの気道は、口腔や鼻腔からの水の侵入を防ぐ構造をしている（図3）。また、図示していないが、ミナミアメリカオットセイは前述のように気管が頸部で2つに分岐していた。
　このように動物種が異なると解剖学的構造がかなり異なる場合もあり、現時点では動物のCT検査は多くの症例を積み重ねて比較することが必要であろう。

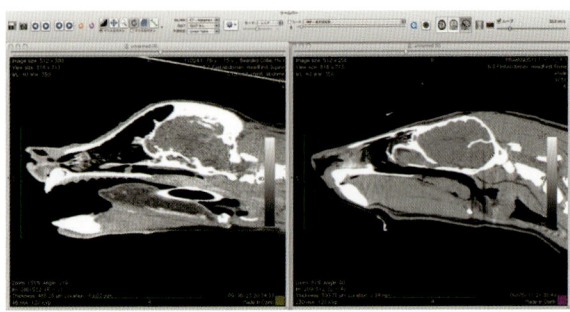

図3　犬（左）とミナミアメリカオットセイ（右）の頭部CT矢状断像
気道の構造がかなり異なることがわかる

症例4　肝硬変（他症例との比較）

プロフィール：犬（アメリカン・コッカー・スパニエル）、去勢雄、10歳齢、体重10.0kg。
主訴：口臭（腐敗臭）。
血液検査：TP 5.7g/dL、Alb 2.6g/dL、ALT 440U/L、ALP 861U/L、T.Bil 0.6mg/dL、NH_3 117μg/dL。

X線検査・超音波検査：肝陰影の縮小。以上の検査結果から肝疾患を疑い、確定診断を目的としてCT検査を行った。
CT検査：前述のプロトコールにしたがってCT検査を行った。健常犬と比較すると肝臓が萎縮し、広範囲にわたって結節性の病変を形成していることがわかる（図4）。

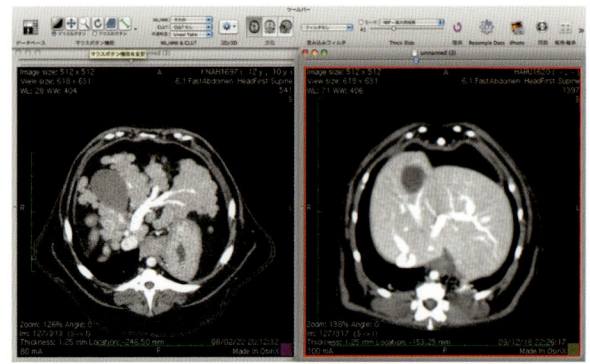

図4　症例犬（左）と健常犬（右）の門脈相における比較
健常犬と比較すると、顕著な肝萎縮と広範囲に及ぶ結節性の病変が存在することがわかる

症例5　左心房拡張（他症例との比較）

プロフィール：犬（キャバリア・キング・チャールズ・スパニエル）、雌、12歳齢、体重7.5kg。
　他疾患の診断目的でCT検査を行った際に左心房の著しい拡張が認められた症例。
CT検査：前述のプロトコールにしたがってCT検査を行った。
　診断的意義は不明であるが、健常犬に比べ明らかに左心房が拡大している。また胸郭と心臓の比率を比較しても心臓肥大が確認できる（図5）。
　ただし、横浜動物CTセンターの装置では心臓の動きの速さに対応できず正確な像を描出できないため、この所見はあくまでも診断を補助するものと理解するべきであろう。

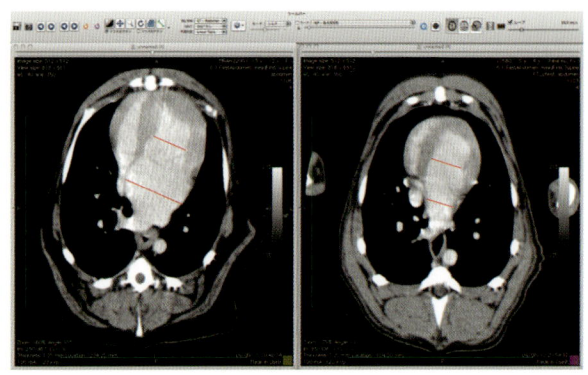

図5　僧帽弁逆流症（左）と健常犬（右）の比較
心室横径が同程度であるのに対し、心房横径には明らかな差がある。また、胸郭に占める心臓の比率もかなり異なっている

症例6　痙攣発作（ほかの検査との比較）

プロフィール：犬（ミニチュア・ダックスフンド）、雌、6歳齢、体重5.1kg。
主訴：数年前から散発的な痙攣発作がみられたが、最近頻度が増している。
血液検査・Ｘ線検査：特記すべき所見なし。
ＣＴ検査：前述のプロトコールにしたがってＣＴ検査を行ったが、病変は発見されなかった。

　以前行ったＭＲＩと比較してみると、脳回等細かい部分で分解能に大きな差がみられる。脳に関してはＣＴの適応が限られることがわかる（図6）。

症例7　クッシング症候群（多数の画像の表示）

プロフィール：犬（スコティッシュ・テリア）、雄、13歳齢、体重11.0kg。
主訴：腹囲膨満。
血液検査：ACTH負荷試験によりクッシング症候群が示唆された。
ＣＴ検査：前述のプロトコールにしたがってＣＴ検査を行った。

　診断上重要な部位をキー画像としてタイル状に一覧表示した（図7）。フィルム出力する際のプレビュー画像として利用している。この症例のように異常所見が多数存在する場合、一度に閲覧できるため、説明用や保存画像としても便利な機能である。OsiriXでは最大16表示が可能である。

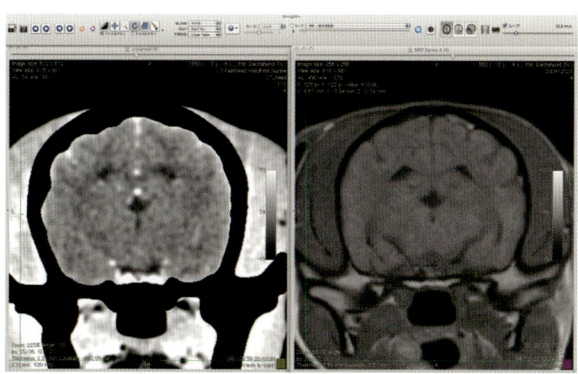

図6　ＣＴ像（左、脳を見やすくするために頭蓋骨を除去している）とＭＲＩ像（右、T1強調像）の比較

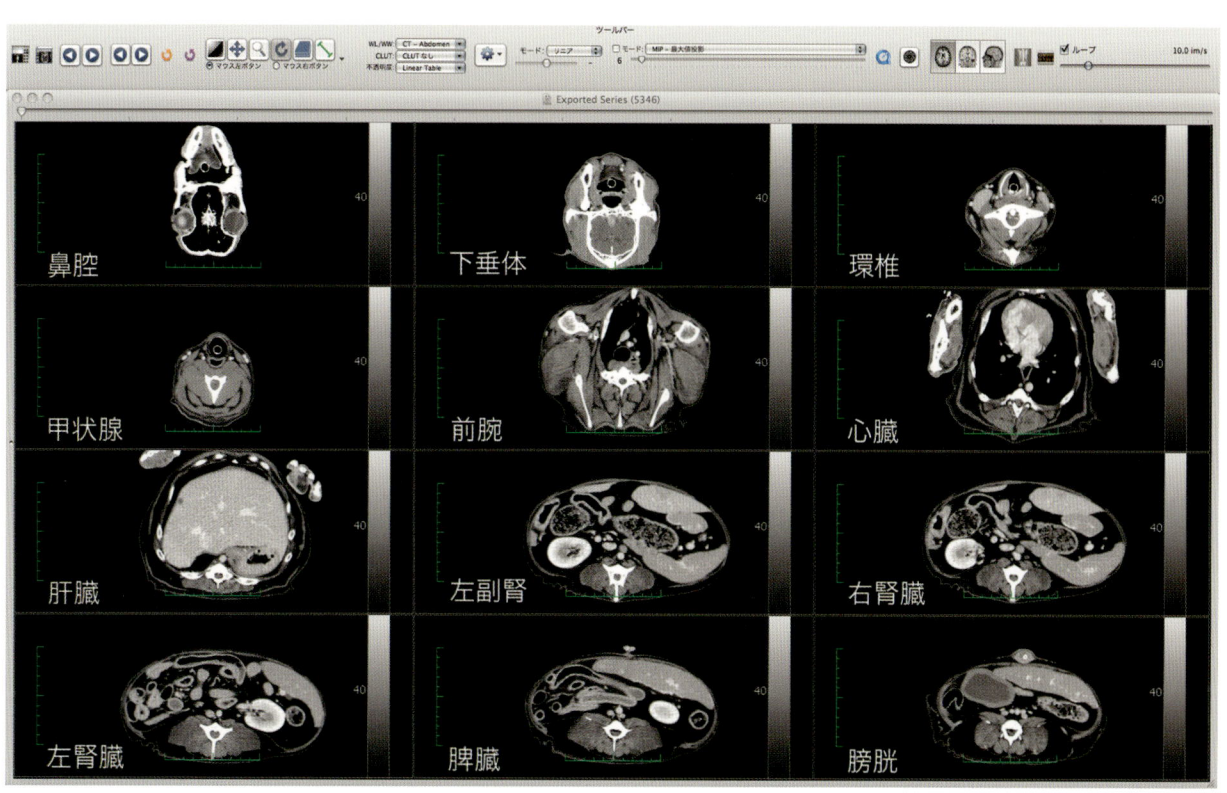

図7　症例7（クッシング症候群）の各部位の横断像を一覧表示

症例8　門脈体循環シャント（術中ナビゲーション）

プロフィール：猫（雑種）、雄、6カ月齢、体重2.0kg。
主訴：てんかん様発作、異常行動。
血液検査：高アンモニア血症。
CT検査：前述のプロトコールにしたがってCT検査を行った。

　門脈体循環シャントの手術を行うために、術前CTを撮影後VR像を作成し、その像を参考にして手術を行った症例である。術中ナビゲーションとして有用であった（図8）。

　図8に示したように写真を取り込むこともでき、画像操作も可能である。飼い主への説明や資料として保存する際に利用価値が高い。

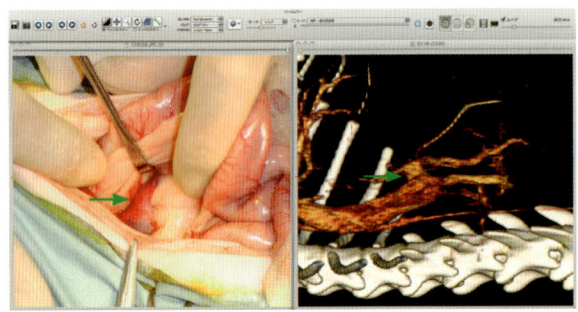

図8　門脈体循環シャント症例の術前に撮影したCTのVR像（右）と術中写真（左）。矢印はシャント血管を示す

まとめ

　OsiriXにおいて2Dビューアは、最も多くの操作ができる作業画面である。その中でも基本的な利用法として多く使われている機能が複数ビューアである。これは複数画面を同時に表示する機能であり、おもに比較するということにおいて利用価値が高い。この比較は同一症例の造影の有無による比較、時間経過、ほかの検査法、他症例との比較など、いろいろな形で利用できる。

　また、一度に多くの画像と比較できることや取り込む画像形式を選ばない（CTやCRなどのDICOM形式にとどまらず、JPEG、TIFFなどの形式も取り込むことができる。したがって、デジタルカメラのデータも保存可能である）ことから、説明用ツールや画像データベースとしても利用価値が高い。

OsiriXの使い方実践豆講座 ②

２Ｄビューアの応用

２Ｄビューアを複数表示する

通常ＣＴ検査では単純撮影、造影撮影など時をずらして数回の撮影走査を行っていることが多く、これをビューアで並べて比較しようというのが本章の症例１の試みです。

１つのシリーズを２Ｄビューアで閲覧するには、まずローカルデータベースウインドウ（以下、L.D.Bウインドウ）で目的のスタディを選択し、その下段に表示されるサムネイルから任意のシリーズを選択して、２Ｄビューアを起動します（マウスの左ボタンでダブルクリックするか、サムネイルを選択状態にしてからキーボードの［Return］キーを押す）。

一方、同じスタディの中から複数のシリーズを表示するには次のように操作します（図１）。

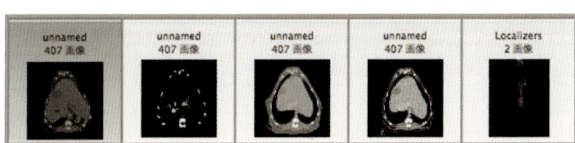

図１

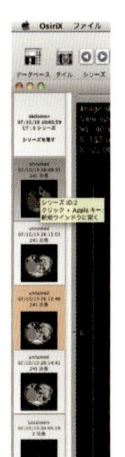

図２は、２Ｄビューアの左側の様子の一部ですが、ここに表示されているサムネイルの一覧から追加するシリーズを選んで指定します。しかし、単純にクリックしてしまうとビューアの表示がそちらのシリーズに置き換わってしまいますので、以下のように操作します。

まず、キーボードの［Apple］（Command以下、同じ）キーを押しながら、マウスの左ボタンあるいはMac本体のクリックキーを押します。これで、先に表示されていたシリーズに加えて、新たに指定したシリーズが追加表示されます。

さらに追加するには、同じ操作を繰り返します。本書付属マニュアルS4-3（77ページ）の解説も参照してください。

図２

離れた項目を選択する（本章の症例２～６）

次は、異なるスタディから複数のシリーズを選択・表示する方法ですが、これはL.D.Bウインドウから指定します。

図３はL.D.Bウインドウでデータベースが表示されている部分の左側の一部ですが、ここでスタディを選択すると地の色が水色に変わります（図３はサンプルです）。

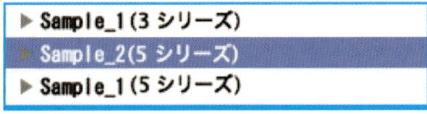

図３

そこで、一番左側にある右向き矢印▶をクリックすると矢印が▼向きに変わって内包されているシリーズが表示されます（図４上段）。

同様にして次（別）のスタディの中も開けてシリーズを表示させます（いくつ開いてもかまいません）。

次に、開いているスタディから１つ目のシリーズを選択（クリック）します。別のシリーズを追加選択するときは、キーボードの［Apple］キーを押しながらクリックします。

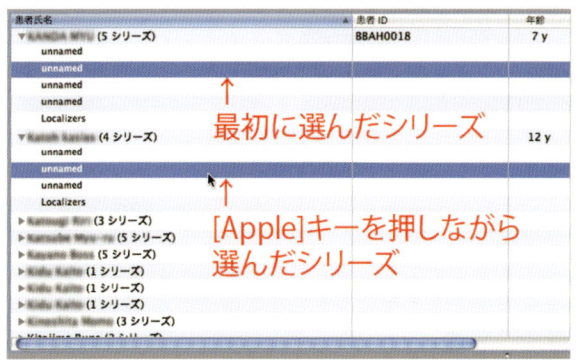

図４

図４は、上側のスタディには３シリーズが、下側のスタディには４シリーズが同梱されていて、それぞれ上から２番目のシリーズを選択している様子です。

選択が終了したら、キーボードの［Return］キーを押すと選択したシリーズの数だけ２Ｄビューアが起動します（図５：２Ｄビューアは個別に起動します）。

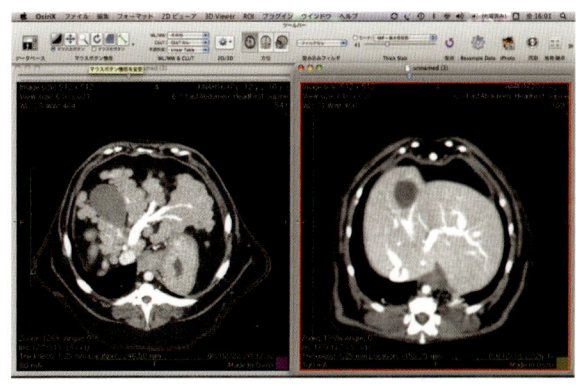

図５

本章の症例７の場合：キー画像

ビューアで異常所見を認めた場合、いちいちそれがシリーズの何枚目の画像なのかをメモしておくのはたいへんですが、画像になんらかの印をつけておくことができれば、後からそれを確認することができるためとても便利です。

この要求を実現する機能を「キー画像」といい、シリーズの画像に後から確認することができる「印」をつけておくことができます。

キー画像は、シリーズ中に何枚でも指定することがで

き、それらをまとめて表示したり、一般のパソコンで閲覧することが可能な形式で書き出したりして第三者に渡すこともできます。

実際の操作ですが、ビューアでシリーズをみているとき「ここは大事な所見！」とか「この部分を後で使いたい」という画像が見つかったら、キーボードの［Apple］キーを押しながら［K］キーを押します。すると、その画像がキー画像として登録されます（図6）。

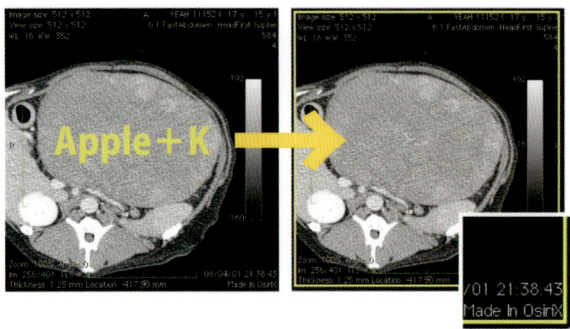

図6

1つのシリーズの中に複数のキー画像を登録する場合は、登録しようとする画像がビューアに表示されるごとに同じ操作を繰り返します。

登録された画像は、ほかと区別するために周囲に黄色の線枠が表示されます。後で画像を前後に捲ってしまっても、登録された画像が表示されたときには、黄色の線枠が登録されたキー画像を教えてくれます。

図7は、実際にキー画像を登録した様子です。

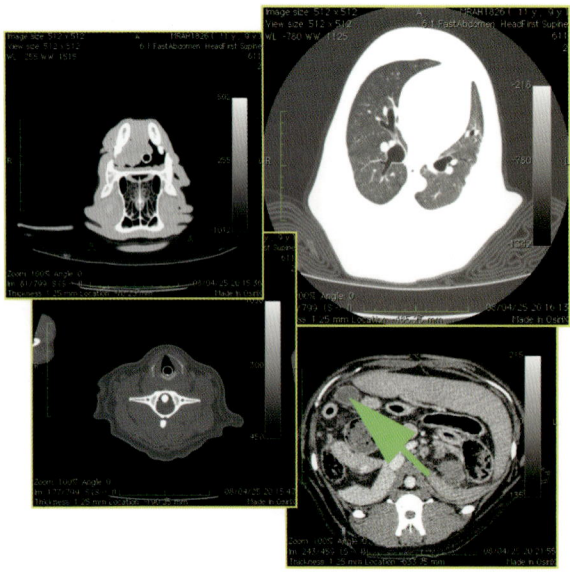

図7

登録したキー画像に加えた変更は、保存しない限り失われてしまいます。保存したキー画像にはＲＯＩやWL/WW、回転、ズームなどの情報は維持されますが、CLUTの変更は保存できません。

登録したキー画像は、まとめて新しいシリーズとしてスタディに登録（保存）することができます。このときに使用するコマンドは［Apple］＋［E］キーです。2つのキーを同時に押すと図8のような設定ウインドウが現れます。

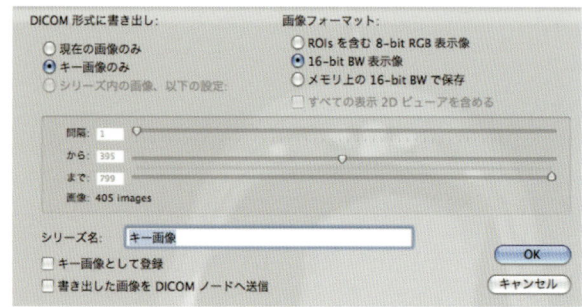

図8

ここで「キー画像のみ」のチェックボックスを［On］にし［OK］ボタンを押すと、現在のスタディにキー画像のみを集めたシリーズが作成・保存されます。本章のケース7で紹介しているビューア（図9）には、キー画像を集めて作ったシリーズを2Dビューアにタイル表示させています（タイル表示に関しては、本書付属マニュアルの77ページを参照してください）。

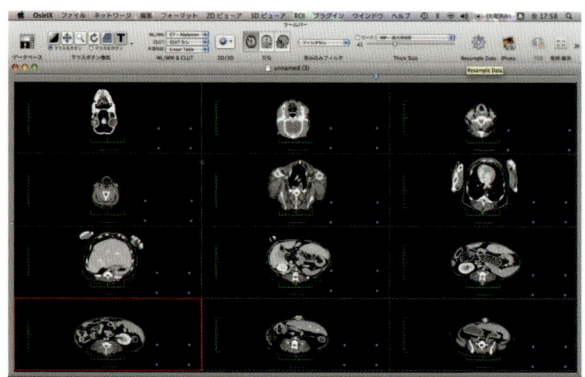

図9

本章の症例8の場合：作った画像を登録する

OsiriXの各種ビューアで手間暇かけて作った画像、とくにボリュームレンダリングやサーフェスレンダリング処理を行って、3Dで作成した病変部の抽出画像などは後で役に立つ（かもしれない）にもかかわらず、ビューアを閉じるとなくなってしまいます。それではせっかくの貴重な情報が無駄になってしまいますので、なんとか残しておきたいものです。

このような場合も前述の［Apple］＋［E］キーを使います。このキーを使うことで「これぞ！」という画像をスタディの中の1シリーズとして保存することができます。この機能は全てのビューアに備わっていますので、とりあえず残しておく習慣をつけるとよいと思います（もちろん後から消去することもできます）。

またOsiriXは、多くの画像形式をサポートしていますので、写真はもちろんいろいろな機器で作成された画像データを管理することができます。

データをOsiriXに登録するには、ツールバーの［読み込み］アイコンを押し、表示される設定ウインドウで読み込むファイルの場所（フォルダ）を選択し、目的のファイル名を指定するだけです。

Case Report

MPR（Multiplanar reformation）の活用

鼻腔内異物／吉池正喜（よしいけ動物病院）
椎間板ヘルニア／松倉源太郎（洋光台ペットクリニック）
腹腔内腫瘤（脾臓の血腫）／酒井秀夫（八重咲動物病院）

はじめに

近年マルチスライスＣＴの普及によって撮影の高速化がはかられ、広範囲の部位の撮影を短時間で行うことが可能となった。また１回の撮影で複数の異なるスライス厚の画像を作成することができるばかりでなく、多断面再構成画像（Multiplanar reformation、以下ＭＰＲ）など各種の３次元画像を作成することが可能となり、より多くの情報が得られるようになった。

ＭＰＲとは、ＣＴ撮影で得られたボクセル（ＣＴデータを３次元の立体像と考えたときにその立体を構成する点―正確には小さな直方体―を指す。２次元平面像のピクセルに相当する概念）を並べ直すことで本来の横断像のほかに矢状断像（横断像に直交する垂直な断面）と冠状断像（横断像に直交する水平な断面）を再構成する手法である。

以下に、ＭＰＲ像に基づいて診断・治療を行った症例を報告する。

鼻腔内異物

猫の鼻汁・鼻づまりは日常的によく遭遇する症状である。その原因としては上部気道感染症、異物、腫瘍などがあげられる。とくに顔面の変形を伴う症例においては、リンパ腫や扁平上皮癌、鼻腔腺癌などを強く疑い積極的なアプローチをかける必要がある。

本稿では、慢性鼻炎様症状を呈した猫に対して、これらの可能性を考慮に入れてＣＴ検査を実施し、ＭＰＲ像に基づいて診断・治療した例を報告する。

症例1 猫（雑種）、去勢雄、３歳齢、体重5.3kg。

- **主訴**：子猫のときから慢性的な鼻炎の症状は認められていたが、７日ほど前より症状が悪化してきた。抗生物質の内服で経過を観察したが反応に乏しく、顔面の変形が認められるようになってきた。
- **身体検査**：膿様鼻汁の排出、呼吸時の雑音、鼻梁部の腫脹（図１）、左右下顎リンパ節の軽度腫脹が認められた。また、軟口蓋の中央におよそ２×５mmの潰瘍が認められた（図２）。
- **ＣＴ検査と処置**：麻酔はプロポフォールの静脈内投与で導入、気管内挿管ののちイソフルランで維持した。

仰臥位に保定して単純ＣＴを撮影、ＭＰＲ像を作成したところ、左鼻腔内に高いＣＴ値を示す線状の異物が認められた。異物は鼻中隔左側に沿って鼻梁付近から尾腹方向へ走って軟口蓋に達しており、身体検査で軟口蓋に認められた潰瘍部に穿孔しているものと思われた（図３）。異物の周囲には炎症像が認められたが、骨融解像はみられなかった。

軟口蓋の潰瘍部を切開したところ、長さ２cmほどの針状の金属性異物と糸状の異物が摘出された。

摘出された異物がＣＴ検査で認められたものよりも短かったため、再度ＣＴ検査を行って確認する

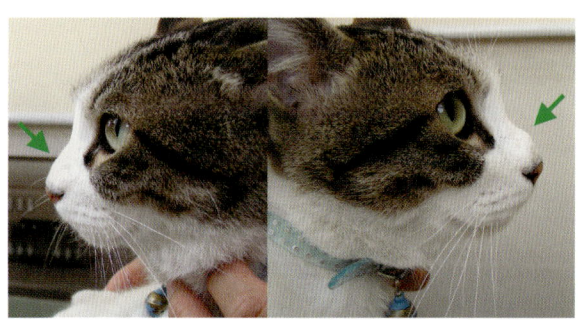

図１　初診時の外貌。鼻梁部のわずかな隆起が認められる（矢印）

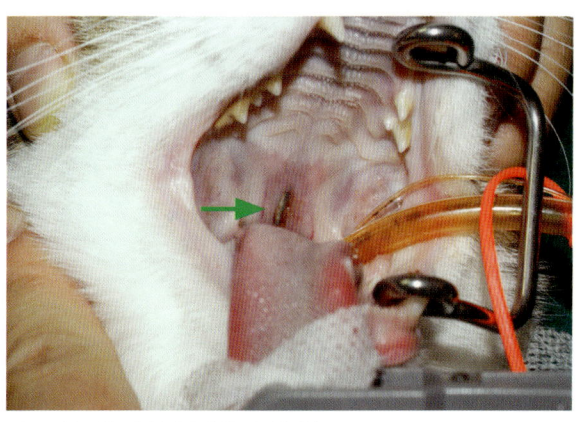

図２　軟口蓋に認められた潰瘍（矢印）

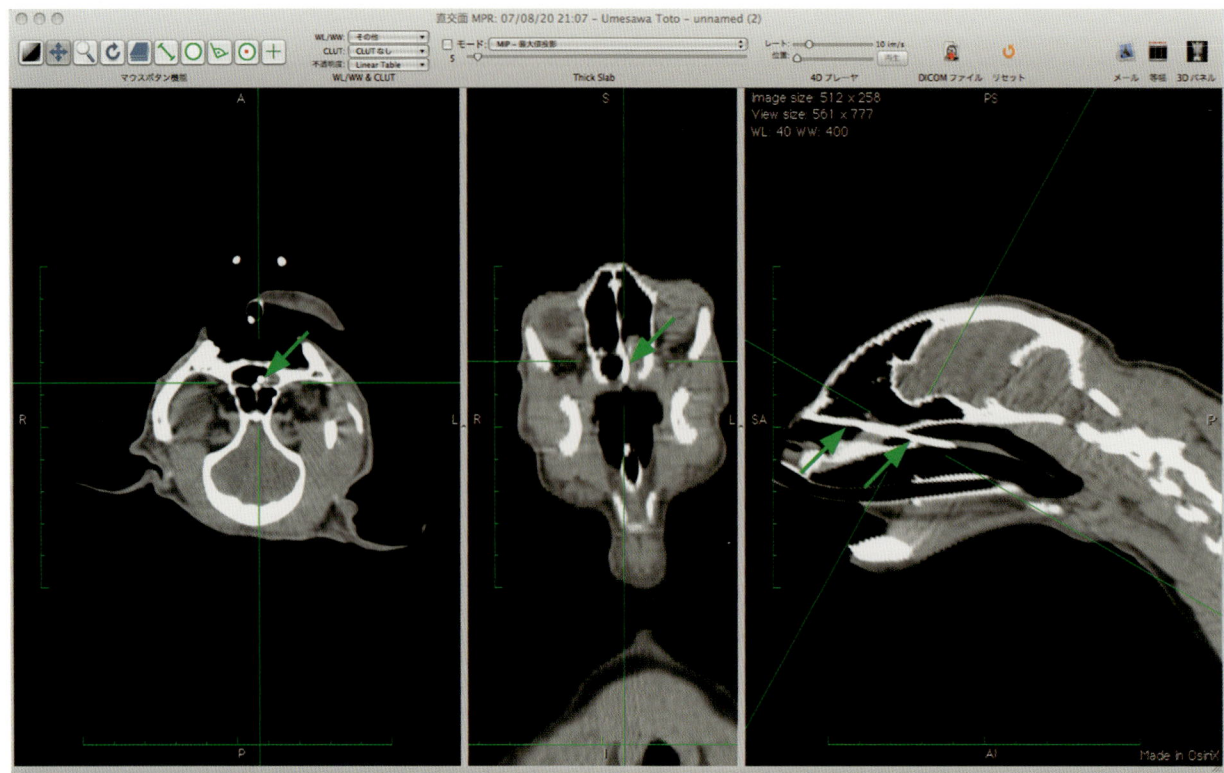

図3　頭部単純CT、MPR像。鼻中隔に沿って線状の異物が認められる（矢印）

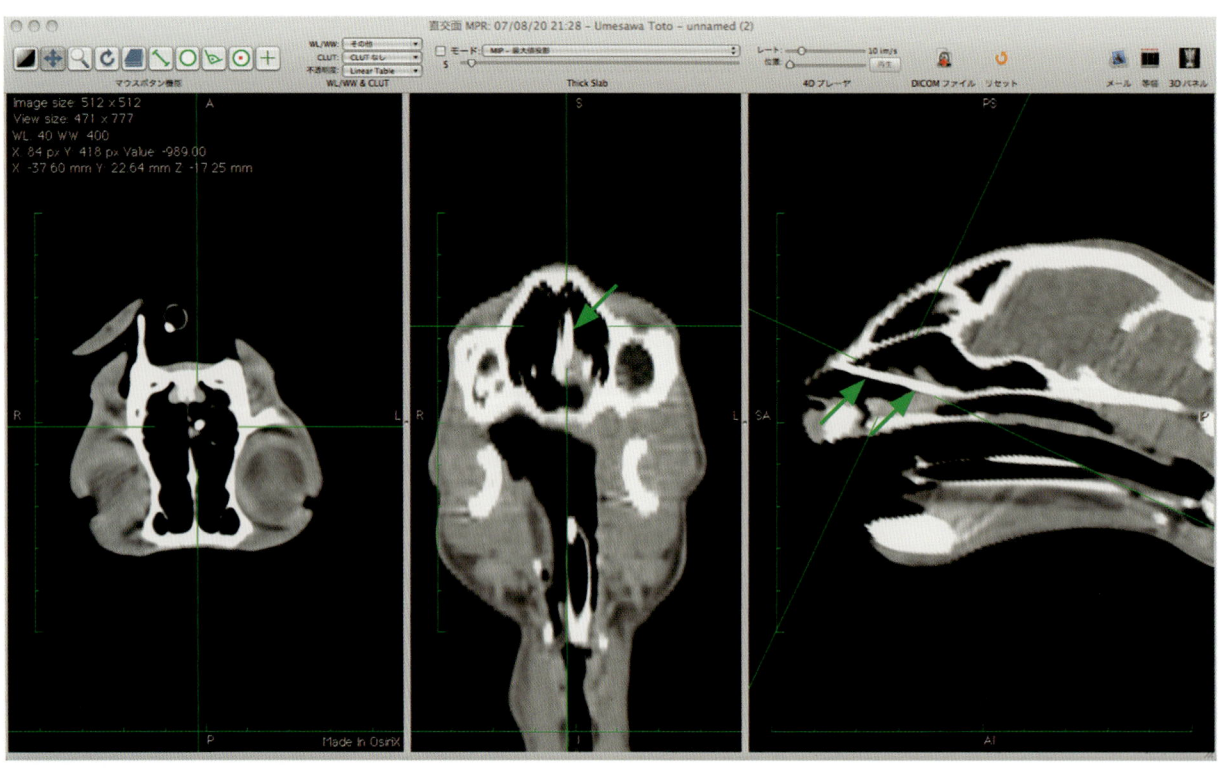

図4　軟口蓋より異物摘出後の頭部単純CT、MPR像。異物の残存が確認できる（矢印）

と、鼻腔内に異物が残存していた（図4）。

　鼻梁部の皮膚を切開したところ、骨を貫通した針状の金属性異物が認められたため、これを摘出した（図5）。摘出された異物は刺繍用の縫い針であった（図6）。

　異物による慢性鼻炎はまれな症例ではないが、その診断には苦慮することが多い。鼻腔鏡による検査、単純X線検査、細径内視鏡による検査などが適応になると考えられるが、いずれも感度・特異性ともに優れているとは言いがたい。これに対し、CT検査では異物

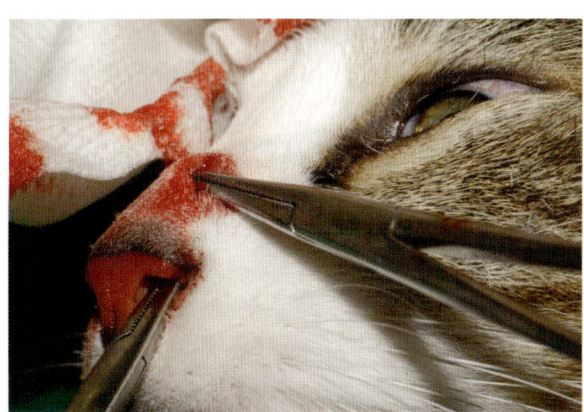
図5　鼻梁部の皮膚を切開して異物を摘出している

図6　摘出した異物（縫い針と糸）

の存在や位置、数などが正確に把握できた。ＣＴ検査の有用性を実感した症例であった。

椎間板ヘルニア

椎間板ヘルニアは、ミニチュア・ダックスフンドが人気犬種となっていることもあり、われわれにとって最も頻繁に遭遇する神経疾患と言えよう。逸脱した椎間板物質による脊髄への圧迫が軽度の場合には内科的な治療に反応する場合もあるが、圧迫が重度で麻痺が強い場合など外科的治療が必要な場合も決して少なくない。

現在、胸腰部椎間板ヘルニアに対する術式としては片側椎弓切除術が選ばれることが多い。この術式の利点は直接、椎間板物質を摘出できることであるが、この利点を生かすためには突出が左右どちらから起こっているかをあらかじめ知っておく必要がある。単純Ｘ線検査では確認できないこの点について、断層撮影であるＣＴ、ＭＲＩが力を発揮することは言うまでもない。

また、椎間板ヘルニアの診断自体は横断像のみでも可能ではあるが、病変の位置を特定し手術計画を立てるためにはＭＰＲ法による画像がきわめて有用である。

この稿ではＣＴ画像にＭＰＲ法を適用して診断、外科的治療として片側椎弓切除を行った胸腰部椎間板ヘルニアの症例を報告する。

症例2　犬（ミニチュア・ダックスフンド）、雄、6歳齢、体重6.5kg。

- 主訴：急性の両後肢ナックリング。
- 身体検査：深部痛覚はわずかに残っていたものの、歩行は不可能で排便・排尿も困難な状況であった。

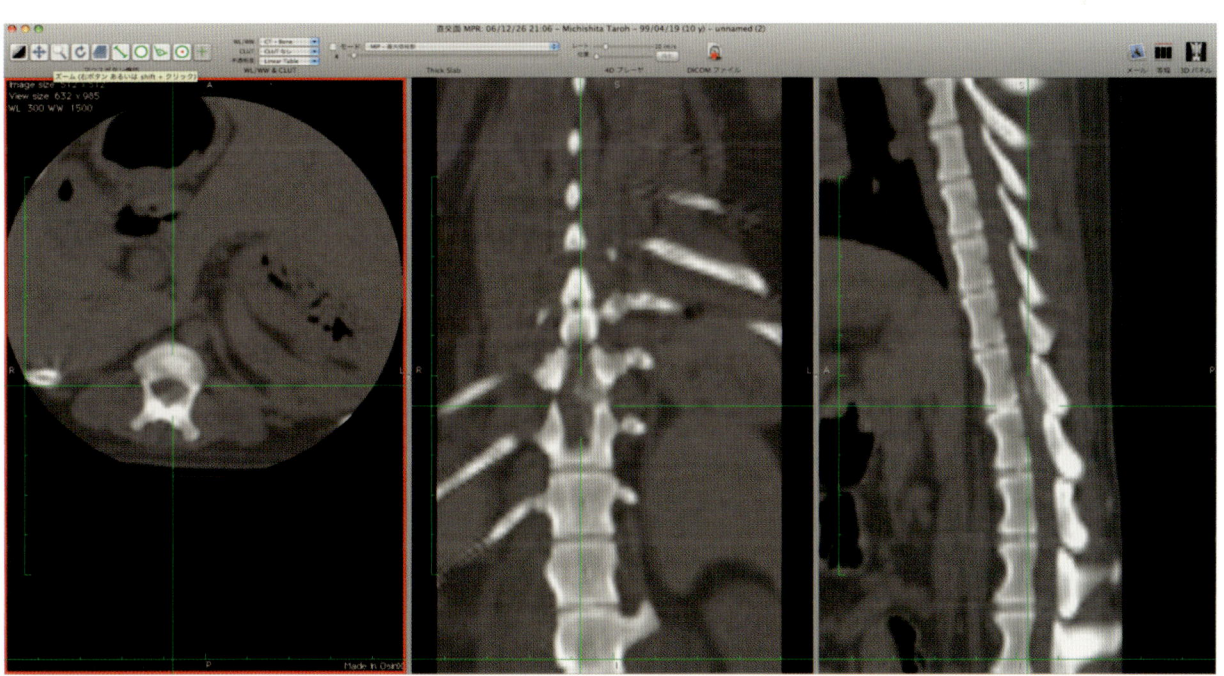
図7　症例2の第11-12胸椎レベルの単純ＣＴ、ＭＰＲ像。左側（画面の右側）に椎間板物質が突出している

- X線検査：第10-11、第11-12胸椎間の狭窄がみられ、椎間板ヘルニアが疑われた。
- 経過：副腎皮質ホルモン剤による内科的治療を4日間行ったが改善がみられなかったため、外科手術を前提にCT検査を行った。
- CT検査と処置：麻酔はミタゾラム、ブトルファノール、グリコピロレートを前投与、プロポフォールで導入し、気管内挿管ののちイソフルランで維持した。

犬を仰臥位に保定し、単純撮影を行ったところ、第11-12胸椎間の脊柱管内に突出した椎間板物質がうっすらと認められた（図7）。より鮮明に病変部

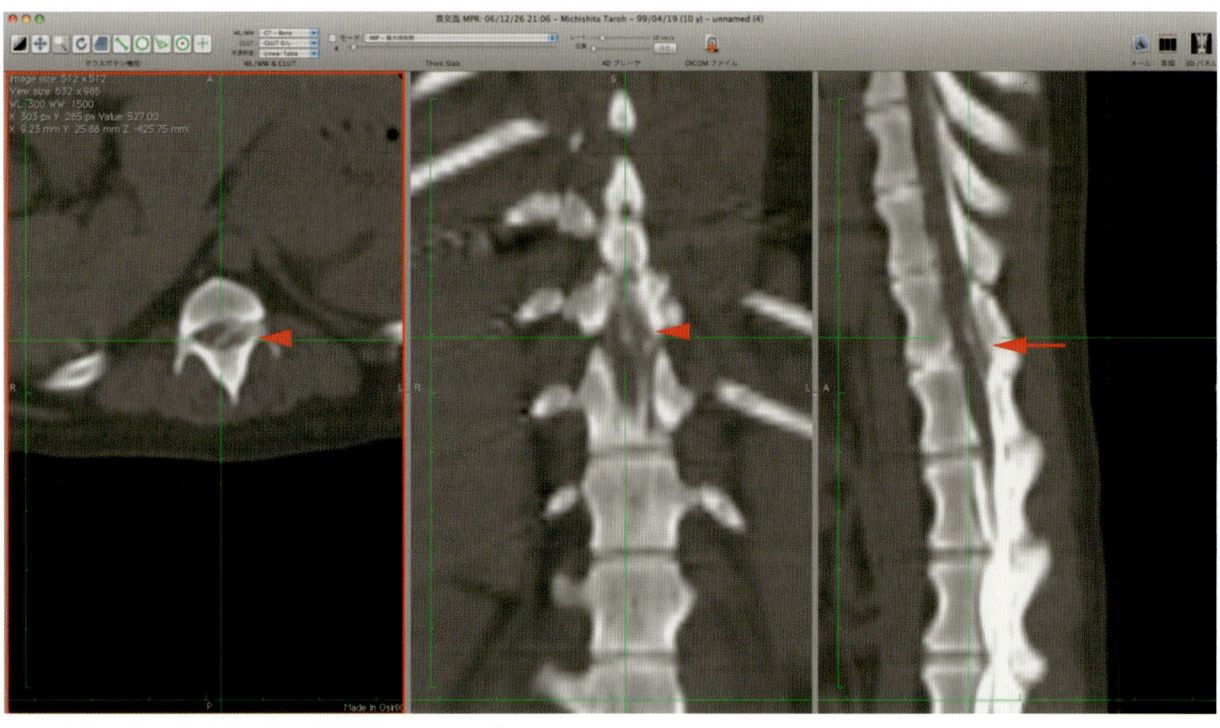

図8 症例2の第11-12胸椎レベルの脊髄造影CT、MPR像
矢印の所で造影剤の流れが悪くなっている。また矢頭では造影剤が左側（画面の右側）から押されている

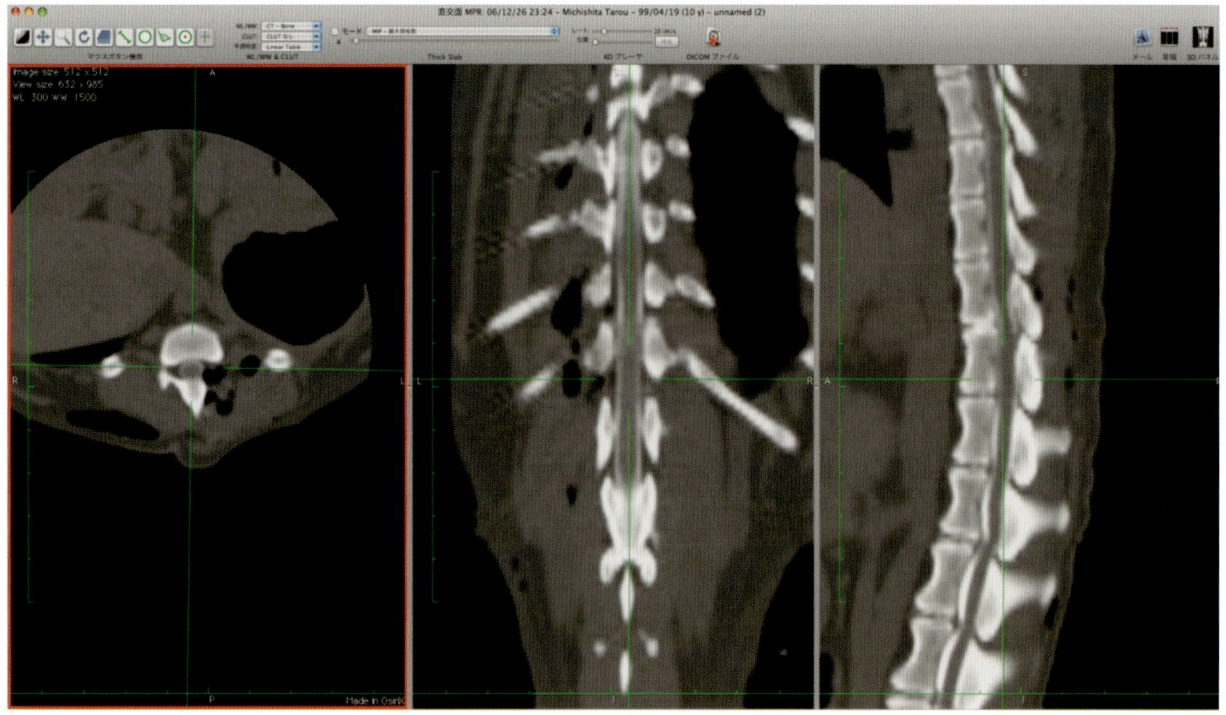

図9 症例2の術後の第11-12胸椎レベルの脊髄造影CT、MPR像。造影剤が頭側へきれいに流れていることが分かる

を描出し、手術部位を決定するために脊髄造影ＣＴを撮影した。脊髄造影は第5-6腰椎間をカテラン針で穿刺、イオヘキソール（240mgⅠ/mL）を0.3mL/kg注入して行った。その結果、第11-12胸椎間で左側から椎間板物質が突出している様子が明瞭に描出されたため（図8）、そのまま麻酔を継続し手術を行った。手術は常法に従って片側椎弓切除を行い、突出した椎間板物質を除去した。

手術終了後に確認のために再度ＣＴ検査を行った。術前の検査で注入した造影剤がまだ硬膜内に残っており、手術によって逸脱した椎間板物質が除かれ、圧迫が解除されたことが容易に確認できた（図9）。

術後は3週間ほどで徐々に神経反射が回復し、約2カ月後には多少のふらつきは残るものの、生活には問題ないほどの回復がみられた。

症例3　犬（ミニチュア・ダックスフンド）、雄、5歳齢、体重7.0kg。

- **主訴**：数日前から腰を痛がる。
- **身体検査**：神経学的な異常は認められなかった。
- **Ｘ線検査**：胸腰椎の椎間数カ所に石灰化が認められ、椎間板疾患が疑われた。
- **経過**：副腎皮質ホルモン剤を処方したが、2週間後から徐々に神経症状が現れ始め、初診から1カ月後に起立不能となった。手術を前提とし、病変部位を特定するためにＣＴ検査を行った。
- **ＣＴ検査と処置**：麻酔はブトルファノール・ミダゾラム・アトロピンを前投与、プロポフォールで導入、気管内挿管ののちイソフルランで維持した。

犬を仰臥位に保定して単純ＣＴを撮影したところ、第1-2腰椎間の脊柱管内に石灰化した椎間板物質が突出し脊髄を圧迫していることが明瞭に確認できた（図10）。単純撮影で明らかな病変が認められたため、脊髄造影は行わなかった。

症例1と同様、ＣＴ検査に引き続いて手術を行った。

常法に従い片側椎弓切除を行ったが、突出した椎間板物質の石灰化が激しく、手術は難航した。手術途中に確認のＣＴ撮影を行ったが、石灰化した椎間板物質が脊柱管内に残っていたため（図11）、さらに石灰化部分を削り取り、手術を終えた。最終的なＣＴ撮影では、石灰化部分が若干残っているが、脊髄への圧迫は軽減されたものと思われた（図12）。

術後は1週間ほどで後肢に力が入るようになり、約2カ月後にはほぼ正常に歩行できるようになった。

椎間板ヘルニアの診断に際して、単純ＣＴでは突出した椎間板物質を発見できないことも多く、また脊髄の圧迫の程度を判断することも通常は困難である。これらの点ではＭＲＩの方が優れていると思われるが、ＣＴに脊髄造影を組み合わせればこれらの欠点は解消され、診断は十分可能となる。さらにＭＰＲ法を応用すれば手術部位の確定も容易となり、飼い主への説明もわかりやすくなる。

また、ＭＲＩよりも撮影時間が短いことを利用し手術中にも撮影を行うことで、十分に椎間板物質の摘出や脊髄の圧迫解除が行われているかどうかを確認できることも、大きなメリットと考えられる。

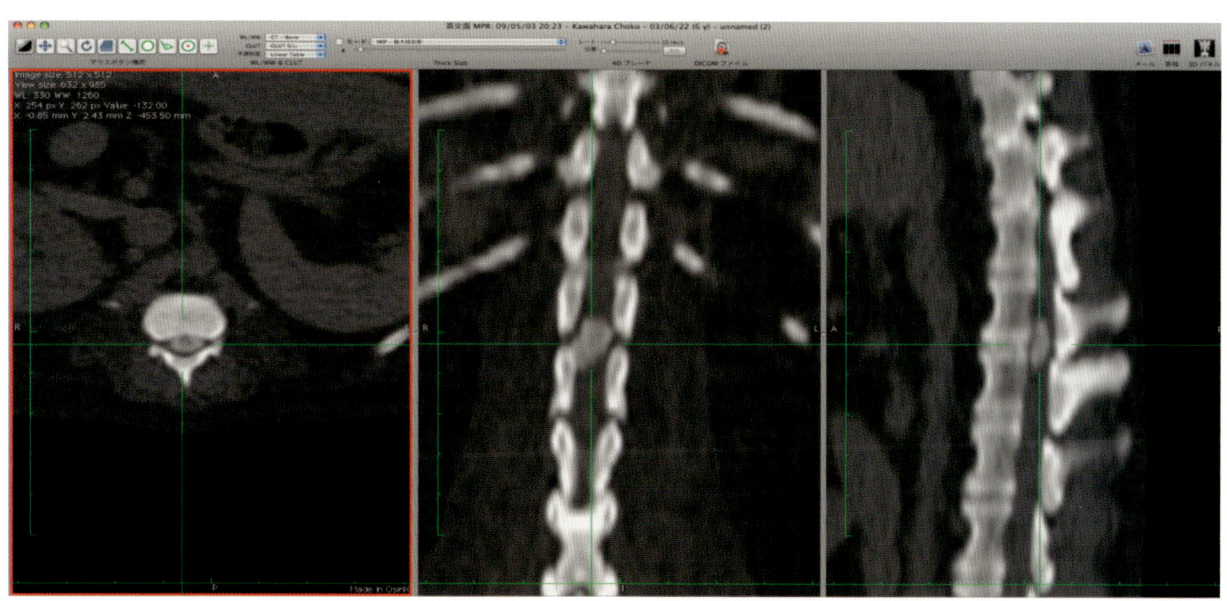

図10　症例3の第1-2腰椎レベルの単純ＣＴ、ＭＰＲ像。単純撮影でも突出した椎間板物質がはっきりと認められる

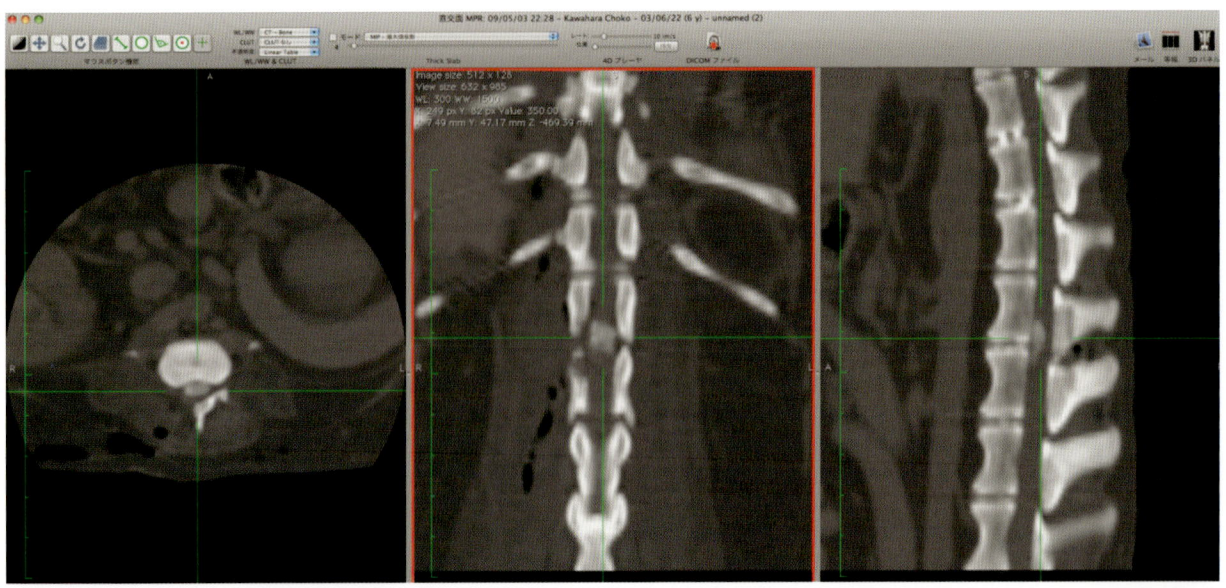

図11　症例3の術中の第1-2腰椎レベルの単純CT、MPR像。まだ石灰化した椎間板物質が残っている

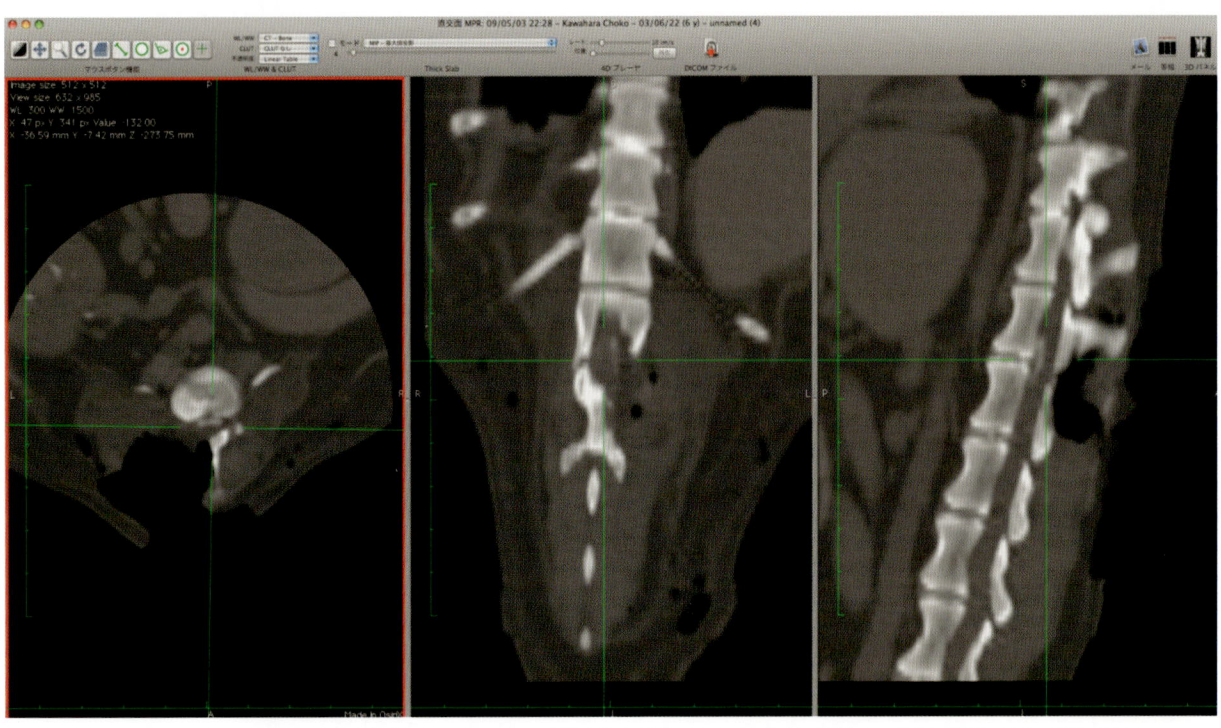

図12　症例3の術後の第1-2腰椎レベルの単純CT、MPR像。石灰化部分は若干残っているが、脊髄への圧迫は軽減できたと思われる

腹腔内腫瘤（脾臓の血腫）

　われわれ臨床獣医師にとって、腹腔内腫瘤は遭遇する機会の多い疾患である。これは、触診やX線検査、超音波検査などによって比較的容易にその存在を知ることができるためと思われる。しかし、診断を確定し治療法を選択する段階になると、これらの検査で得られる情報だけでは不十分なことも多い。その結果、手術適応の可否、適切なアプローチ法、予想される合併症などが不明確なまま手術を行うことになり、予想外の事態に困惑することも決して珍しいことではない。

　CT検査で得られる情報を上手に利用すれば、病変の位置や大きさ、その由来や周囲の組織との関係も明瞭となるため、このような状況を招く可能性をより小さくすることができる。

　以下に腹腔内腫瘤の診断、治療方針の決定にMPR法が有用であった症例を報告する。

| 症例 4 | 犬（ラブラドール・レトリーバー）、去勢雄、15歳齢、体重27.0kg。 |

- 主訴：腹囲膨満。
- 身体検査：腹部触診で腹腔内腫瘤を触知。
- 血液検査：赤血球467万/μL、白血球4,100/μL、血小板18.0万/μL。血清生化学・凝固系異常なし。
- X線検査：上腹部に大型の腫瘤を認める（図13）。
- 超音波検査：上腹部、肝臓に近いエコー源性を示す腫瘤陰影を認めるが、由来臓器は同定できなかった。診断の確定を目的にCT検査を行った。

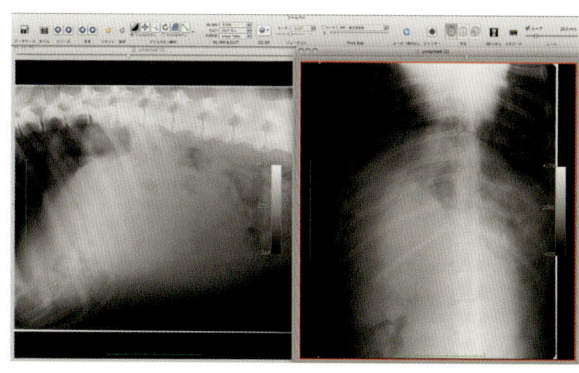

図13 症例4のX線検査。上腹部に大型の腫瘤が認められる

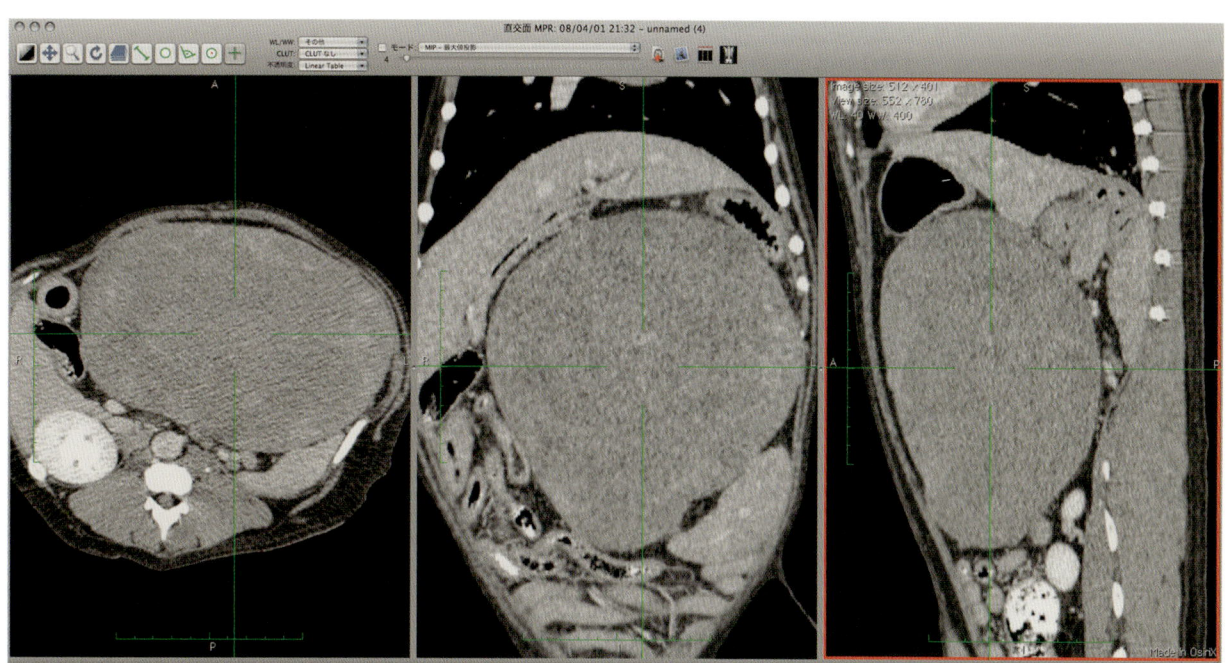

図14 症例4の腹部造影CT、MPR像。内部がわずかにまだら状に造影される大型の卵円形の腫瘤が上腹部に認められる

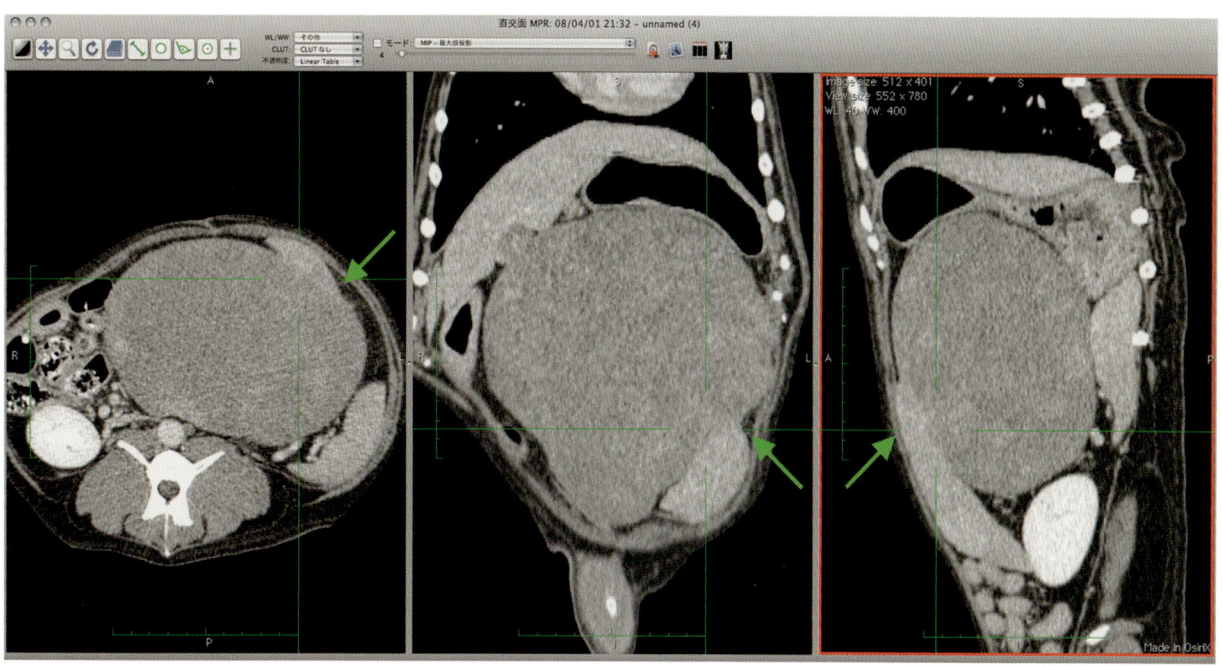

図15 症例4の腹部造影CT、MPR像。腫瘤は脾臓の尾部から生じていることがわかる（矢印）

MPR（Multiplanar reformation）の活用

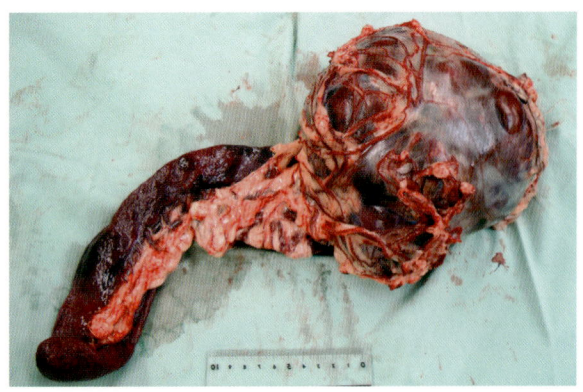

図16 症例4の摘出した脾臓。腫瘍の表面には大網が癒着していた

● CT検査と処置：麻酔はプロポフォールで導入、気管内挿管ののちイソフルランで維持した。患者は仰臥位に保定し、単純CT撮影ののち橈側皮静脈からイオヘキソール（300mg I/mL）2mL/kgを2mL/秒で注入、造影CTを撮影した。

腫瘍は肝臓の尾側に位置し、最大径約15cmの卵円形であった。増強効果に乏しく内部がわずかにまだら状に造影されるのみで、多量の血液の貯留が示唆された（図14）。さらに、この腫瘍は脾臓の尾部から生じていることも確認された（図15）。以上の結果から、腫瘍は脾臓由来であり、摘出可能と判断し手術を行った。

手術は定法どおり腹部正中切開で行った。腫瘍の表面には大網の癒着がみられたが、その他の臓器との癒着はなく脾臓の摘出は問題なく終了した（図16）。

病理組織学的診断は脾臓における血腫であった。

術後は順調に経過し、約2年後に他疾患にて死亡するまで本疾患による臨床症状はみられなかった。

前述したように腹腔内腫瘍に遭遇する機会は多いが、さまざまな臓器が存在するという腹腔の特徴から、従来の検査法では腫瘍の由来や周囲の組織との関係を把握することが困難な場合も少なくない。本例は腫瘍が大型であったため、従来の検査法ではその由来が確定できなかった。しかし、CT検査を行いMPR法を適用することでその由来が明確となり、手術の可否も判断することができた。

このように、複雑な構造を持つ腹腔内における病変の診断、治療方針の決定にはCT検査が非常に有用であり、より正確な読影にはMPR法をはじめとする種々の再構成法が必要であると感じられた。

まとめ

われわれのように決してCT画像の読影に熟練しているとは言えないものにとっては、CT検査の結果として通常呈示される横断像の羅列から頭の中で立体像を再構築するのはなかなか困難な作業であり、診断に苦労することも多い。また、ただ横断像を眺めているだけでは、CTが持っている大量の情報を有効活用しているとも言いがたい。

本稿のテーマであるMPR法は、注目したい部分を3方向から観察することができる最も基本的な再構成法である。再構成法としては比較的計算量も少ないため処理に要する時間も短く、また操作もごく簡単である。

実際、今回紹介した症例でも横断像だけでは異物や椎間板物質、腫瘍などの病変が存在することこそわかるものの、それがどのような形のものでどこに存在するのかはなかなか理解しにくかったが、MPR法を利用して3方向から観察することで病変の形や位置が明確になり、外科的治療のためのアプローチ法を具体的に考えることができた。

われわれは、ほぼすべての症例でMPR法による読影を行っている。そうすることでCT読影が容易になるだけでなく、解剖学的なランドマークを把握し、読影手順をルーチン化することによって異常所見の見落としを防ぐことになるとも考えている。飼い主への説明や手術計画立案のためにほかの再構成法を利用することはもちろん多いが、それらはMPRによる読影ののちに行っている。

われわれにとってMPRはそれほど重要な手法であり、横浜動物CTセンターの基礎をなすと言っても過言ではないと考えている。

OsiriXの使い方実践豆講座 ③
MPR（Multiplanar reformation）の活用

脊椎をみる

OsiriXには、多断面構成のビューアが3種類用意されていますが、本章では2D直交面MPRビューア（以下、2DO-MPR）を紹介します。このビューアは、操作が簡単でありながら、多くの症例で診断にまでたどり着ける可能性が高い有能なビューアです。

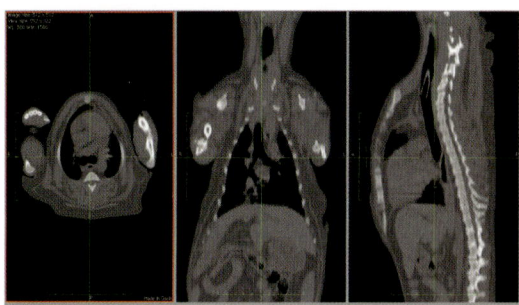

図1

図1は、本章症例3、図10を2DO-MPRに読み込んだ様子です。本症例はすでに2Dビューアで脊椎に異常所見があることが明らかですので、3面のウインドウ右端の矢状面の脊椎の様子から大まかな位置決めを行います。

2DO-MPRは起動時にマウスの左ボタンに断面の移動ツール ⊞ の機能が割り付けられていますので、そのまま右側の矢状面のウインドウの脊椎の部分を狙ってクリックします（図2黄色矢印）。

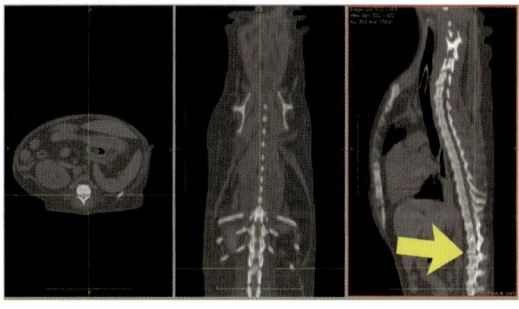

図2

次に、見やすくするために ⊞ や 🔍 ツールを使って画像をウインドウの中央へ移動・拡大します。さらに、⊞ ツールで椎空へ注目点を調整します。最後はWL/WW値を少し変更しています（図3）。

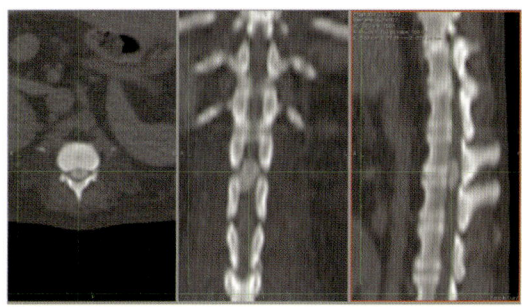

図3

腹部をみる

本章の症例4の腹部腫瘤の様子もみてみます。2DO-MPRが起動している様子から始めます。

まず、左の軸位面のウインドウの画像を捲って2Dビューアで異常所見を認めた様子を再現します。そして異常所見の部分を ⊞ ツールでクリックすると（図4黄色矢印）、2DO-MPRのほかのウインドウの画像がその場所に追随して表示が移動します。

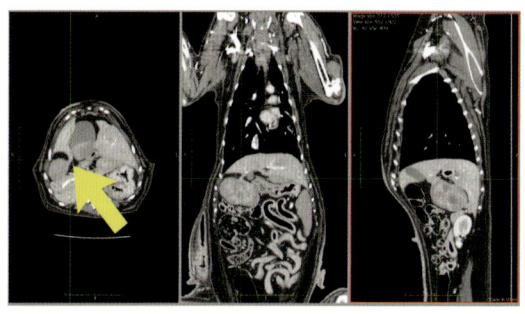

図4

次に、真ん中の冠状面のウインドウで画像の表示を調整します。最後に、右側の矢状面のウインドウの表示も合わせます。異常所見が出揃ったら拡大や移動ツールを使ってさらに見やすく再調整します（図5）。

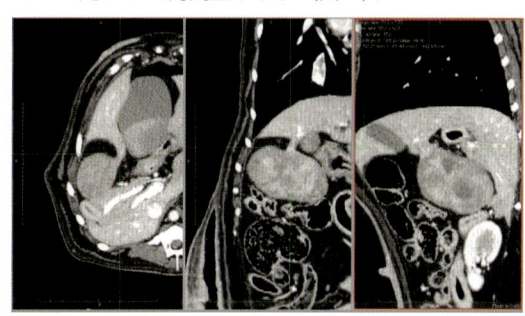

図5

この症例の場合は、最後にThick Slabで画像を重ねています。WL/WW値はCT-Abdomen、モードはMIP-最大値投影で4枚の画像を重ねています（図6）。

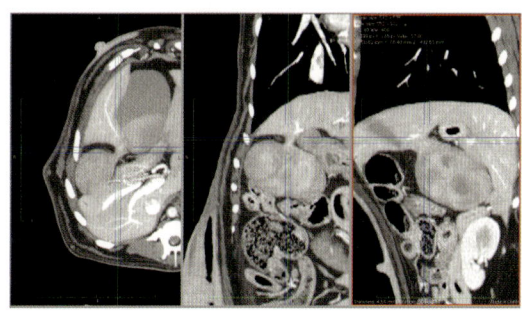

図6

MPRビューアの操作は、本書マニュアルS5（96ページ）を、Thick Slabに関しては、S4-7（83ページ）およびS5-2（101ページ）の解説も参照してください。

Case Report

ＭＩＰ（Maximum intensity projection）の活用

門脈体循環シャント／小野隆之（マーサ動物病院）
腹腔内腫瘍（肝細胞癌）／酒井秀夫（八重咲動物病院）

はじめに

ＭＩＰ（Maximum intensity projection、最大値投影）とは、奥行き方向に重ねたボクセルの中で最もＣＴ値の高いボクセルを取り出して表示させる方法である（図１）。この手法により血管分布を確認でき、血管内腔の評価や血管走行の把握に利用できる。その有用性は血管造影に匹敵すると言われている。

獣医療の中でこのＭＩＰの利用価値が高いと思われるのは、門脈体循環シャントにおけるシャント血管の検出、腫瘍に分布する血管の把握などであろう。

そこで当ＣＴセンターで撮影した症例をもとに、普段行っているＭＩＰの利用法を紹介する。

門脈体循環シャント

はじめに、臨床上比較的よくみられるタイプの門脈体循環シャントがＣＴ上でどのようにみえるか、いくつかの症例を示す。

○先天性門脈大静脈シャント（図２）
○左胃静脈後大静脈シャント（図３）
○門脈奇静脈シャント（図４）
○後天性門脈体循環マルチプルシャント（図５）

次にＣＴ検査を活用して診断・治療した門脈体循環シャントの１例を報告する。

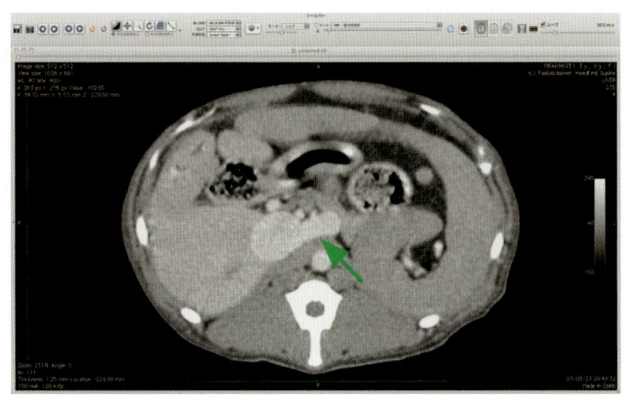

図２　先天性門脈大静脈シャント（矢印）

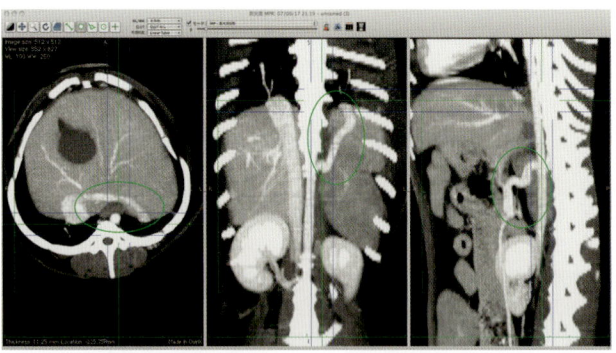

図３　左胃静脈後大静脈シャント（円内）

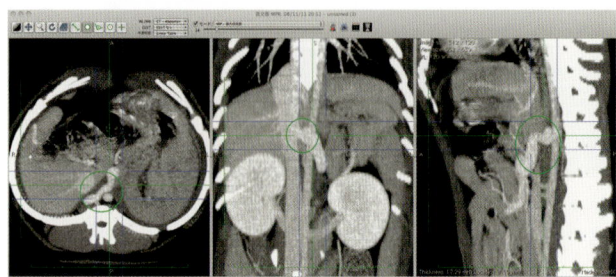

図４　門脈奇静脈シャント（円内）

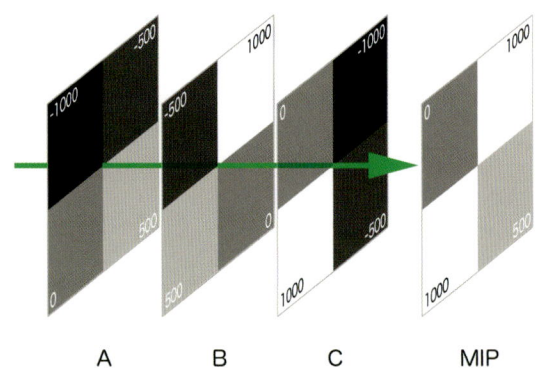

図１　ＭＩＰの原理
左側の３枚の断層像（Ａ～Ｃ）を重ねたときにＣＴ値が最も高いボクセルを取り出すのがＭＩＰである。各断層像の左上のボクセルに着目するとＣＴ値は左から−1,000、−500、０である。したがって、この部位のＣＴ値はＭＩＰでは０として表現される

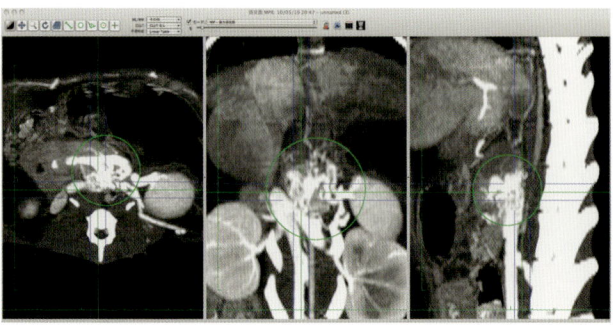

図５　後天性門脈体循環マルチプルシャント（円内）

症例 1 猫（雑種）、雄、6カ月齢、体重3.0kg。

- **主訴**：流涎、痙攣発作、視力低下、無目的に歩き回る、血尿。
- **血液検査**：血中アンモニア＞1,000μg/dL（無治療）、150〜200μg/dL（ラクツロース・カナマイシン内服時）。総胆汁酸＞25μmol/L（空腹時）。
- **超音波検査**：肝内門脈系が不明瞭。

先天性の門脈体循環シャントを疑い、確定診断のためにCT検査を行った。

- **CT検査**：麻酔はプロポフォールの静脈内投与で導入、気管内挿管ののちイソフルランで維持した。仰臥位に保定し、単純CT撮影ののちイオヘキソール（300mgI/mL）2mL/kgを2mL/秒で静脈内投与、造影CTを20秒後、2分後、4分後に撮影した。

20秒後の造影CTのMIP像で脾静脈の門脈との合流部付近と後大静脈をつなぐ太いシャント血管が明瞭に確認された（図6）。また、肝内門脈枝の発達は不十分であった。

- **処置とその後の経過**：これまでの検査結果から先天性脾静脈後大静脈シャントと診断、手術を行った。

手術は前腸間膜静脈に留置したカテーテルで門脈圧を監視しながらシャント血管を徐々に拘束する方法をとった。シャント血管の拘束には、術後の肉芽形成によるさらなる拘束の進展を期待してセロファンを使用した。シャント血管を完全に閉鎖すると門脈圧亢進状態になるため、今回の手術は門脈圧が16cmH$_2$O程度となるよう半閉鎖とした（図7）。術中X線透視などによる確認は行っていないが、肉眼的には後大静脈への血流はかなり減少したようであった。

術直後のCT血管造影像ではシャント血管の直径は術前の20%程度とかなり細くなっていた（図8）。

術後は異常行動の減少、血中アンモニアの低下など一定の効果が認められた一方、痙攣発作、視覚異常などは続いていた。

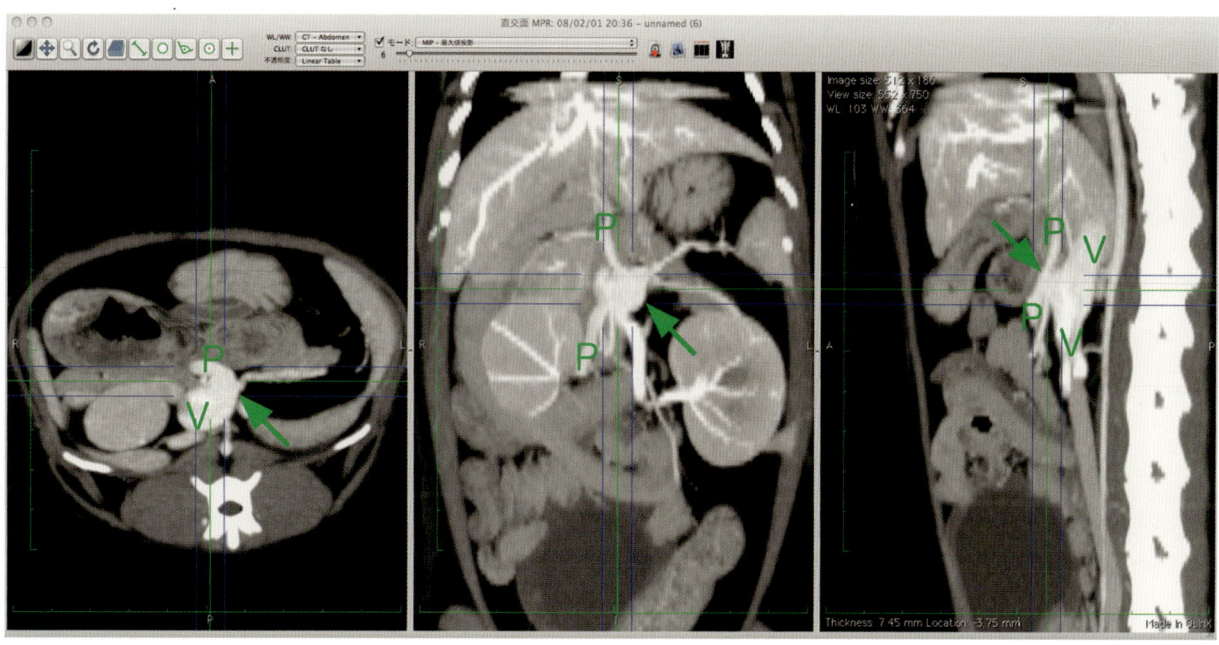

図6　造影20秒後のMIP像。太いシャント血管（矢印）が認められる。V：後大静脈、P：門脈

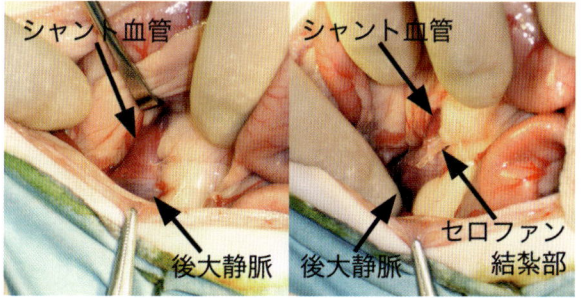

図7　第1回目の手術
脾静脈と後大静脈を結ぶ太いシャント血管（左）をセロファンを用いて門脈圧が16cmH$_2$O程度となるように結紮した（右）

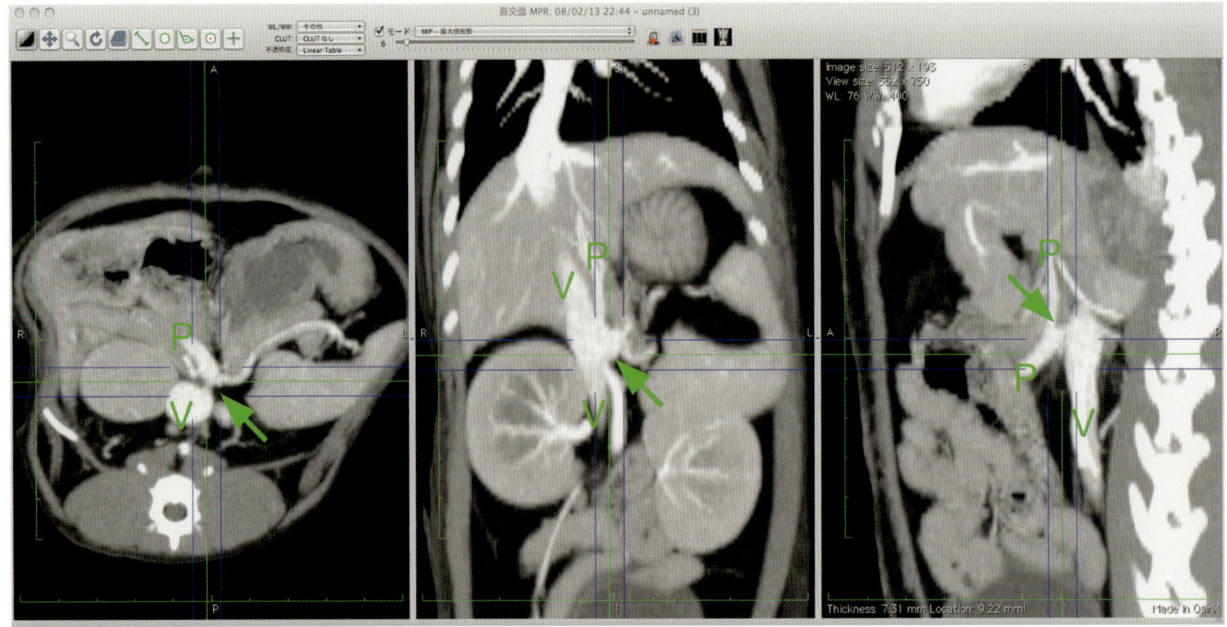

図8　第1回目の手術直後の造影CT、MIP像。シャント血管（矢印）は著しく細くなっている。V：後大静脈、P：門脈

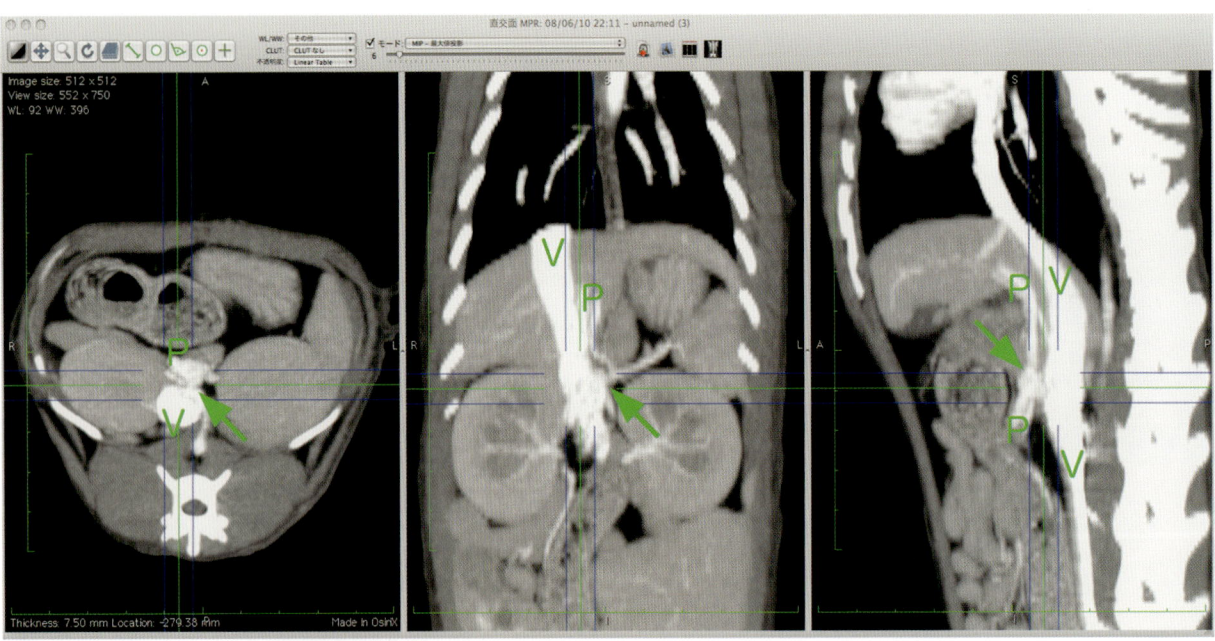

図9　第1回目手術から約4カ月後の造影CT、MIP像。シャント血管（矢印）の残存が認められる。V：後大静脈、P：門脈

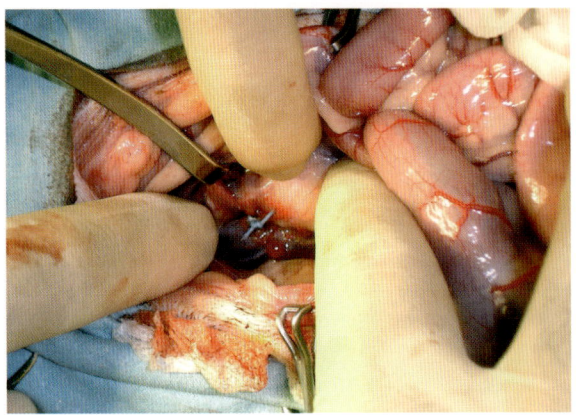

図10　第2回目の手術
シャント血管をポリエステル編み糸（タイクロン）で結紮、完全に閉鎖した

第1回目の手術から約4カ月後、経過観察のためにCT検査を行った。その結果、シャント血管の残存が認められ（図9）、肝内門脈枝の発達にも改善はみられるものの依然不十分と思われた。

臨床症状と今回のCT検査結果からさらなる処置が必要と判断し、シャント血管の完全閉鎖を目的として第2回目の手術を行った。

手術はまず残存していたセロファンを除去したのち、前回同様、門脈圧を監視しながらシャント血管を徐々に拘束していったが、今回は門脈圧の亢進を認めなかったため、ポリエステル編み糸（タイクロン）でシャント血管を結紮、完全に閉鎖した（図10）。

確認のために術後にCT検査を行ったところ、

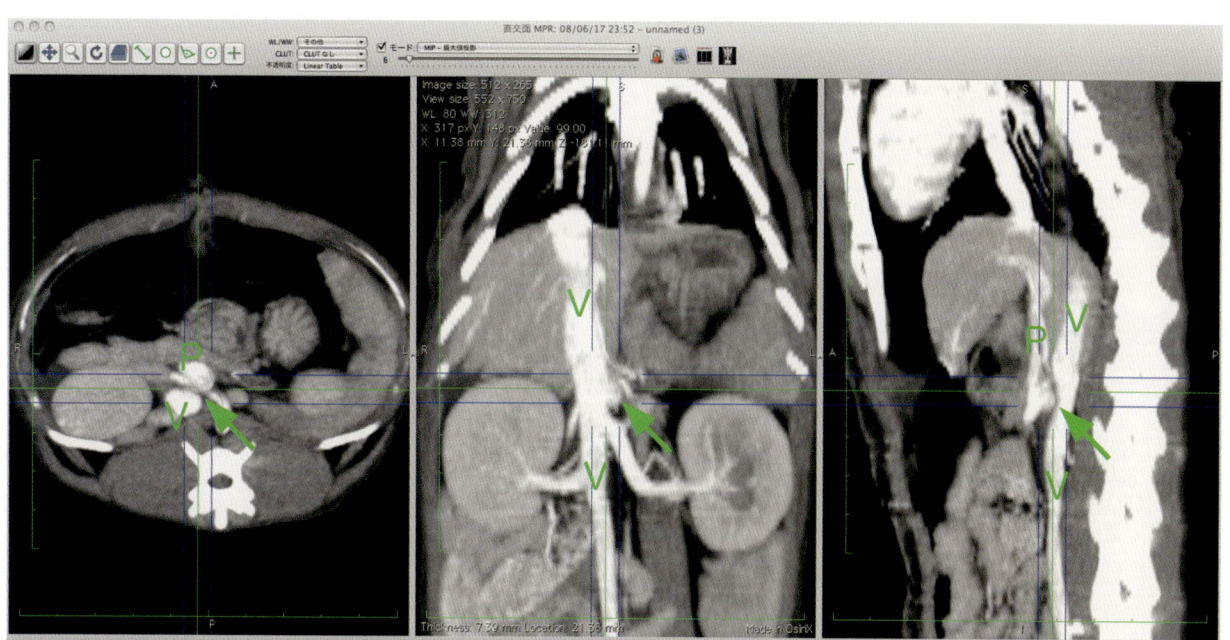

図11　第2回目の手術直後。シャント血管は完全に閉鎖されている（矢印）。V：後大静脈、P：門脈

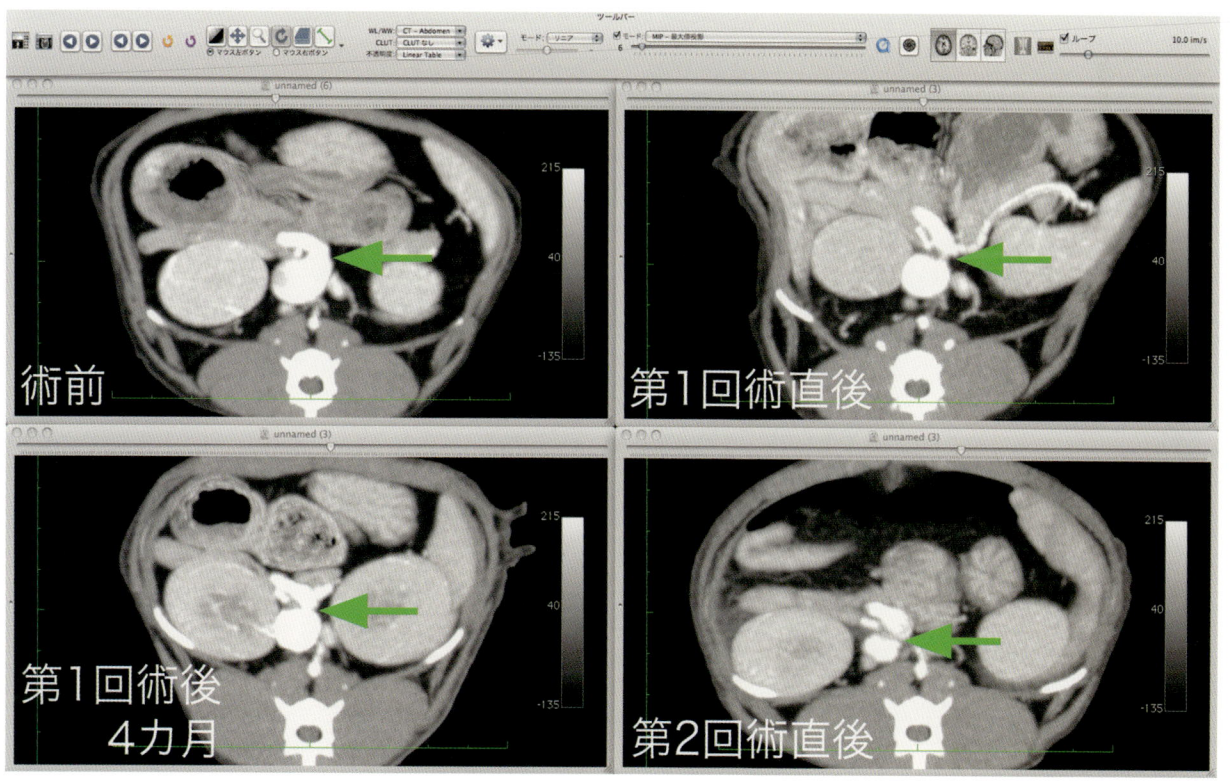

図12　シャント血管と後大静脈の変化（矢印）。造影CT、MIP像
シャント血管が細くなり、最終的に閉鎖されるのにともなって後大静脈が細くなっていくのがわかる

MIP（Maximum intensity projection）の活用　31

シャント血管は完全に閉鎖されていた（図11）。また、CT像を初回から、第1回目の手術後、4カ月後、第2回目の手術後と追っていくと、シャント血管が細くなり最終的に閉鎖されるのにともなって、後大静脈が細くなっていく様子がみられた（図12）。

術後の経過は順調で、2回目の手術から約2年後の本稿執筆時点でも血中アンモニア・胆汁酸値は正常範囲内にあり、若干の臨床症状は残るが、内科治療により日常生活に支障ない程度にコントロールできている。

腹腔内腫瘤（肝細胞癌）

他稿でも述べたように、われわれ臨床獣医師が腹腔内腫瘤に遭遇する機会は多く、CT検査の有用性も高いものと思われる。

この稿では、腹腔内腫瘤の診断、治療方針の決定にとくにMIP法が有用であった症例を報告する。

症例2 犬（シベリアン・ハスキー）、雌、9歳齢、体重20.9kg。

- **主訴**：健康診断目的で来院。
- **身体検査**：腹腔内頭側に腫瘤を触知。
- **血液検査**：ALT 236U/L、ALP 339U/L。
  診断の確定を目的にCT検査を行った。
- **CT検査と処置**：麻酔はプロポフォールで導入、気管内挿管ののちイソフルランで維持した。患者は仰臥位に保定し、単純CT撮影ののち橈側皮静脈からイオヘキソール（300mgI/mL）2mL/kgを2mL/秒で注入、造影CTを撮影した。

その結果、肝内側右葉の尾側辺縁から有茎状に生じた腫瘤が確認された（図13）。腫瘤は楕円形で最大径は約8cm、内部の増強効果は不均一で、低吸収部分は壊死部と推測された。茎部には腫瘤に分布する血管が明瞭に認められた。また、周囲の組織との間には脂肪ラインが認められ、癒着や自壊はないものと思われた。

以上の結果から腫瘤は肝臓由来であり、摘出は可能と判断し手術を行った。手術は定法どおり上腹部正中切開で行った。腫瘤は胆嚢に隣接して存在し、一部に大網が癒着していた（図14）が、これを切除するとその他には癒着は認められなかった。そのため比較的容易に腫瘤を反転、腹腔外へ引き出すことができ、肝内側右葉と連絡する茎部が露出された（図15）。この部分を絹糸で結紮、切離して腫瘤を摘出した。

手術終了後に再度CT検査を行ったが、出血や虚血を疑わせる所見はなく、手術が問題なく終了したことが確認された（図16）。また、腫瘤を摘出したことで肝葉や胆嚢が正常に近い位置に復していることも確認できた。

摘出した腫瘤の病理組織学的診断は肝細胞癌であった。

その他のMIP利用例

門脈体循環シャントや腹腔内腫瘤以外にもMIPが有用となる場合は多い。以下にその例をあげる。

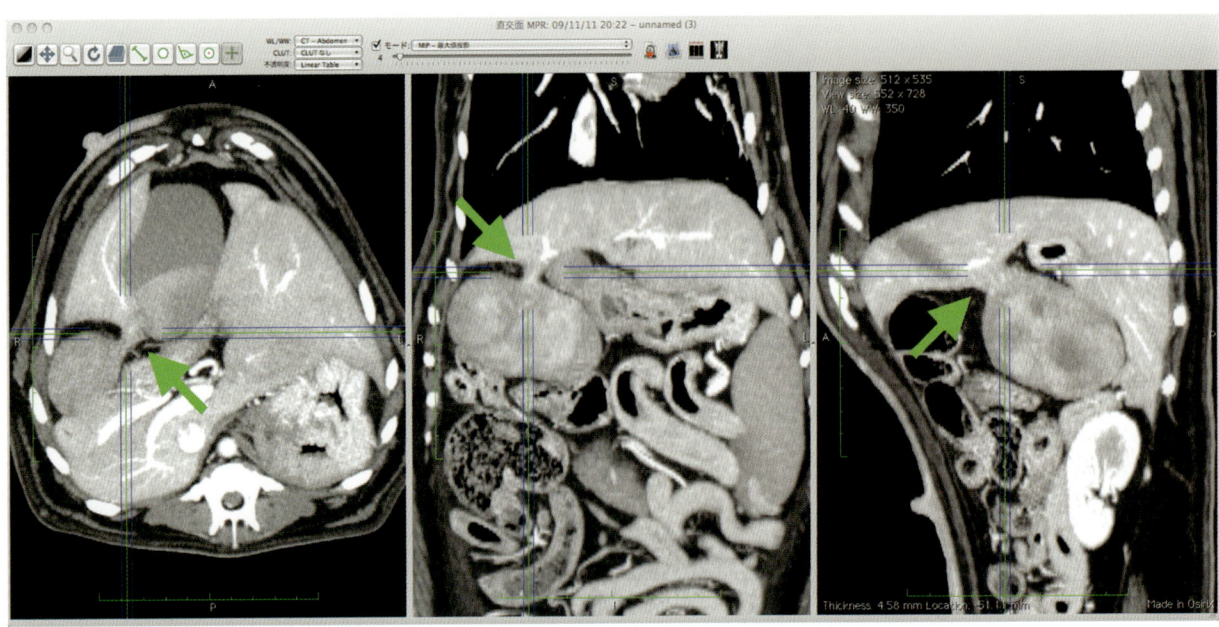

図13 症例2の腹部造影CT。肝臓内側右葉から有茎状に生じた腫瘤。腫瘤内部の増強効果は不均一であり、壊死が示唆され、周囲の組織との癒着は認めなかった。また、茎部に腫瘤に分布する血管が認められる（矢印）

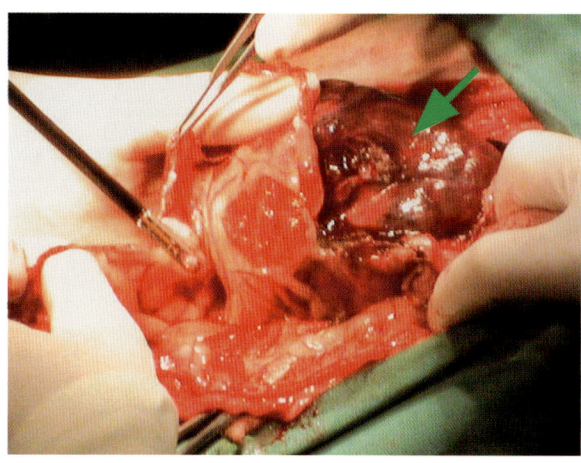

図14 症例2の術中所見。腫瘤（矢印）表面に癒着した大網を切除した

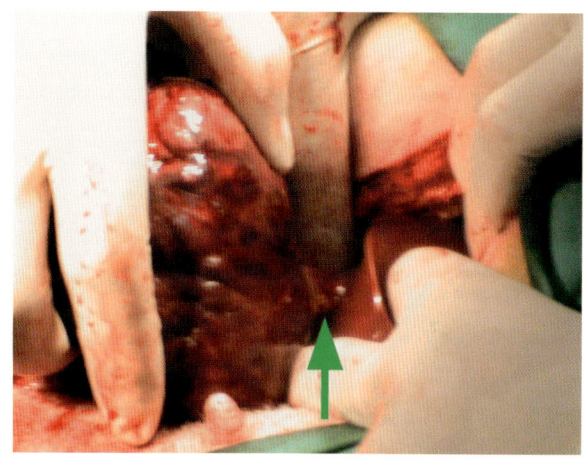

図15 症例2の術中所見。腫瘤（左側）と肝内側右葉（右側）を連絡する茎部（矢印）。この部分を絹糸で結紮、切離した

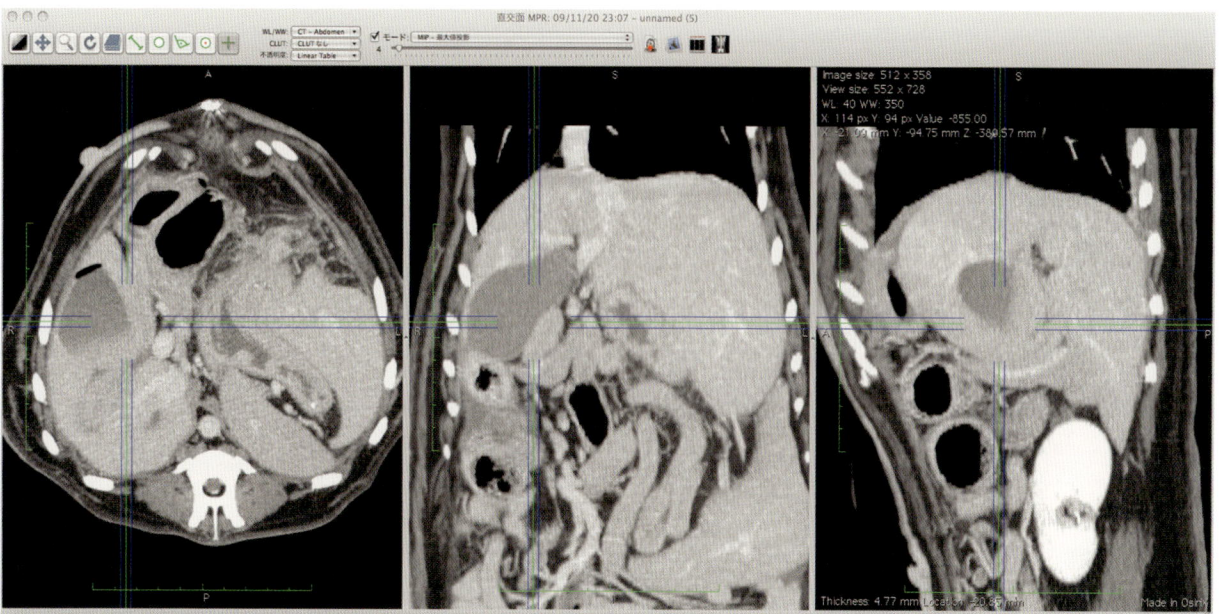

図16 症例2の術後の腹部造影ＣＴ。図13とほぼ同じ位置。肝葉や胆嚢が正常に近い位置に復しているのがわかる

○肝臓内血管枝の描出（図17）

肝臓内の血管枝を描出することにより肝臓の各葉が推測できるようになり、腫瘍等が存在した場合の肝葉の同定が可能となる。

○胸部血管枝と肺の転移像の描出（図18）

ＭＩＰを利用することにより、連続した管状構造を示す血管と孤立した結節像を示す転移像との区別を容易にすることができる。

○血管分布の把握（図19）

図19は乳腺腫瘍が腋窩リンパ節に転移した症例で、そこに分布する血管をＭＩＰを使って描出している。腫瘍への血管分布を判断するために利用価値は高い。

まとめ

ＭＩＰは複数枚の断層像を重ねあわせ、重なったボクセルのうち最もＣＴ値の高いボクセルを抽出して描画することにより、立体的構造を分かりやすく表現できる手法である。とくに血管に関してはその走行をクリアに描出できるため、その走行を追って問題のある場所を特定することができる。

通常の血管造影像は平面的であるため、細かな血管の交差等を識別することが困難になることも多いが、このＭＩＰを利用すれば角度を変えてみることにより容易に識別可能となる。

ＣＴ血管造影においてＭＩＰを利用することによって、血管を中心にした体全体の把握から細かい病変部の検出まで可能となる。OsiriXでは簡単にＭＩＰを作成できるため、誰にでも分かりやすい血管分布を表現することができる。

当ＣＴセンターでは造影剤によって強調された血管

を描出し、その血管そのものの問題あるいは病変部との関係を検出するためにMIPは欠かすことのできない手法となっている。

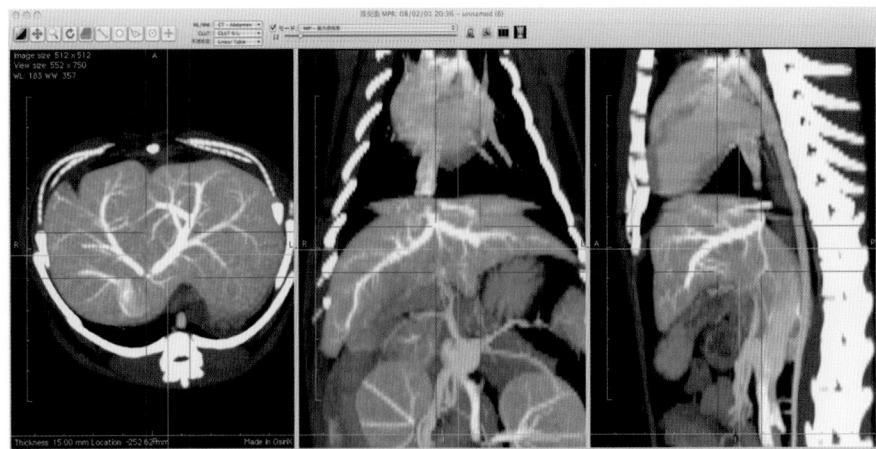

図17 肝臓内血管枝の描出

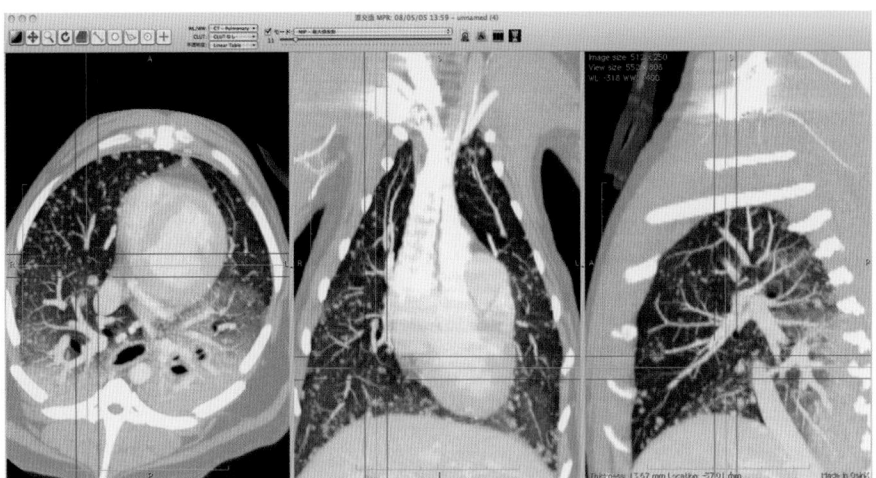

図18 肺転移像の描出

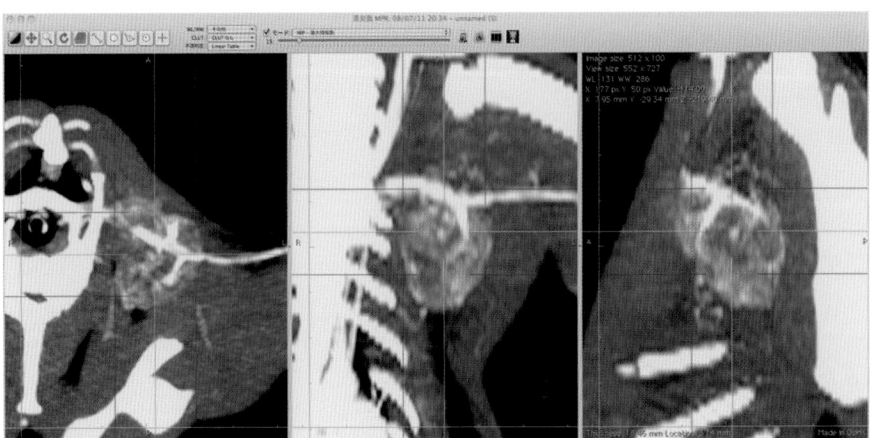

図19 腫瘍に分布する血管の描出

OsiriXの使い方実践豆講座④
ＭＩＰ（Maximum intensity projection）モードの活用

ＭＩＰモードの機能を使う

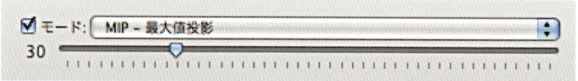
図1

　ＭＩＰ（Maximum intensity projection）モードの操作に関しては、特別に解説はありません。検者はツールバーのThick Slabのアイコンの左側にあるチェックボックスを［On］にし、アイコン下側のスライドバーで重ねる画像数を指定するだけです（枚数は左側に数字で出ます。図１）。理屈と効果も本文で十分解説されていますので、ここではＭＩＰモードを使った様子と使わなかった様子とを比較して説明します。

本章症例２、図18の場合

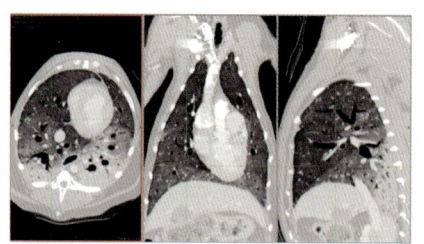
図2

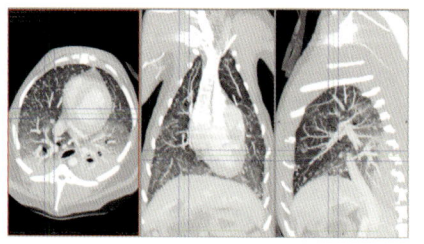
図3

　図2は、ＭＩＰモードが［Off］の様子です。図3は、ＭＩＰモードを［On］にし、11枚の画像を重ねています。

本章症例２、図19の場合

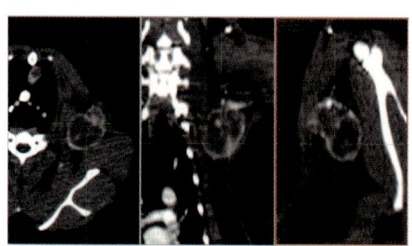
図4

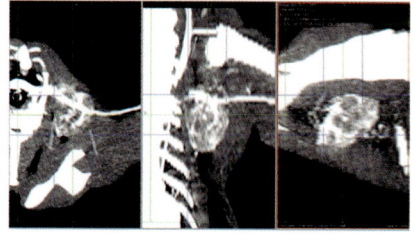
図5

　図4は、ＭＩＰモードが［Off］の様子です。図5は、ＭＩＰモードを［On］にし、15枚の画像を重ねています。

腹部をみる

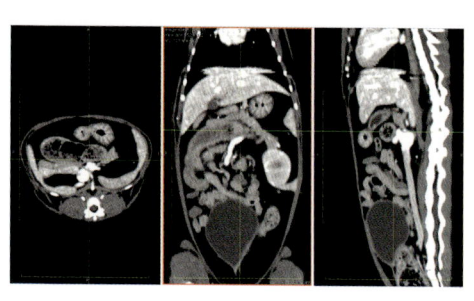
図6

　本章の図6で紹介しているシャントの症例です。
　図6は、通常の読み込み初期の様子です。図7は、ＭＩＰモードを［On］にし、6枚の画像を重ねています。

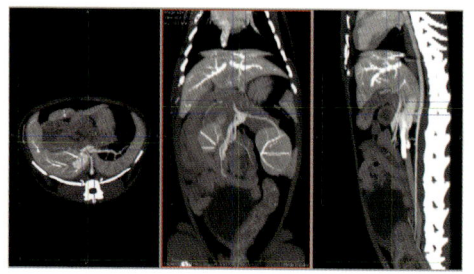
図7

ほかのビューアでみる

　図6、図7と同じ症例ですが、図8は３ＤＭＰＲビューアです。図9は、３ＤＭＩＰビューアの様子です（いずれもＭＩＰモードです）。

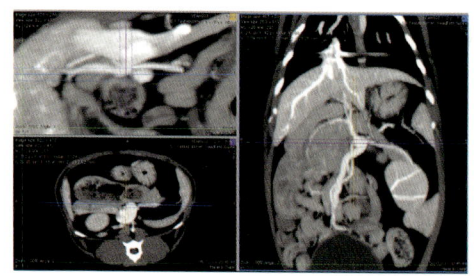
図8

　図10は３Ｄボリュームレンダリングビューア（３ＤＶＲ）です。シャント部を図9と同じ位置で抽出しています。

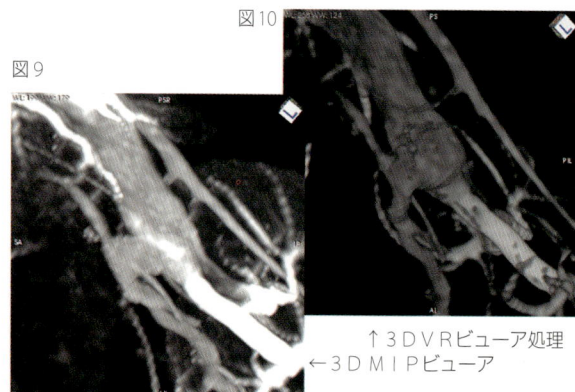
図10
図9

↑３ＤＶＲビューア処理
←３ＤＭＩＰビューア

ＭＩＰ（Maximum intensity projection）モードの活用　35

Case Report

MinIP（Minimum intensity projection）の活用

気管支肺炎、気管支拡張症／峰崎　央（なかまる動物病院、横浜動物CTセンター）
肺癌　酒井秀夫（八重咲動物病院）

はじめに

　CT検査では、連続したスキャンデータを処理することでさまざまな3次元画像を再構成することが可能である。これらの3次元画像のうちCT値の大小に着目して処理・投影した画像を最大値投影（Maximum intensity projection、MIP）、最小値投影（Minimum intensity projection、MinIP）と呼ぶ。

　MIP、MinIPは複数の断層像を重ねて表示する投影法であるが、重なり合ったボクセルのうちCT値が最大のものを取り出して表示するものがMIP、最小のものを取り出して表示するものがMinIPである（図1）。

　MinIPは最小値、すなわち空気に最も近いCT値を持つボクセルが強調されるため、おもに呼吸器系などの評価に適しており、肺気腫の評価、肺病変と気管支との関係の評価などに使用されている。

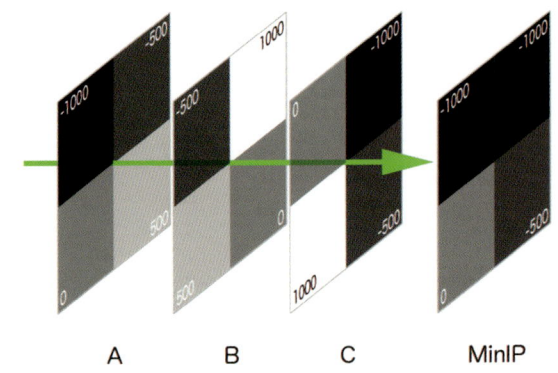

図1　MinIPの原理
左側の3枚の断層像（A〜C）を重ねたときにCT値が最も低いボクセルを取り出すのがMinIPである。各断層像の左上のボクセルに着目するとCT値は左から-1,000、-500、0である。したがって、この部位のCT値はMinIPでは-1,000として表現される

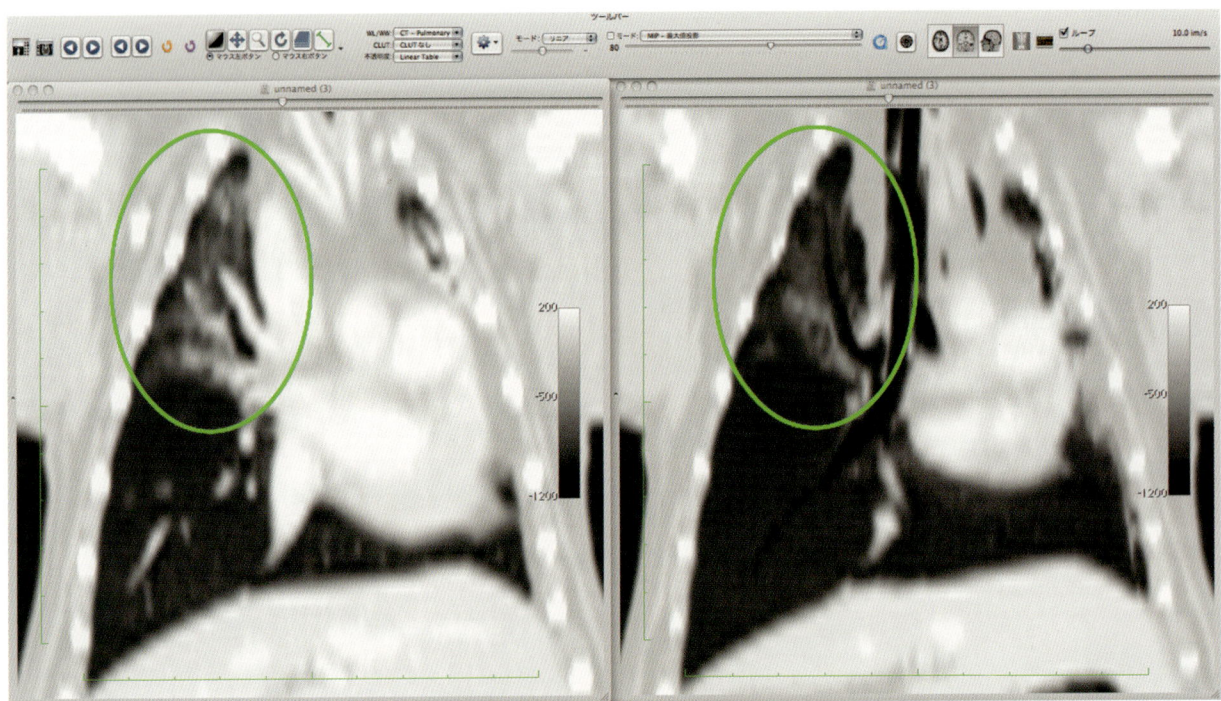

図2　症例1の冠状断像（左）と同じ部位のMinIP像（右）。右前葉領域に肺炎像が認められるが（円内）、冠状断像では肺炎領域と気管支の関係が不明瞭である。MinIP像では肺炎領域がより鮮明になり、気管支との関係も明瞭である

症例 1	気管支肺炎

- **プロフィール**：犬（ペキニーズ）、雄、7歳齢、体重6.2kg。
- **主訴**：起立不能、軽度発咳。
- **血液検査**：特記すべき所見なし。
- **X線検査**：右前葉領域に不透過領域あり。

頭蓋内疾患および頸椎領域の病変の評価ならびに肺野の精査のためＣＴ検査を行った。

- **ＣＴ検査**：麻酔はプロポフォールで導入、気管内挿管ののちイソフルランで維持した。

仰臥位に保定し、単純ＣＴ撮影ののち、イオヘキソール（300mg I /mL）2mL/kgを2mL/秒で静脈内投与、造影ＣＴを撮影した。

胸部の病変を評価するために冠状断像を作成したところ、右前葉に肺炎像が認められたが、病変

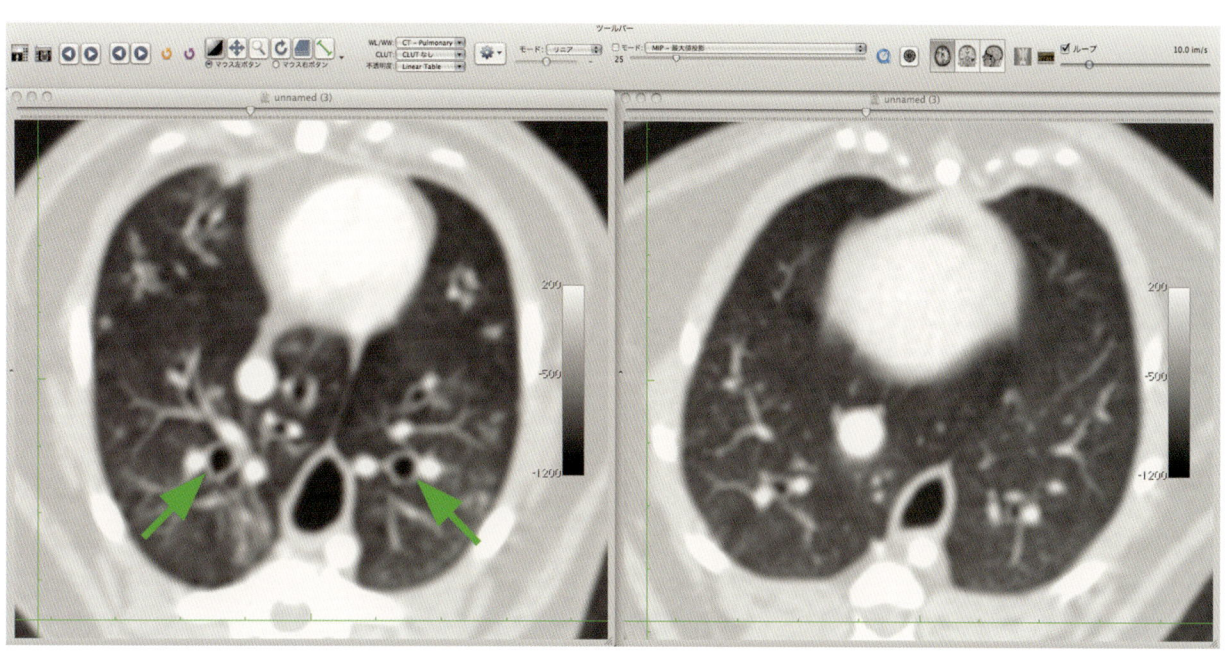

図3　症例2のＣＴ横断像（左）。正常例（右）と比較して気管支の拡張と気管支壁の肥厚が認められる（矢印）

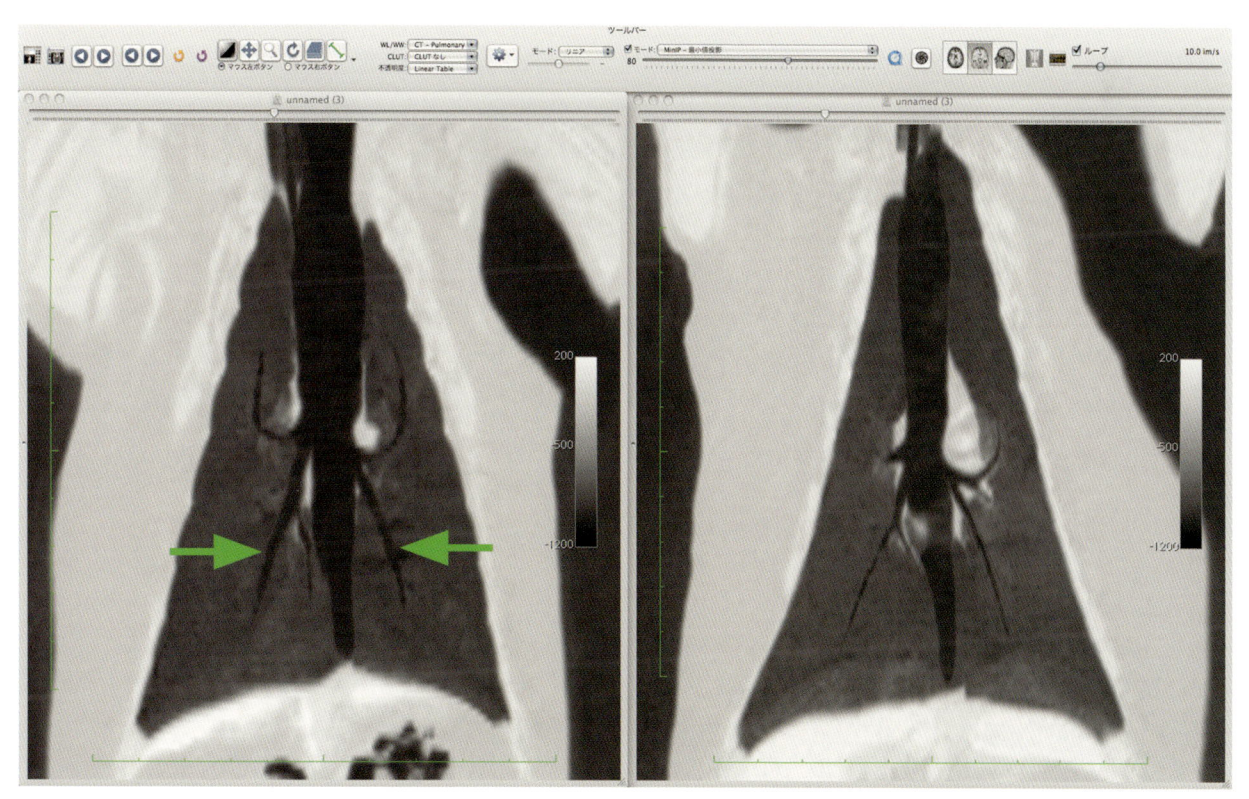

図4　症例2の冠状断、ＭｉｎＩＰ像（左）。正常例（右）と比較して気管支が拡張している（矢印）

部と気管支の関係が不明瞭であった。同じ部位のMinIP像を作成すると、右前葉気管支および細気管支に沿って病変が広がっていることが確認された（図2）。

このようにMinIP法を利用することで肺炎領域と気管支との解剖学的関係を知ることができ、さらに病変が気管支内まで浸潤しているかどうかを評価することができる。ただし、図2をみてもわかるように、MinIP法ではその原理から、肺炎の浸潤陰影が実際よりも小さく、薄くみえてしまうため、病変を過小評価してしまう可能性があることに注意しなくてはならない。

また、これら評価にあたっては動物の気管支の解剖学的構造を理解しておく必要がある。

症例2　気管支拡張症

- **プロフィール**：猫（アメリカン・ショートヘアー）、雌、13歳齢、体重4.0kg。
- **主訴**：発咳、努力性呼吸。
- **X線検査**：肺野の気管支パターン。
- **血液検査**：特記すべき所見なし。

肺野の精査を目的にＣＴ検査を行った。

- **ＣＴ検査**：麻酔はプロポフォールで導入、気管内挿管ののちイソフルランで維持した。

仰臥位に保定し、単純ＣＴ撮影ののち、イオヘキソール（300mgＩ/mL）2mL/kgを2mL/秒で静脈内投与、造影ＣＴを撮影した。

冠状断像で気管支壁の肥厚、末梢の気管支の拡張が認められた。これらの所見は同種のほぼ同じ体格の猫と比較することで明瞭となった（図3）。さらに、症例および正常例の冠状断、MinIP像を作成して比較したところ、本症例は正常例に比べて末梢の気管支が拡張しており、慢性気管支炎にともなう気管支拡張が疑われた（図4）。

症例3　肺癌

- **プロフィール**：犬（ミニチュア・シュナウザー）、雄、10歳齢、体重8.9kg。
- **主訴**：体を痛がり元気、食欲がない、呼吸が荒い。
- **身体検査**：努力性呼吸、粗励な呼吸音。
- **血液検査**：CRP、LDHの高値。
- **X線検査**：左後葉全域で不透過性亢進、右後葉に球形の陰影を認める（図5）。

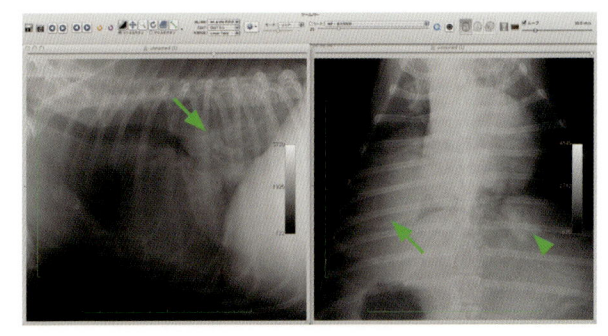

図5　症例3の胸部X線像。左後葉全域の透過性が低下している（矢印）。また、右後葉に球形の陰影が認められる（矢頭）

以上より、肺の腫瘍性病変を疑い、診断の確定を目的にＣＴ検査を行った。

- **ＣＴ検査**：麻酔はメデトミジン、ミダゾラムの前投与ののちイソフルランで緩徐にマスク導入、気管内挿管して維持した。動物を仰臥位に保定、単純ＣＴを撮影し、ＭＰＲ像を作成したところ、X線検査でみられたとおり、左後葉全体の透過性が低下していた（図6）。この領域内に気管支と思われる部位も認められたが不明瞭であった。また、X線検査で認められた右後葉の球形の陰影と同様の陰影が左前葉にも認められた。

左後葉の病変と気管支の関係を明確にするために同じ部位のMinIP像を作成した（図7）。その結果、透過性低下部分は気管支・細気管支に沿って広がる肺実質に由来する病変と考えられた。また、気管支の閉塞も認められた。一方、ＭＰＲ像で認められた左前葉の球形の陰影はMinIP像では不明瞭であった。

- **経過**：肺の広い範囲に転移像があることから外科手術の適応外と判断し、呼吸と疼痛の管理を中心とした対症療法を開始した。しかし、呼吸の状態は急激に悪化し、最終的に安楽死が選択された。

剖検を行ったところ、左後葉は完全に腫瘍組織で置き換えられており、多数の壊死部分も認められた（図8）。左前葉、右後葉にはX線検査・ＣＴ検査でみられた転移巣が認められた。

病理組織学的診断は、肺胞上皮由来肺癌であった。

まとめ

MinIP法はＣＴ値のより小さな部分（X線透過性の大きな部分）を抽出する投影法で、呼吸器系のように気体を含む領域においては非常に有用である。

例えば、気管支炎、気管支拡張症、気管内異物、気管支喘息などの診断に役立てられる。また、気管・気管支と病変の位置関係を把握できるという点で、肺

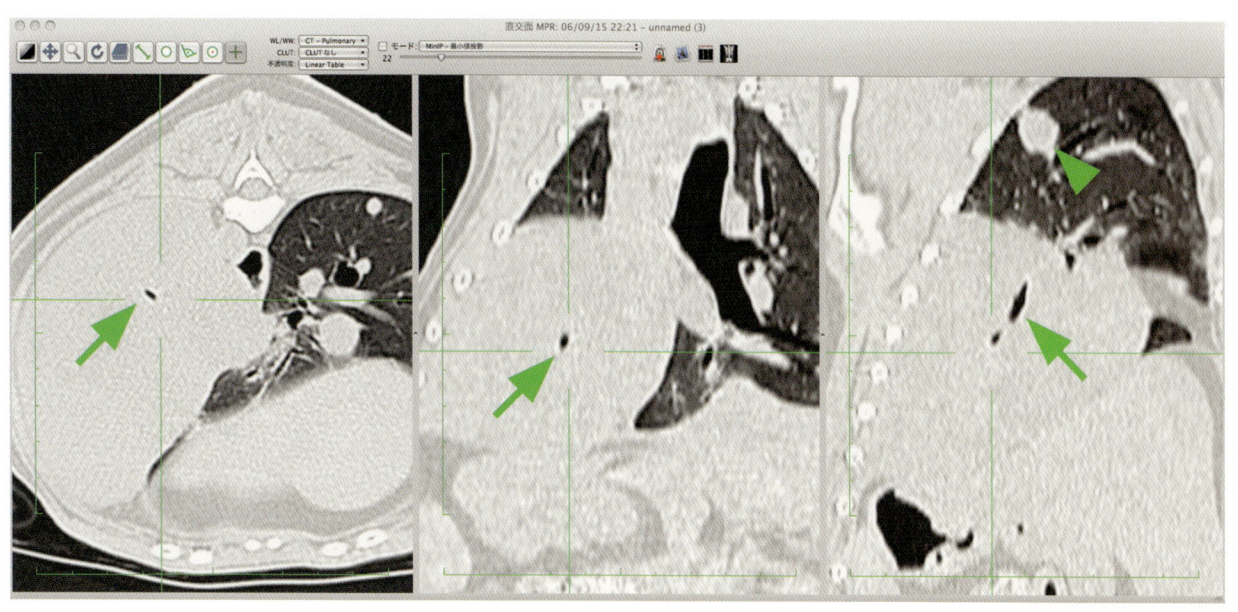

図6 症例3の胸部CT、MPR像。左後葉全体の透過性が低下している。わずかに気管支と思われる部分（矢印）が認められるが不明瞭である。左前葉に球形の陰影が認められる（矢頭）

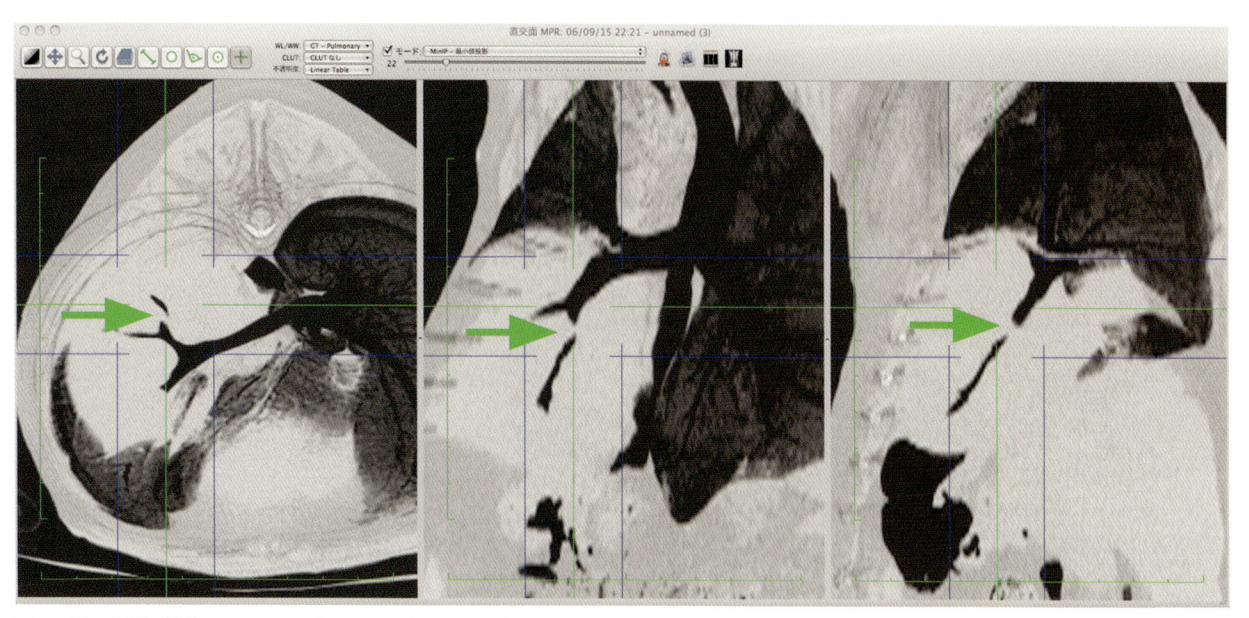

図7 図6と同じ部位のMinIP像。MPR像では不明瞭であった左後葉に分布する気管支が明瞭に認められる。さらに、気管支に閉塞部分があることもはっきりとわかる。一方、MPR像では明瞭であった左前葉と右後葉の球形の陰影はMinIP像では不明瞭である

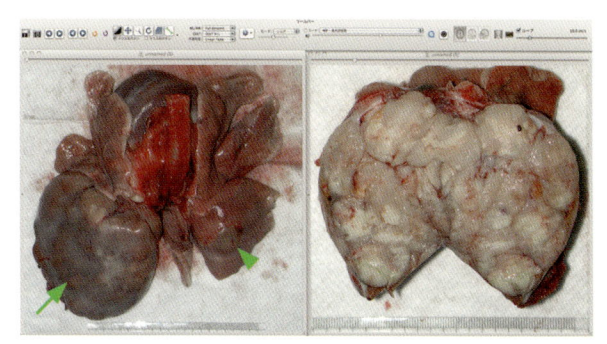

図8 症例3の肺の肉眼写真。全体像、背側観（左）と左後葉の割面（右）。左後葉（矢印）は完全に腫瘍組織で置き換えられていた。また、右後葉に転移巣が認められた（矢頭）。割面には多数の壊死部（黄白色の部分）が認められた

炎、肺腫瘍やその他の胸腔内疾患の診断にも有用である。さらに気管支鏡検査や経気管支肺生検のガイドとして利用することも可能であろう。

　MinIPは応用範囲がやや限られるもののその有用性は高く、横浜動物CTセンターにおいても胸部疾患の診断に際してMinIPは日常的に使用されてる。

　OsiriXにおけるMinIPの操作はきわめて簡便でわかりやすいものであり、その特性さえ理解していれば作成された像を読影することはさほど難しくない。ぜひ、診断に利用していただきたいと思っている。

MinIP（Minimum intensity projection）の活用

OsiriXの使い方実践豆講座⑤
MinIP（Minimum intensity projection）の活用

2Dビューアで冠状面表示を使う

本章の症例1および2では、2Dビューアの冠状面表示を使って病態を紹介していますので、その操作法を説明します。

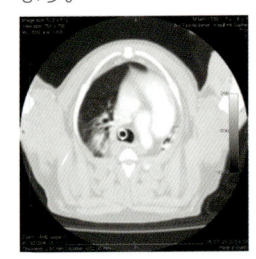

図1は、2Dビューアですが、通常はこの画像を前後方向に捲って異常所見を探します。

今回は204枚のスライス画像の92枚目付近（右側の肺前葉）に異常所見が見つかりました。

図1

ここで異常所見が確認されると、次に2D直交面MPRや2DMPRビューアなど多断面再構成処理を行って詳しく検査を行うのですが、本章では検者はツールバーの［方位］アイコンを選択しています。

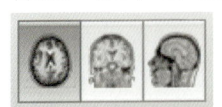

［方位］アイコン（図2）は、多断面表示の2DMPRビューアが表示する画面のうちの1面のみを指定して表示することができるもので、アイコンが示す方向に画像が再構成されて表示されます。

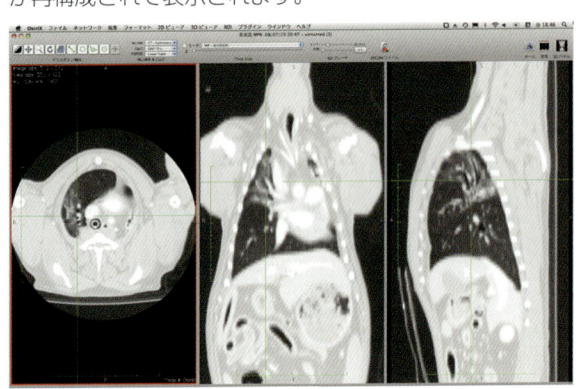

図2

図3

図3は、2D直交面MPRビューアの様子です。図4は、2Dビューアの方位アイコンから冠状面を表示した様子ですが、図3の冠状面と同じ画像が得られています。

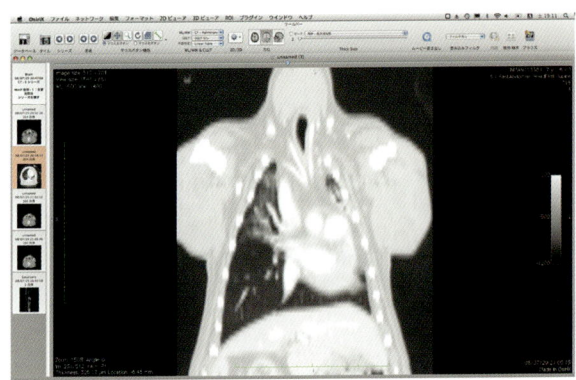

図4

MinIP-最小値投影処理を行う

次に、肺野の様子をより鮮明に描出するために本章で紹介されている表示モードの変更を行います。

操作は、ツールバーのThick Slabアイコンの「モード」という項目の左側に用意されているチェックボックスをマウスの左ボタンでクリックして［On］にし、右側の青い▲▼ボタンからメニューを開きます（図5）。

図5

Thick Slabのメニューには、投影法として
- 平均
- MIP-最大値投影
- MinIP-最小値投影

の3種類が、レンダリング処理法として
- ボリュームレンダリング-Up
- ボリュームレンダリング-Down

の2種類が用意されていますが、今回は、［MinIP-最小値投影］を選択します。

図6

続いてThick Slabアイコン下側にあるスケールのつまみを右に移動し、画像を重ねていきます（図6）。

この症例では、つまみを調整して30枚にしました（OsiriXの2Dビューアは、スライドバーの左側に表示される数字が画像を重ねる枚数を表示します）が、右側肺前葉の様子が気管を含めて鮮明に描出されています（図7）。

今回は、2DMPRビューアに表示される3面のうちの1面のみを使って検討していることになりますが、得られる画像は2DMPRビューアと同じものです。

では、実際に本章の症例を再現してみましょう。

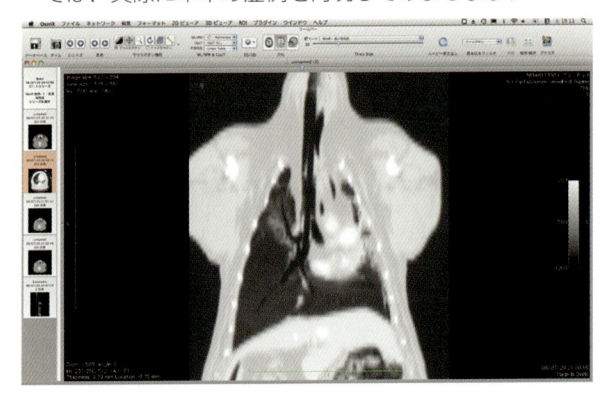

図7

同一の症例をMinIPで比べる

本章の症例1、図2では、2Dビューアで同じデータを複数表示しておき、それぞれのビューアでモードを変えてみる試みを行っています。

このような表示を行うには、まず症例1のシリーズを一旦2Dビューアで起動しておきます。

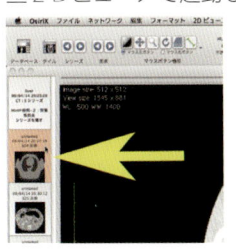

続いて、ビューアの左側に表示されているサムネイルの一覧からオレンジ色表記のシリーズ（それが現在表示しているシリーズです）をキーボードの［Apple］キーを押しながらクリックします（図8左）。

図8

すると、新しいビューアが同じシリーズを読み込んでもう1枚開きますので、同じデータを左右に並べて観察することができるようになります（図9）。

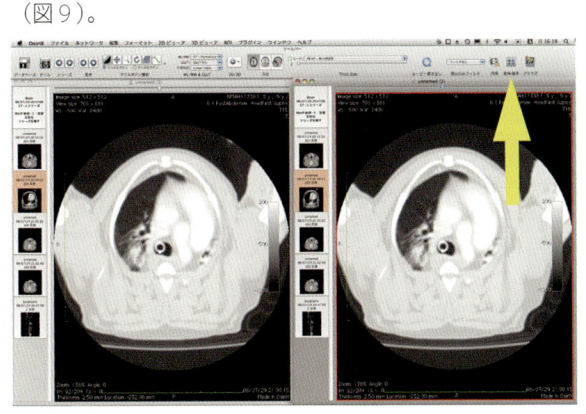

図9

ここで、ツールバーの［維持・継承］アイコン（図9黄色矢印）をクリックして［On］にしておきます。

この機能は、拡大や回転などの操作を個別に行わなくても左右のビューアが連動して動くので便利です。

一方のビューアをマウスでクリックすると、そちらが選択状態になり各種操作を行うことができます（選択された方のビューアには、ウインドウの周囲に赤色の線枠が表示されます）。

図10では右側のビューアをクリックして選択状態にし、ツールバーの［方位］アイコンの真ん中の冠状面を指定して表示方向を変更しています。

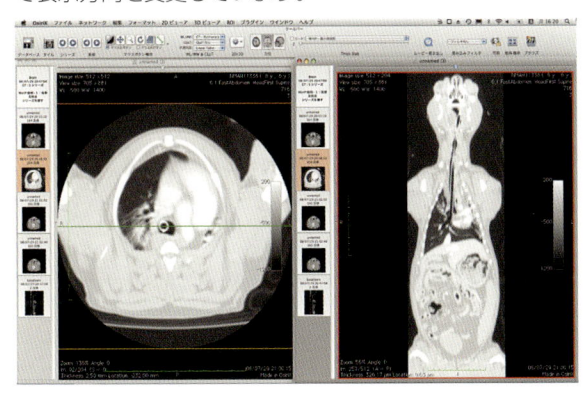

図10

次に、左側のビューアも同様に冠状面の表示に切り替えます（図11）。維持・継承アイコンは拡大や移動の操作は連動させることができますが、［方位］アイコンの操作は個別に設定を行う必要があります。

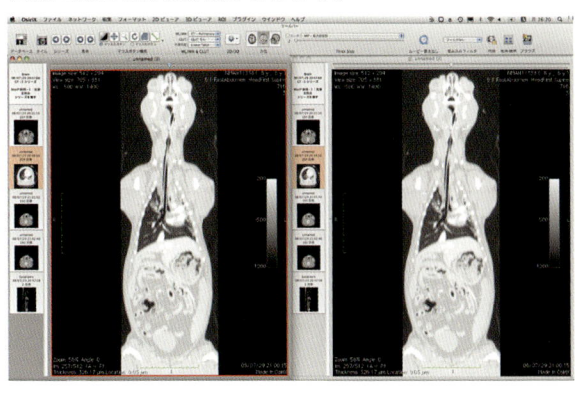

図11

これで方向が揃いましたので、次に、右側のビューアの表示を［MinIP：最小値投影］表示に切り替えて左右の様子を比べるための作業を行います。

［MinIP：最小値投影］表示の操作は、ツールバーのThick Slabの機能を使いますが、実際の操作方法は前ページの解説を参照してください。

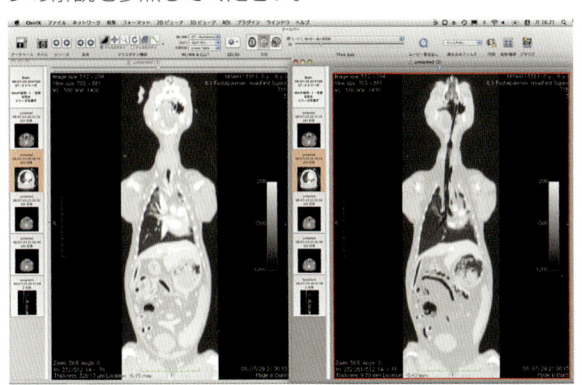

図12

図12では、右側のビューアに［MinIP：最小値投影］を適用し、画像を30枚重ねて処理しています。

さらに、この状態から画像を拡大・移動して見やすくし、最後に各部を微調整してでき上がりになります。

図13

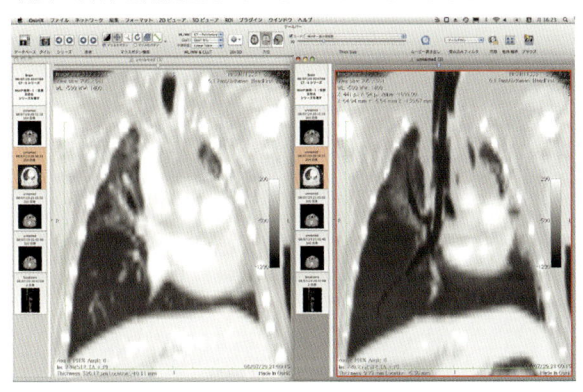

図13は、最終的な状態ですが、ビューアの左側にみえるサムネイルは、本章症例1、図2では非表示にしていますが、本稿では表示したままにしています。

複数の症例のデータを比べる

　本章の症例2は、異なるシリーズを比較しています。複数のシリーズを選択する場合は、あらかじめデータベースウインドウで症例（スタディ）から比較するシリーズを選択しておく必要があります。

図14

　図14は、L.D.Bウインドウですが、2症例からそれぞれシリーズを選択しています。
　この例の場合は、IDが779番の症例Aの2番目と、IDが664番の症例Bの2番目のシリーズです。
　次に、キーボードの［Return］キーを押して各シリーズを2Dビューアで起動します（図15）。

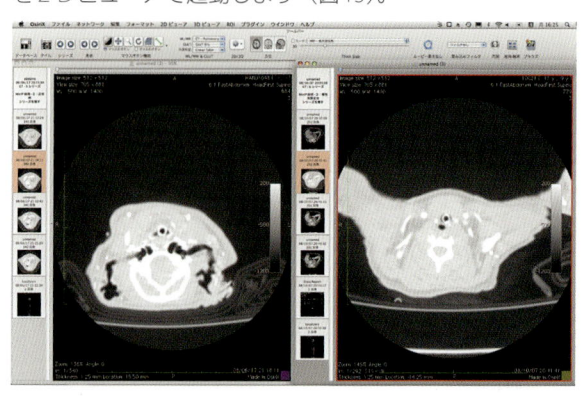

図15

　本章の症例1と同様、画像を前後に捲って異常所見を探しますが、今回はほかの症例との比較ですので、ツールバーの［同期］アイコンや［維持・継承］アイコンの機能は［Off］にしておきます。アイコンの機能が［On］になっていると、一方のビューアに注目所見を表示しておいても、他方のビューアを操作するとそれに連動して画像が動いてしまうことがあるからです。
　図16は、左右のビューアの画像を捲ってそれぞれの症例の臓器の位置を揃え、拡大や移動ツールを使って表示を修正して比較している様子です。

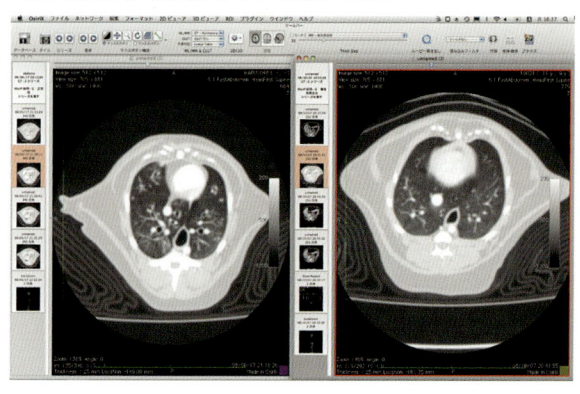

図16

　本章の症例2、図4では、軸位面での通常の比較（本章の症例2、図3）に加えて冠状面での比較も行っています。
　図17は、左右のビューアの表示をツールバーの［方位］アイコンを使って冠状面に再構築した様子ですが、左側のビューアではすでにツールバーのThick Slabを適用しています。
　Thick Slabの実際の操作は、本解説の最初のページを参照していただきますが、ここでは［ＭｉｎＩＰ：最小値投影］を選択し、画像を80枚重ねています。

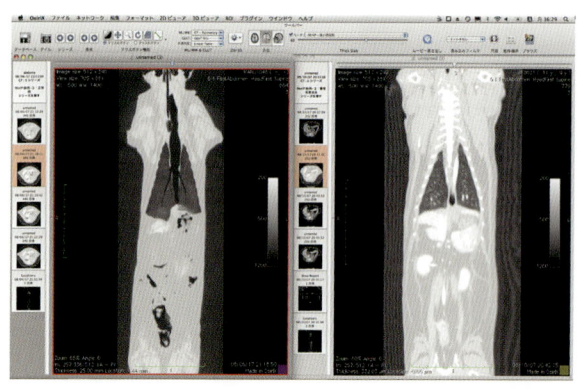

図17

　続いて、右側のビューアにも［ＭｉｎＩＰ：最小値投影］処理を指定しています。左右は、違う症例ですからビューアに表示される様子は当然違っています（図18）。

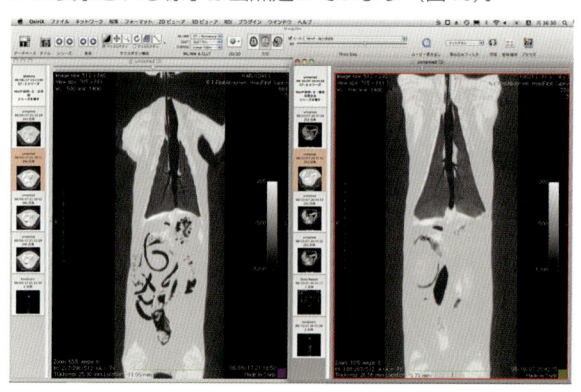

図18

　最後に、拡大や移動ツールで見やすく表示を変更し、所見を微調整して終了です（図19）。

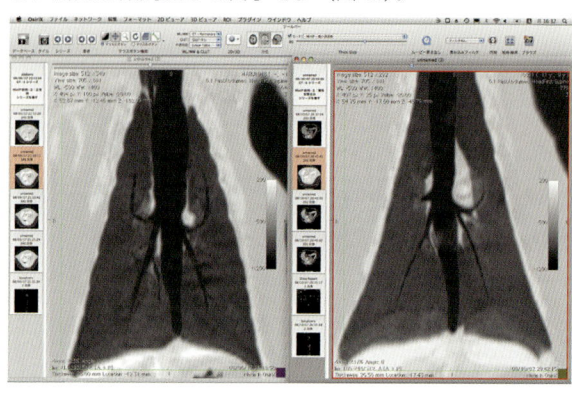

図19

　本章の症例3では、2Ｄ直交面ＭＰＲビューアで症例を検討していますが、［ＭｉｎＩＰ：最小値投影］処理の操作に関しては症例1および2の操作と同様です。

Case Report

３ＤＭＰＲによるＣＴ画像診断

歯根膿瘍、眼球突出／酒井秀夫（八重咲動物病院）

はじめに

近年、ＣＴ検査は、ハードウェア・ソフトウェア両者の進歩によってさまざまな再構成法を利用できるようになってきている。その中で、多断面再構成（Multiplanar reformation、以下ＭＰＲ）は基本となるもので、直交する３平面による断層像を同時に表示するものである。３次元ＭＰＲ（以下、３ＤＭＰＲ）はＭＰＲを基礎にしており３平面が直交する点は同じであるが、座標軸をどの方向にも自由に回転できる機能を付け加えた再構成法である。この機能により任意の構造に対して水平あるいは垂直の像を描出したり、厳密に左右対称な断層像を描出したりすることが可能となる。

以下に、この機能を応用した症例を紹介する。

症例1　歯根膿瘍

- **プロフィール**：犬（トイ・プードル）、雄、13歳齢、体重3.0kg。
- **主訴**：右鼻孔からの分泌物、くしゃみが続いている。
- **身体検査**：右鼻孔からの黄白色粘稠な鼻汁が認められた。また歯石が多く、右上犬歯および第３前臼歯の動揺が認められた。
- **細胞診**：鼻汁中の細胞成分は好中球が主体であった。
- **血液検査**：CRPの軽度上昇（2.65mg/dL）が認められた。

抗菌剤投与による内科的治療に反応がなかったため、確定診断を目的にＣＴ検査を行った。

- **ＣＴ検査**：麻酔はプロポフォールの静脈内投与で導入、気管内挿管ののちイソフルランで維持した。

患者は仰臥位に保定し、単純ＣＴ撮影ののち橈側皮静脈からイオヘキソール（300mgＩ/mL）２mL/kgを急速注入、造影ＣＴを撮影した。

右鼻腔内の大部分に占拠性の病変が認められたが、その形状や鼻中隔の変位がないこと、造影前後のＣＴ値の変化が小さい（造影効果が小さい）ことなどから分泌物の貯留が疑われた（図１）。

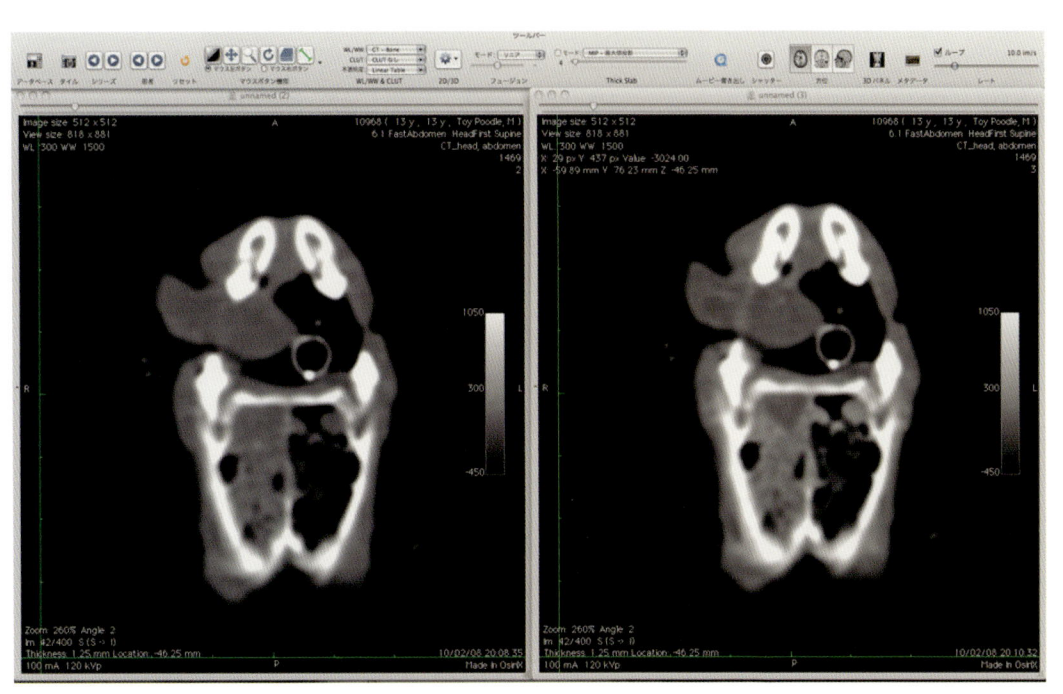

図１　鼻腔部分の横断像。単純撮影（左）と造影20秒後（右）の比較。右鼻腔内に比較的造影効果の低い物質が充満している

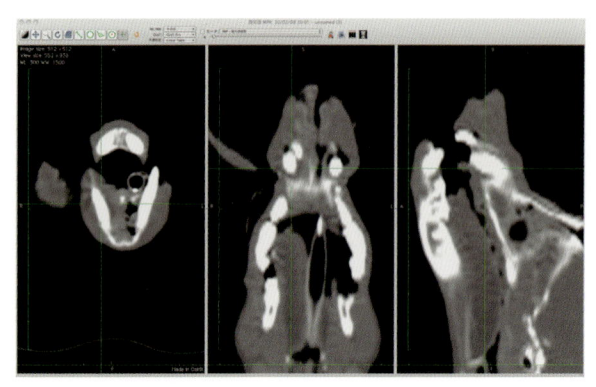

図2　右上犬歯付近のMPR像。右背側犬歯周囲の骨吸収が認められるものの、反対側犬歯との差がはっきりしない

右上犬歯および第3切歯の歯根周囲で著しい骨吸収像がみられた。この所見は通常のMPRでは体位のずれなどのために不明瞭であったが（図2）、3DMPRを使用して左右の対称性を補正し、硬口蓋に平行な冠状断像を再構成することで明瞭に描出された（図3）。

また、右上第3前臼歯歯根部でも軽度の骨吸収がみられ鼻腔との連絡が示唆された（図4）。

これらの所見から、右上第3切歯、同犬歯、同第3前臼歯の歯根膿瘍に起因する鼻炎と診断した。

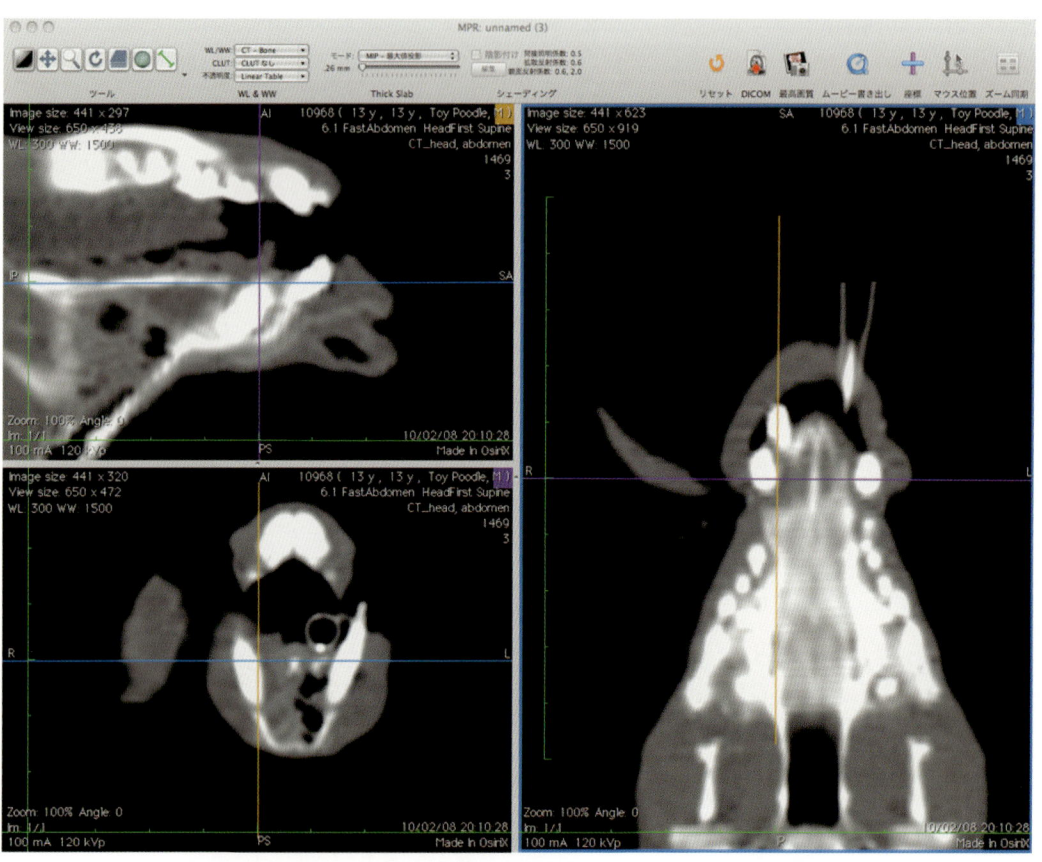

図3　右上犬歯付近の3DMPR像。図2と比べて骨吸収が広範囲に及んでいることがはっきりわかる

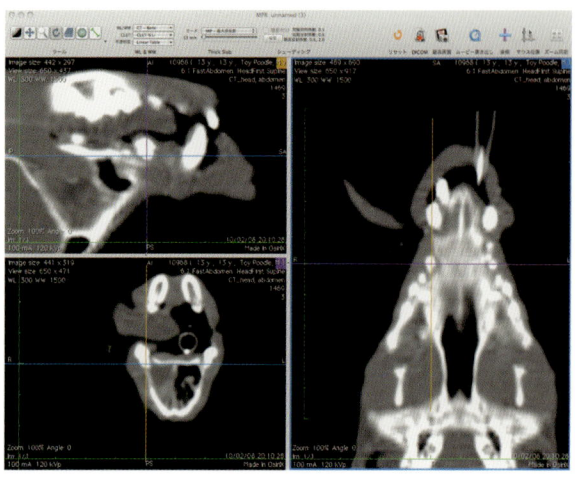

図4　右上第3前臼歯付近の3DMPR像。歯根周囲の骨吸収が認められる

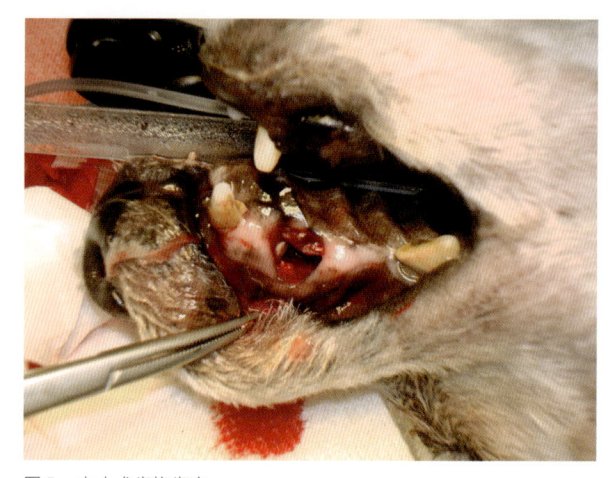

図5　右上犬歯抜歯痕
鼻腔内の分泌物と第3切歯の歯根がみえている

- **処置とその後の経過**：以上の診断に基づき当該歯の抜歯を行った。

　麻酔はミダゾラム、メロキシカムの前投与後にプロポフォールの静脈内投与で導入、気管内挿管ののちセボフルランで維持した。

　まず、右上犬歯を抜歯したところ鼻腔との大きな瘻管が現れ、この瘻管から大量の鼻腔内分泌物が得られた。また、鼻腔内には第3切歯の歯根も観察された（図5）。続いて第3切歯も抜歯、鼻腔内の分泌物を可能な限り除去したのちに各抜歯痕を4-0合成吸収糸で縫合した。さらに第3前臼歯も抜歯したが、この部位では明瞭な瘻管は確認できなかった。

麻酔からの覚醒は良好で、その後鼻孔からの分泌物はみられなくなった。

症例2　眼球突出

- **プロフィール**：犬（ヨークシャー・テリア）、雌、5カ月齢、体重1.5kg。
- **主訴**：同居する大型犬に頭部を咬まれて両眼が突出した。

　来院時にはすでに夜間救急病院で応急的に眼球整復、眼瞼縫合、眼圧・脳圧降下剤の投与などが行われていた。

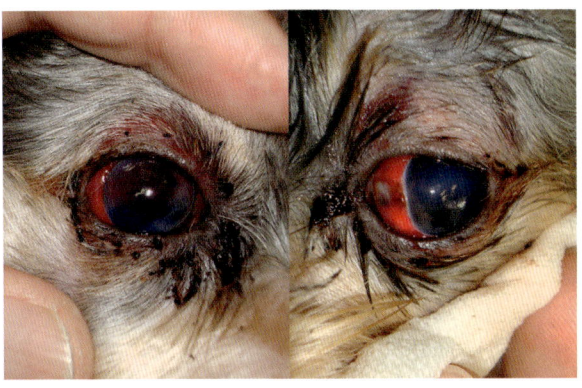

図6　第2病日の肉眼所見。眼瞼皮膚の皮下出血、結膜下出血、前眼房の白濁（以上両眼）、前眼房出血（右眼）が認められる

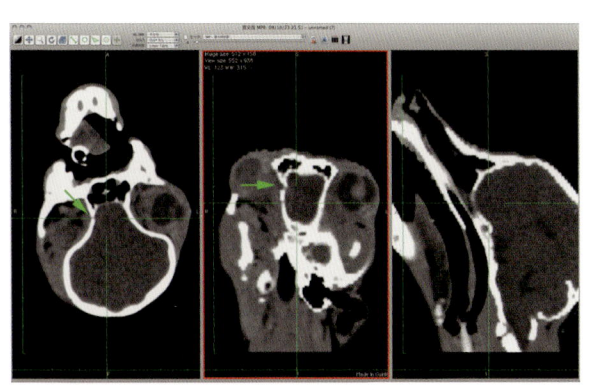

図7　眼球付近のMPR像。右眼窩の骨折（緑色矢印）が認められるが、体位のずれにより評価は困難である

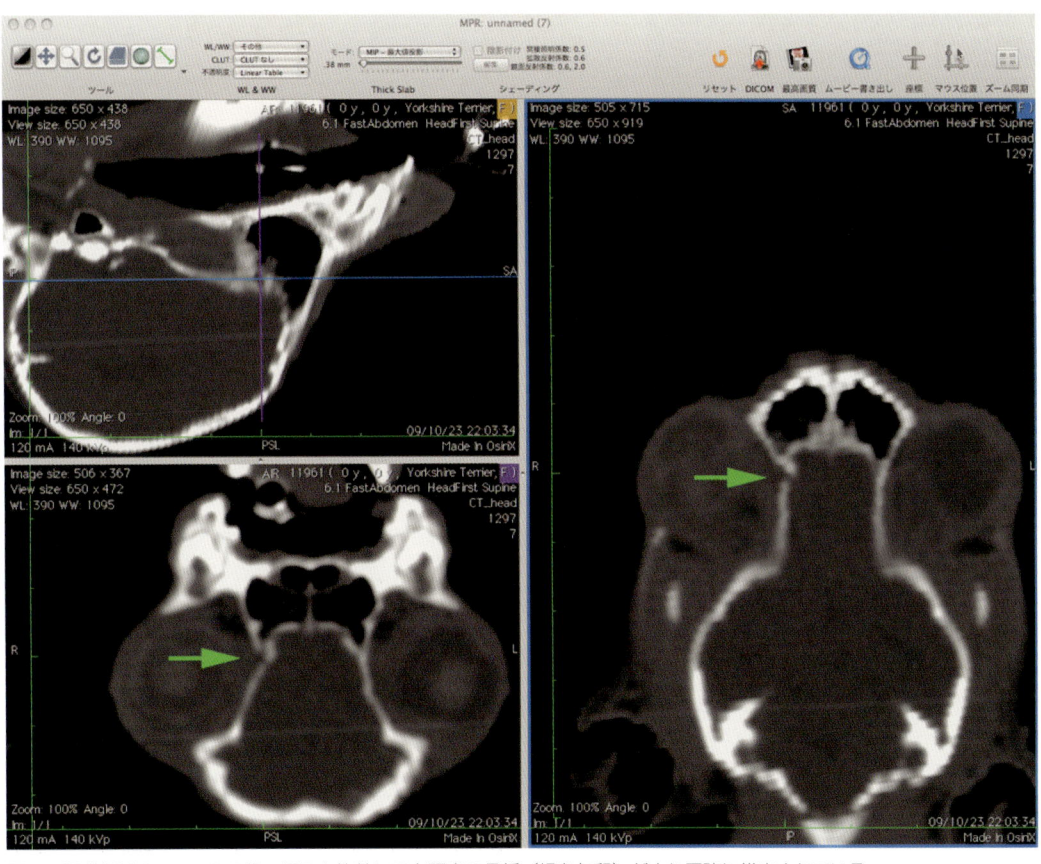

図8　眼球付近の3DMPR像。図7と比較して右眼窩の骨折（緑色矢印）がより正確に描出されている

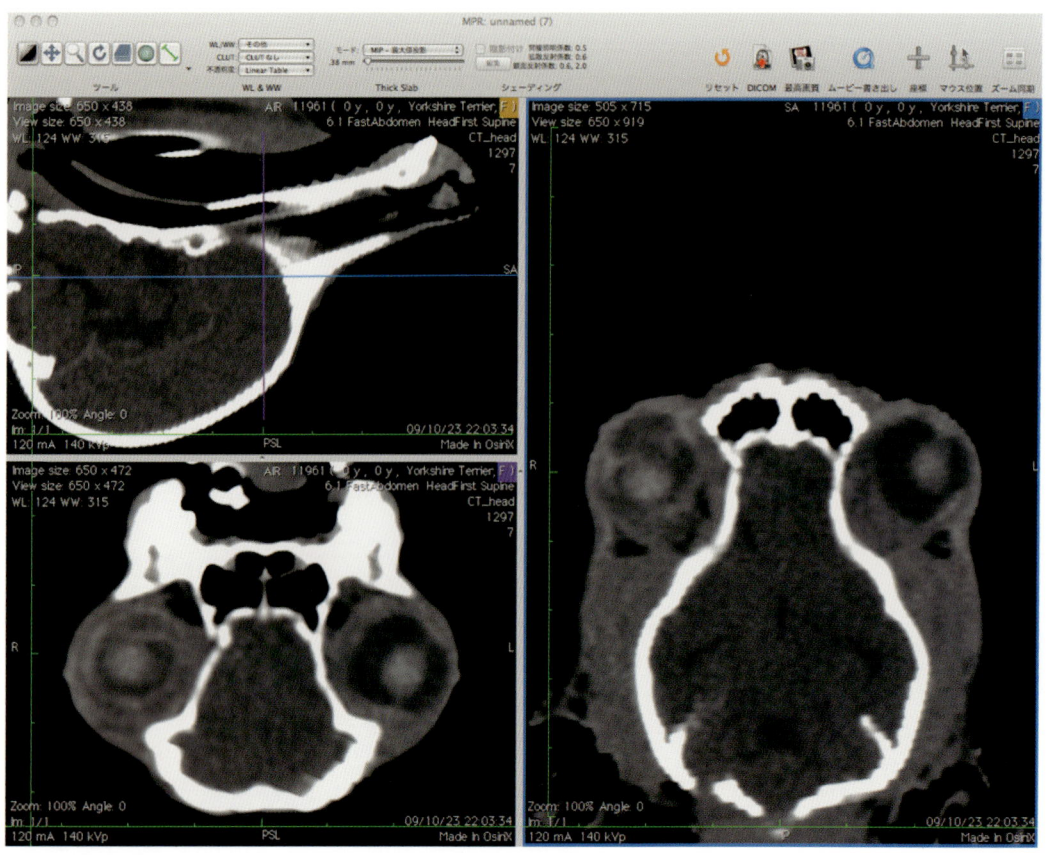

図9　眼球付近の3DMPR像。左眼球（図右）が正常構造を保っているのに対し、右眼球（図左）では変形や眼房水のCT値上昇、レンズの後方への脱臼が認められる

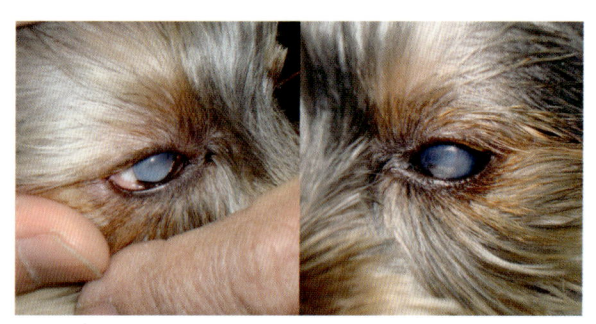

図10　第68病日の肉眼所見。右眼は眼球癆となり、左眼は乾燥性角膜炎を発症したが治癒過程にある

- **身体検査**：来院時には沈鬱状態であったが徐々に活発さが戻り、脳機能には大きな異常はないものと思われた。眼の周囲には腫脹、皮下出血が認められた。

　翌日には元気、食欲が回復、眼周囲の腫脹は改善した。眼瞼縫合を解除したところ両眼で結膜下出血、前眼房の白濁、右眼で前眼房出血が認められた（図6）。

　眼圧は左は13mmHgと正常範囲、右は5mmHgと低値であった。

　眼球の状態の精査と、脳を含む周囲への影響を評価するために第2病日にCT検査を行った。

- **CT検査**：麻酔はプロポフォールの静脈内投与で導入、気管内挿管ののちイソフルランで維持した。

　患者は仰臥位に保定し、単純CT撮影ののち橈側皮静脈からイオヘキソール（300mgⅠ/mL）2mL/kgを急速注入後に造影CTを撮影した。撮影時の体位にずれがあり、通常のMPR像では左右対称の像が得られず読影が困難であったため（図7）、3DMPR像を使用して補正、診断に供した（図8）。

　右眼窩の前頭骨に小さな骨折がみられたが、変位はわずかで頭蓋内に出血などの徴候は認められなかった。

　眼球は左が正常構造を保っているのに対し、右は変形と眼房水のCT値上昇、レンズの後方への脱臼がみられた（図9）。

- **処置とその後の経過**：CT検査後に再び眼瞼縫合を行い、その後セファゾリンの全身投与とオフロキサシン眼軟膏の局所投与を毎日行った。

　第4病日には眼周囲の腫脹がほぼ消失したため眼瞼縫合を解除した。両眼とも瞬目はみられるものの眼球に動きはなく、視覚の有無は不明であったが、第6病日には左眼に物を追う動きがみられるようになった。

　その後、右眼は眼球癆となり、左眼は一時的に乾燥性角膜炎を発症したが、角膜保護剤の投与で回復

しつつある。現在はほぼ通常どおりの生活を送っているが、視力がどの程度回復したかは不明である（図10）。

まとめ

このように３ＤＭＰＲは断面の方向を自由に設定、微調整できるため、症例１で硬口蓋に平行な断面像を再構成したように、特定の構造に注目した断面像の作成が可能である。また、座標軸の回転を微調整することで症例２のように正確に左右対称な像を作成することも可能で、左右を比較することが必要となる頭部などの診断には有用な再構成法である。

また、頭部以外を撮影する場合でも、最初に得られる横断像やＭＰＲのみでは診断しにくいことも多い。このような場合にも３ＤＭＰＲを用いることで、より診断的価値の高い画像を供することができる。

一方で、３ＤＭＰＲは通常のＭＰＲに比べて操作がやや煩雑で診断価値の高い像を描出するには時間がかかることも多いため、状況に応じて２つのＭＰＲを使い分けることが大切であろう。

OsiriXの使い方実践豆講座⑥
３ＤＭＰＲによるＣＴ画像診断

時間差で撮ったシリーズを比べる

本章の症例１、図１では、単純撮影と造影後撮影の２回ＣＴ撮影を比較していますが、複数のデータを並べて観察する方法は、本書「２Ｄビューアの応用」の章およびマニュアルＳ４-３（77ページ）の解説を参照してください。

２Ｄ直交面ＭＰＲで症例を検討する

本章の症例１は、上顎の歯根周囲の観察が目的ですが、２Ｄビューアでとらえた異常所見は２Ｄ直交面ＭＰＲビューア（以下、２Ｄ Ｏ-ＭＰＲ）で追加検査するのが常です。しかし、２Ｄ Ｏ-ＭＰＲは全体を任意の水平と垂直で切った画像を作ることしかできません。本章の症例１のように上顎の歯根周囲部が薄い平面で、さらに体軸に沿っていない場合、２Ｄ Ｏ-ＭＰＲは歯根周囲部をとらえることはできますが、周囲の様子までを包括的に描画することができません。

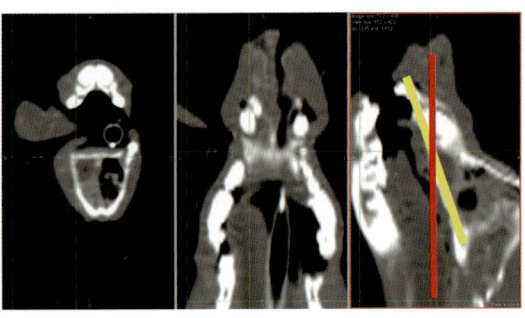

図１

図１は、２Ｄ Ｏ-ＭＰＲです。確認したいのは、右側の矢状面のウインドウの黄色い線の部分の様子を真ん中の冠状面でみるということです。しかし、冠状面の表示は赤い線の位置の断面です。このように、２Ｄ Ｏ-ＭＰＲでは断面を斜めに描画することができませんので、硬口蓋全体の様子を観察することができません。

３ＤＭＰＲビューアを使う：その１

では、44ページの症例１、図３のように効果的な画像を得るための操作をみていきます。ここでは３Ｄ ＭＰＲビューア（以下、３ＤＭＰＲ）を使用します。

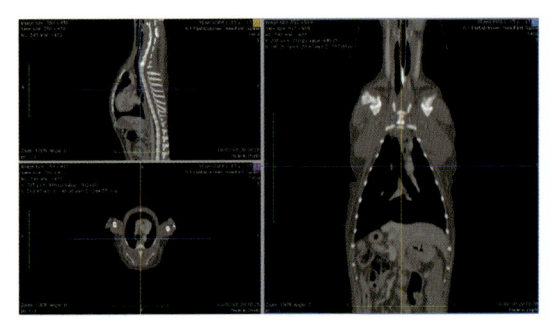

図２

図２左は、３Ｄ ＭＰＲの読み込み初期の様子です。ここから上顎犬歯を表示させます。まず、ツールを使って頭部をウインドウの中央に移動します。この操作は右側の冠状面のウインドウを使うと上手くいきます（図２右）。

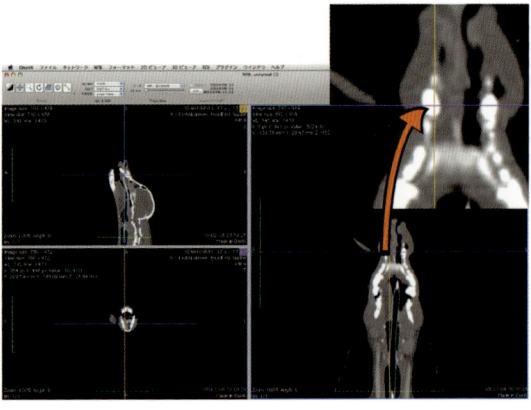

図３

図３は、右側の冠状面のウインドウを使って画像を捲っています。このとき、ウインドウに表示されている十字線の中央部に目的の部分を合わせます（赤色矢印は拡大）。今回は犬歯ですが、その結果矢状面と軸位面のウインドウにも犬歯が表示されています。次に、を使って画像を拡大して見やすくします（図４）。

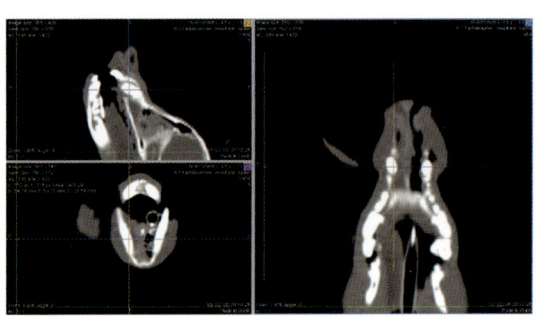

図４

大まかな位置が揃い、画像も拡大されて見やすくなりました。次は、左上の矢状面の画像をツールを使って回転させます（黄色矢印）。本章図３では丁寧に硬口蓋を水平に調整しているのですが、ここでは「手順」ということでザッと位置を合わせています（図５-①）。

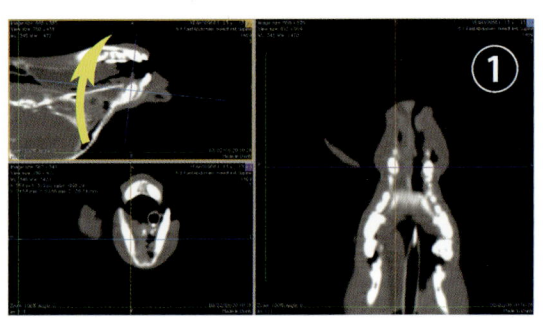

図５-①

48　３ＤＭＰＲによるＣＴ画像診断

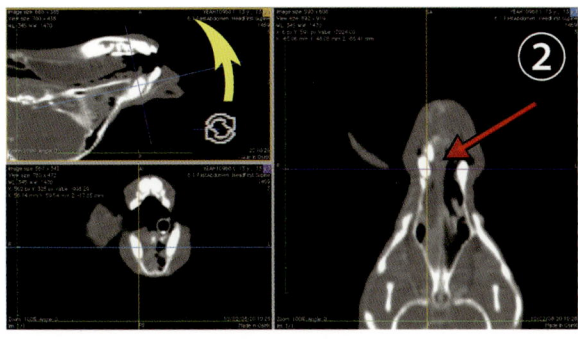

図 5-②

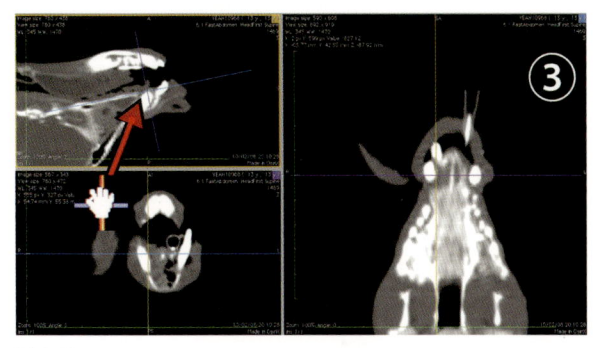

図 5-③

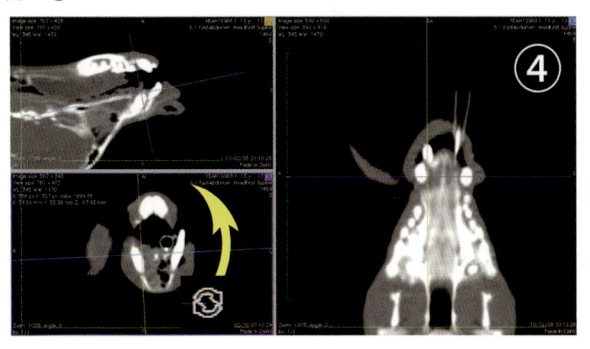

図 5-④

←回すマウスポインタ
掴むマウスポインタ→

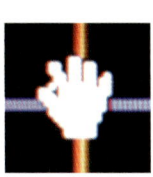

　図5-②では、矢状面のウインドウの十字線を回転させて、硬口蓋のラインと十字線の水色のラインを平行に合わせています。マウスポインタを十字線の上に合わせるとマウスポインタの形が変わりますので、クリックしたまま移動させると任意の方向へ回転させることができます。今回は十字線を左向きに回転させていますが、これで硬口蓋の右側の様子（図5-②、赤色矢印）が観察できるようになりましたが、左側の様子は未だ不明瞭です。
　マウスポインタを十字線の中心に合わせるとポインタが手のひらの形に、クリックすると握った形になり、マウスで掴んで移動することができます。図5-③は、図5-②の位置から若干上に十字線を移動させていますが（赤色矢印）、右側の冠状面のウインドウで上顎左側の犬歯周辺の様子がみえてきています。
　44ページの図3では、軸位面のウインドウで十字線を左回りに少し調整しています。これで冠状面で上顎の様子を左右揃えて描き出すことができました（図5-④）。
　図6は、一連の作業の後、各ウインドウの画像を整列させています。Cツールで十字線と画像を回転させてすっきりさせました。
　症例1、図3の様子は、これででき上がりです。

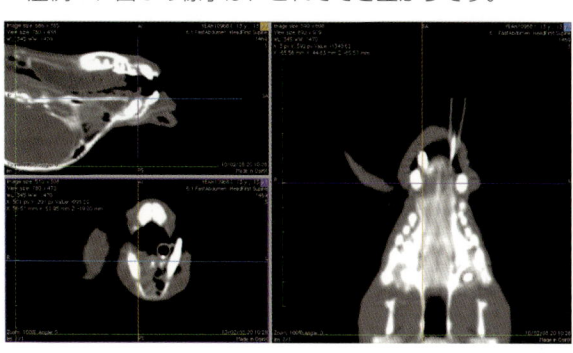

図6

3DMPRビューアを使う：その2

　45ページの症例2では、眼窩の変形の確認と眼球の比較が検討の対象となっていますが、2DO-MPRでは回転ツールを使って修正することくらいしかできませんので、ここでも3DMPRの出番になります。
　左右の眼窩や眼球を対称に描出するには、例例1と同様に、まず注目する場所を十字線の中心に据える操作が重要です。次に、十字線を回転・移動して頭骨の天地に対して垂直に、左右に対して水平になるように調整にします。なお、この操作はあくまでも表示されている画像（ここでは頭骨）に対して十字線を合わせる操作を行うもので、表示画像の天地がビューアの上下に合っている必要はありません。
　ただし、保定位を前提に術法を検討する場合や術中の確認、インフォームド・コンセントにおいて説明を受ける側のわかりやすさなどを考慮して、もう一手間かけてきれいな画像を作る習慣をつけておく必要もありそうです。
　なお、本稿ではここまでの図例にWL/WW値CT-Boneを用いて作図していますが、図7のみCT-Abdomenで処理しています。

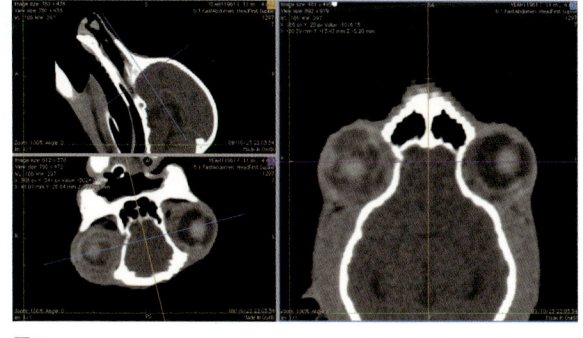

図7

　3DMPRビューアの詳細および操作法に関しては、本書マニュアルS5-2（96ページ）の解説も参照してください。

Case Report

ＳＲ（Surface rendering）の活用

尺骨近位骨折、頸部皮下腫瘤／松倉源太郎（洋光台ペットクリニック）

はじめに

ＳＲ（Surface rendering）とは、ＣＴ値が大きく変化する部分を臓器の表面として認識し、立体的な表面計算を加えて表示する方法である。同じ３Ｄ表示を行うＶＲ（Volume rendering）と比較し、周囲とＣＴ値が極端に異なる部分しか抽出できないが、計算が簡単であるために処理速度が速いことが利点である。

ＳＲを骨に適用すると、あたかも骨格標本のような像が描出されるため横断像やＭＰＲ（Multiplanar reformation、多断面再構成）像などよりも直感的に理解しやすく、飼い主への説明もよりわかりやすくなる。

この性質を利用し、ＳＲは整形外科など骨の立体構造の抽出が必要な場合に多く利用されている。

症例1　尺骨近位骨折

- **プロフィール**：犬（ミニチュア・ダックスフンド）、雄、３歳齢、体重5.0kg。
- **主訴**：椅子から落ちた後、左前肢を挙上している。
- **Ｘ線検査**：左尺骨近位の骨折が認められた（図１）。骨折部位をより正確に把握すること、脱臼などの合併症の有無を確認することを目的にＣＴ検査を行った。
- **ＣＴ検査**：メデトミジン・ミダゾラムによる鎮静下で仰臥位に保定し単純ＣＴ撮影のみを行った。

　その結果、横断像で尺骨近位に明らかな骨折が認められたが（図２）、この画像では骨折の状態や周囲の状況を正確に把握することは難しく、また飼い主への説明もしにくいと思われた。そこでＳＲ像を作成し、さらに左右の同部位を比較したところ左尺骨の骨折をより明確に把握することができた（図３）。さらに、周囲の骨を取り除く処理を行い、拡大してみると、尺骨の骨折にともなって橈骨頭が脱臼しており、いわゆるモンテジア骨折であることが確認された（図４）。一方、橈骨尺骨の位置関係に異常がないことから、近位輪状靭帯には損傷がないことが予想された。

- **処置とその後の経過**：尺骨に対し創外固定を行い、骨折を整復した。橈骨頭の脱臼も尺骨の整復とともに自動的に整復されたが、これは近位輪状靭帯が無傷であったためと思われた。

　後日、創外固定ピンを抜去し、治療を終了した。

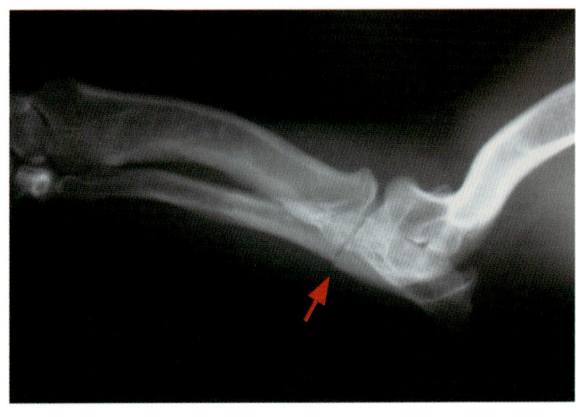

図１　初診時の左前肢Ｘ線像
尺骨近位に明らかな骨折ラインが認められる（赤色矢印）

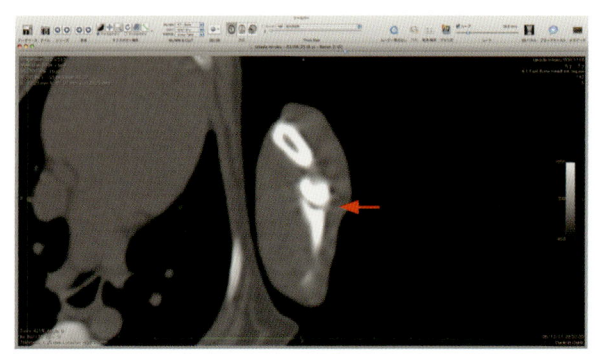

図２　左尺骨近位の骨折部の単純ＣＴ横断像（赤色矢印）
横断像では立体的に骨折を把握しにくい

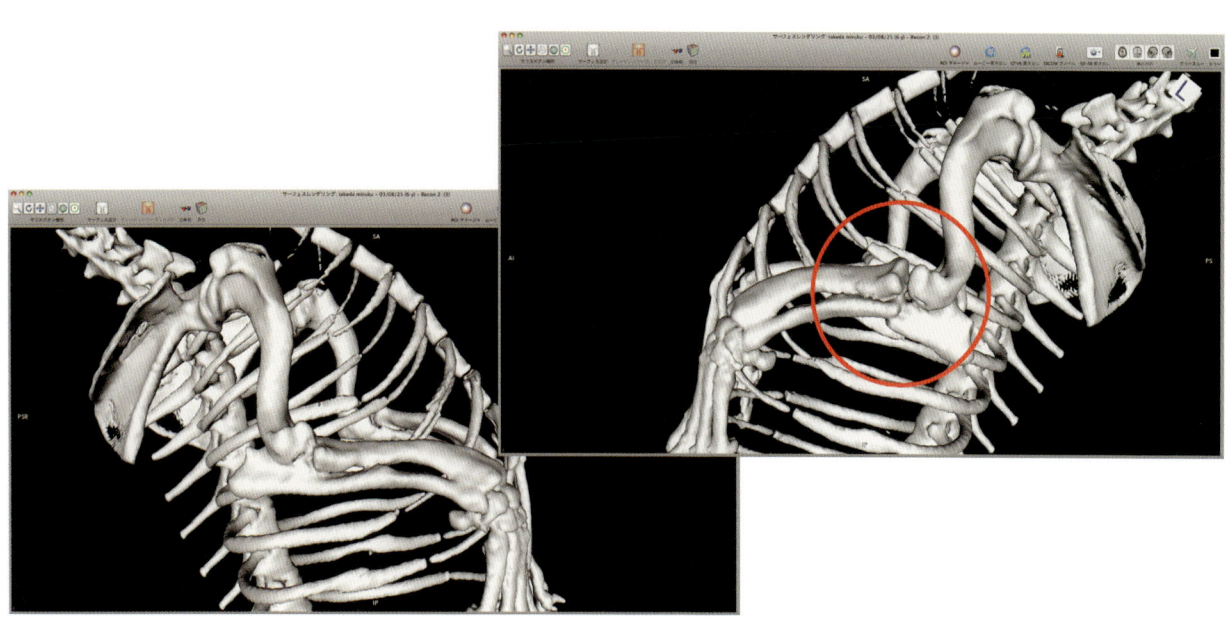

図3　肘関節周辺のSR像
骨折部（左前肢、上段赤色円内）を健常肢（右前肢、下段）と比較することで、尺骨の骨折が立体的に確認できる

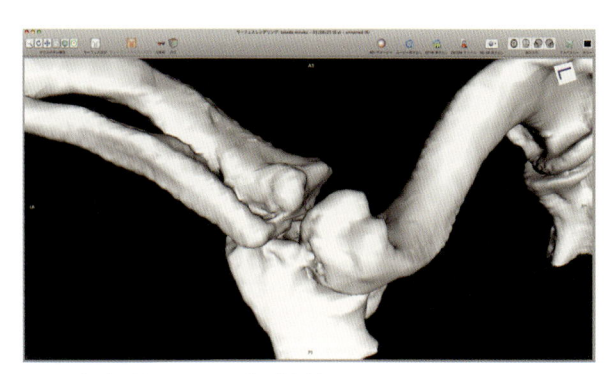

図4　左肘関節周囲のSR像（拡大）
橈骨頭の上方へ脱臼が認められる

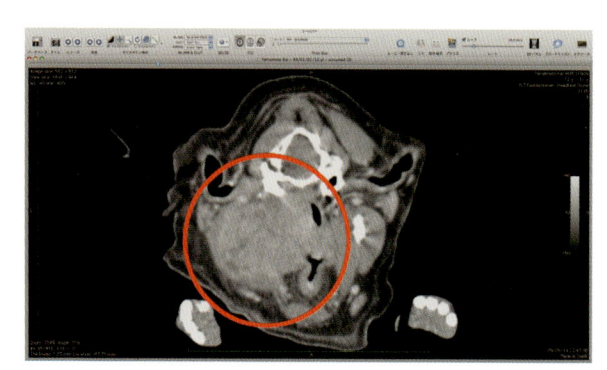

図5　血管造影CT頸部横断像
腫瘤（赤色円内）によって食道および気管が右方へ変位している

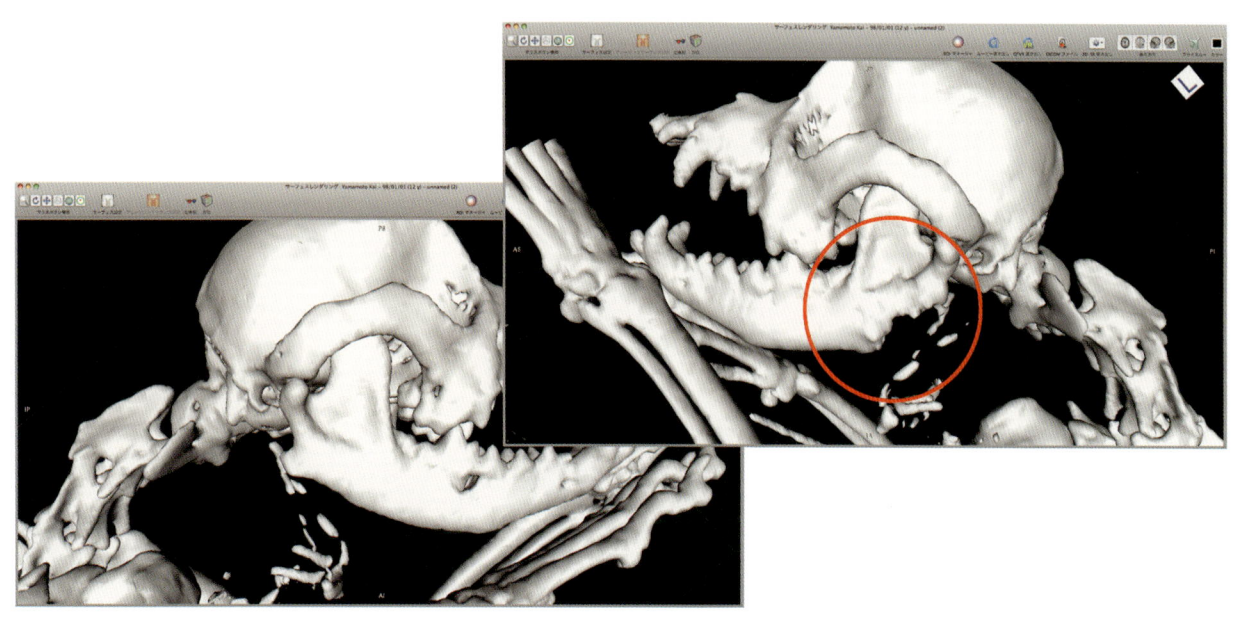

図6　頭部のSR像
左側下顎骨の融解が立体的に確認できる（上段、赤色円内）。右側（下段）と比較することでより明確である

SR（Surface rendering）の活用　51

症例2　頸部皮下腫瘤

- **プロフィール**：犬（キャバリア・キングチャールズ・スパニエル）、雌、12歳齢、体重12.0kg。
- **主訴**：嚥下困難。
- **身体検査**：触診により喉頭部に腫瘤が触知された。手術の適否を判断するためＣＴ検査を行った。
- **ＣＴ検査**：麻酔はブトルファノール、ミダゾラム、アトロピンを前投与ののち、プロポフォールの静脈内投与で導入、気管内挿管し、イソフルランで維持した。

    仰臥位に保定し、単純ＣＴ撮影ののち橈側皮静脈からイオヘキソール（300mg I /mL）2 mL/kgを急速注入後に造影ＣＴを撮影した。

    その結果、横断像では気道や食道を圧迫している腫瘤の存在が確認された（図5）。

    腫瘤の位置から考えて周辺の骨への影響が懸念されたため、ＳＲ像を作成して左右を比較したところ、左下顎骨体の一部が融解していることが明らかとなり、腫瘤の下顎骨への浸潤が疑われた（図6）。

- **処置とその後の経過**：腫瘤が骨へ浸潤していることから悪性の可能性が高く、摘出も困難であると考えられた。また、呼吸も苦しそうであり食事もとれないことから、飼い主に十分なインフォームド・コンセントを行った結果、安楽死の決断が下された。

まとめ

　ＣＴ検査で得られる平面のままではわかりにくい画像を、OsiriXを使用することで立体化、3次元化することが可能となる。

　このＳＲは応用範囲が骨などに限られるものの、処理速度が速く操作も簡単であり、さらに画像の拡大・縮小、回転なども自由に行うことができる。これらのことは病変を発見し、その詳細を把握することを可能にし、治療計画を立てるうえでも重要な役割を果たしている。

　また、ＳＲは視覚的に理解しやすい画像を描出できるため、飼い主にわかりやすくインフォームド・コンセントを行えるツールでもある。

OsiriXの使い方実践豆講座 ⑦

ＳＲ（Surface rendering）の活用

本章の図３を再現する

本章の図３の状態を再現してみます。一連の画像の様子は症例を３Ｄサーフェスレンダリングビューア（以下、３ＤＳＲ）に読み込んだ様子です。

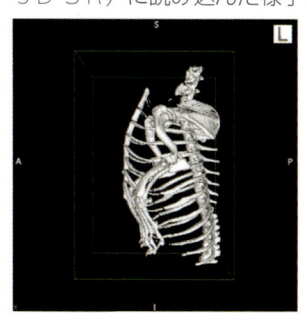

図１は、最初の様子ですが、図２-①はそこからズームツールを使って画像を拡大しています。

次に、回転ツールで画像を右回りに回転させて、肘関節から橈・尺骨部を水平にみせるための操作を行っています（図２-②：矢印がマウスの操作方向）。これで尺骨の骨折部分が中心位に表示されて観察しやすくなりました。

３Ｄ回転ツールを水平方向に使うと画像を回転させて、右側の肘関節付近の様子が観察できます（図２-③）。

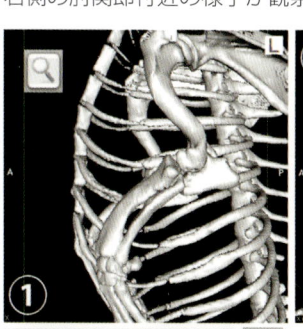

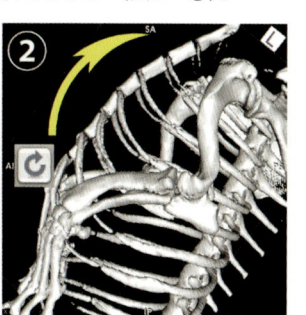

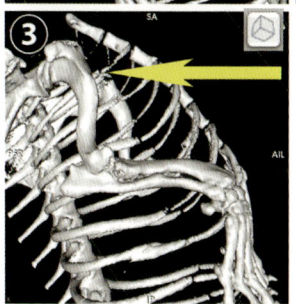

図１

図２

本章の図４を再現する

この症例では（上の例のように）背景に肋骨等の存在が被って、肝心の肘関節から橈・尺骨の付近が見にくくなっていましたので、本章の図４では３Ｄ ＭＩＰビューアの３Ｄはさみ（図３）を使って不要な部分を削除した後、改めて３Ｄ ＳＲ処理を行って見やすい画像にすることができました（図４）。３Ｄはさみに関しては、本書マニュアルＳ６-４（107ページ）も参照してください。

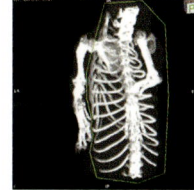

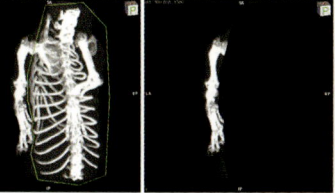

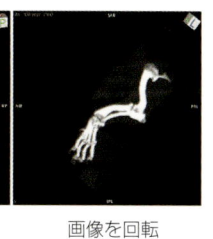

削除線を引く　　削除完了　　画像を回転

図３

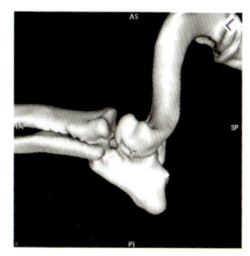

図４

本章の図６を再現する

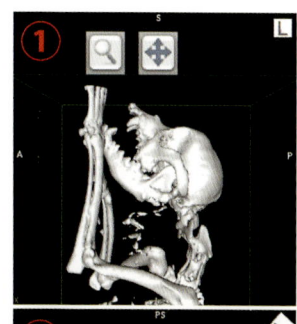

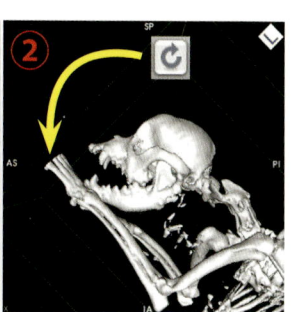

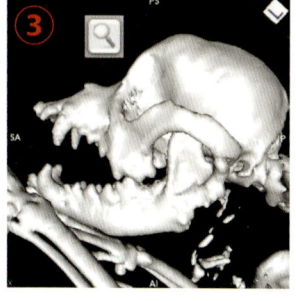

図５

本章の図６、頸部皮下腫瘤の症例で用いられている画像を得るには、３Ｄ ＳＲで左側下顎角突起付近の辺縁をビューアの中心に据えた画像を作ることを目標とします。

この症例の場合は、まず元画像を拡大、下顎・頸部の位置がビューアの真ん中になるように移動（図５-①）、病変部を見やすくするため下顎骨を水平に位置するよう回転させ（図５-②）、最後に拡大（図５-③）して終了ですが、患部によっては◯ツールの助けが必要な場合もあります。ここで◯ツールを使うと、もう少し後方や下からの様子をみることもできます。

左側の下顎骨の様子が確認できたら◯ツールを使って画像を右回りに回転させ、右側下顎・頸部の様子を比較・観察しますが、このときマウスポインタは図５-③のときと同様に水平に移動させます（様子は図６のように変化します）。

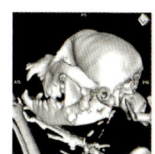

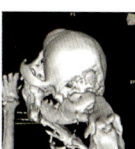

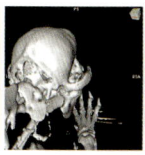

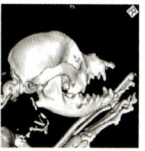

図６

Case Report

ＶＲ（Volume rendering）の活用
裁断処理とオパシティー処理を中心に

新井　弦（はる動物病院）、小野隆之（マーサ動物病院）

はじめに

　ＣＴから得られるデータは連続した平面像、とくに横断（軸位断、Axial）像が多い。しかし、データとしては平面データとともに時間的連続性を有する容積データとして蓄積されている。これらを関連づけて3次元表現するのが、2次元表現のピクセルに対するボクセル表現である。ボクセル単位のデータを重ねて表現するものにはＭＩＰ（Maximum intensity projection、最大値投影法）、ＳＲ（Surface rendering）、ＶＲなどがあり、最近ではコンピューターの進歩により膨大な画像データを処理できるようになった。ＶＲは各ボクセルに色や透明度等を付与して3次元像として表現している。
　OsiriXでは専用ワークステーション並みのＶＲ像作成が可能であり、しかも容易に行える。
　使用頻度が高いツールである3次元カット（裁断）処理と透過度を調節する3次元オパシティ（透過）処理を中心に症例を交えて説明する。

症例1　ミナミアメリカオットセイの皮下腫瘤
～体表の表現～

- プロフィール：ミナミアメリカオットセイ、雌、1歳齢。
- 主訴：左眼下の皮下腫瘤が徐々に大きくなってきた。切除可能かを判断するためにＣＴ撮影を行った。
- ＣＴ検査と処置：皮下織内に限局した腫瘤を認め、血管走行も複雑ではないため切除を行った。
　切除した腫瘤の病理組織学的検査は非特異性皮膚膿瘍という診断であった。
　図1は2Dビューアのツールバーから3Dボリュームレンダリングを選択し作成した画像と肉眼写真を比較したものである。ＶＲ像作成の条件はプリセットされたものの中からstandardを選択している。
　体表の凹凸は忠実に再現されており、左眼の下の腫大部も正確に表現されている。肉眼所見と比べても遜色なく表現されている。

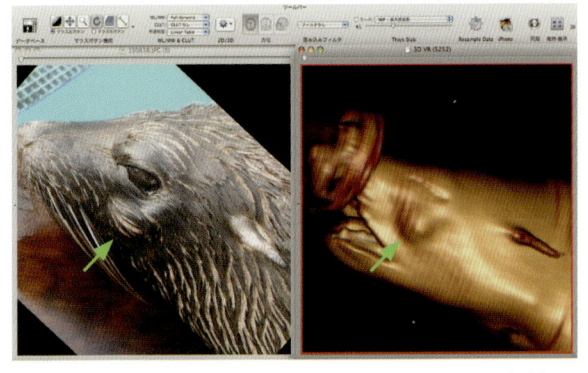

症例2　転移性肺腫瘍
～3Dカット（裁断）処理の利用 1～

- プロフィール：犬（ゴールデン・レトリーバー）、雌、8歳齢、体重26.0kg。
- 主訴：突然倒れた。
- 身体検査：大型の腹腔内腫瘤を触知。
　腫瘤の位置・大きさと他臓器への転移の有無を確認するためＣＴ検査を行った。
- ＣＴ検査：脾臓に大きな腫瘤を、肝臓には散在する小腫瘤を認めた。肺にも多数の小結節を認めた。脾臓由来の腫瘤とその肝臓・肺への転移像と診断した。
　図2はＶＲ像を作成、ツールバーから裁断を選択して肺の断面を描出したものである。肺野一面に多

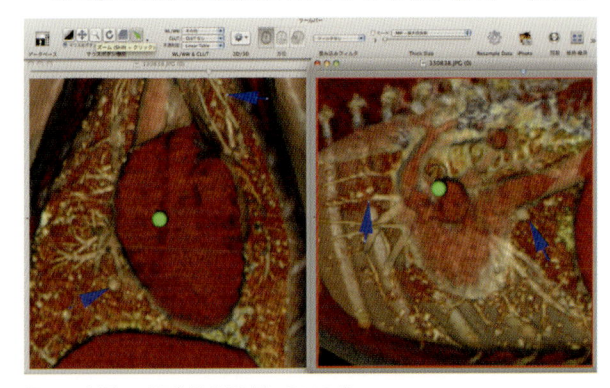

図1　症例1（ミナミアメリカオットセイの皮下腫瘤、緑色矢印）のＶＲ像（右）と肉眼写真（左）の比較

図2　症例2（転移性肺腫瘍）のＶＲ像
裁断処理を行い、肺野の多数の腫瘤（青色矢印）を描出。緑色の点は裁断時にドラッグするポイント

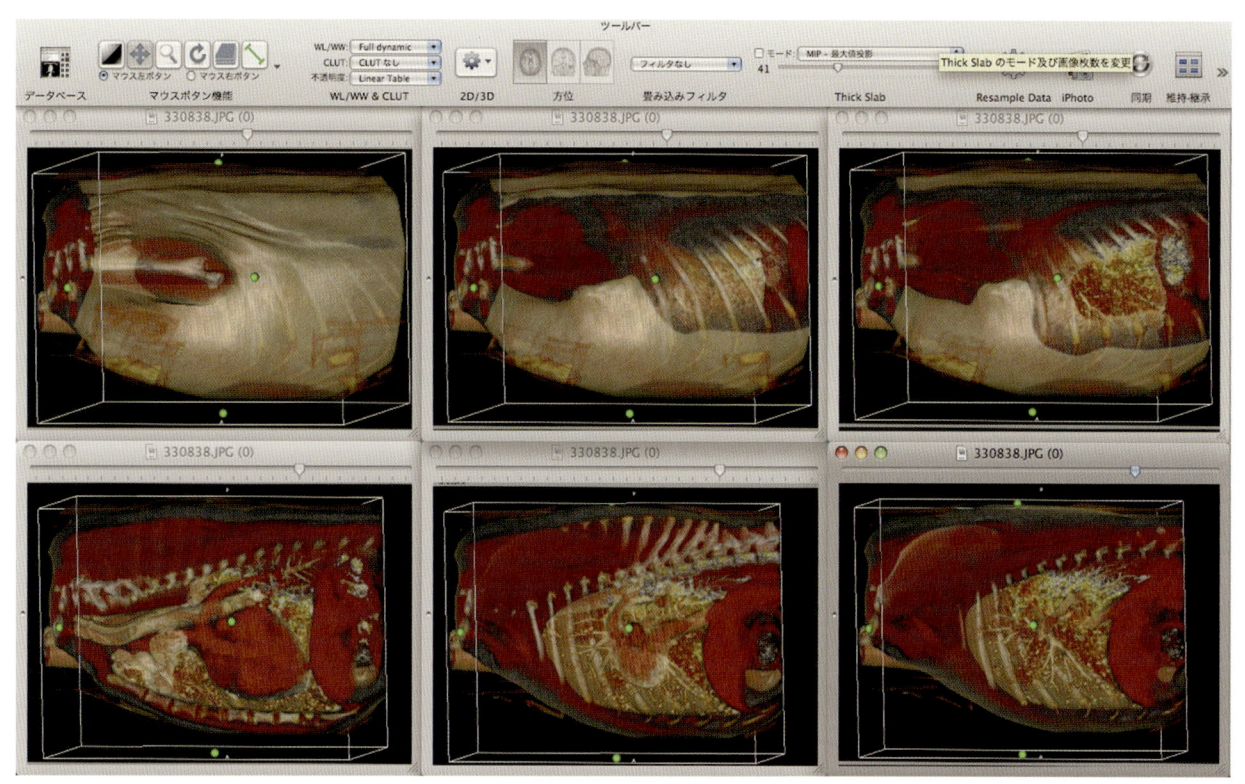

図3　ＶＲ像の裁断の実際。上段左から下段右にかけて矢状断面を手前から奥（動物の左から右）に移動させている

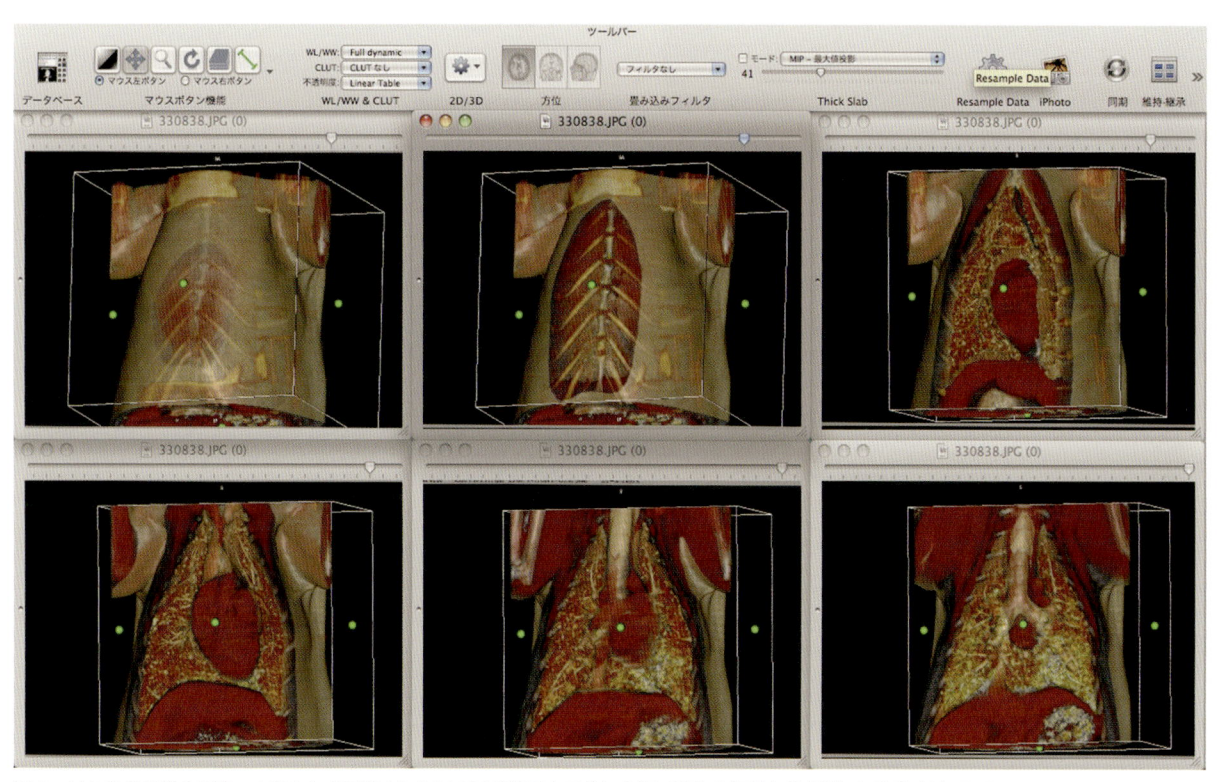

図4　ＶＲ像の裁断の実際。上段左から下段右にかけて冠状断面を手前から奥（動物の腹側から背側）に移動させている

　数の粟粒結節が存在していることがわかる。
　図3（矢状断像）、図4（冠状断像）は図2の像を作成する際の手順を示したものである。症例1と同様の手順でＶＲ像を作成（作成条件はプリセットされたものからのsoft tissue ＣＴの6、soft ＋ skinを選択している）、あらかじめ不要な部分（この場合頭頸部や腹部）を切り落とし、画像の大きさを画面に合わせて調節してある。
　画像中央の緑色のポイントをドラッグすると切断面を画像の手前から奥へ移動することができる。また、別のポイントをドラッグすればそのポイントがのっている切断面を移動させることができる。

症例 3　脳腫瘍　〜３Ｄカット(裁断)処理の利用 2〜

- **プロフィール**：犬(ミニチュア・シュナウザー)、雌、8歳齢、体重7.0kg。
- **主訴**：てんかん様痙攣発作。
- **ＣＴ検査**：前頭葉部に頭蓋骨と接する長径21mmの腫瘤を認め、髄膜腫と仮診断した。

　図５は頭部のＶＲ像を作成、症例２と同様に裁断処理を行って大脳前頭葉の腫瘍を描出した（裁断のための枠やポイントは非表示とした）。OsiriXの新しいバージョンではＶＲ像においても長さの計測が可能となった。

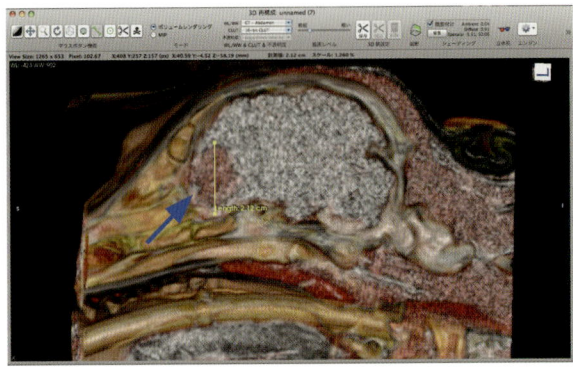

図５　症例３（脳腫瘍）の頭部ＶＲ像
裁断処理を行い、大脳前頭葉の腫瘍（矢印）を描出

症例 4　甲状腺癌　〜３Ｄオパシティー（透過）処理の利用 1〜

- **プロフィール**：犬（マルチーズ）、雄、11歳齢、体重5.0kg
- **主訴**：頸部皮下腫瘤、嚥下困難。
- **ＣＴ検査**：腫瘤は甲状腺の位置に存在し、血管走行から甲状腺の腫瘍と仮診断した。

　前項までに述べた３Ｄカット処理は、裁断というツールを用いて断面の位置を変えることで生体の内部をみていく手法であるのに対し、３Ｄオパシティー処理は透明度を変えていくことで目的の器官・組織を可視化する方法である。

　図６は造影剤にて血管と腫瘍のＣＴ値を高め、ＣＴ値が低い周囲軟部組織とのＣＴ値の差を利用して血管と腫瘍を可視化する過程を示している。下段右の像は、下段中央の像を回転させて左側面から腫瘍をみている。これらの像は腫瘍への血管分布が明瞭に確認できるため手術計画を立てる際に有用である。

　この症例はＣＴ検査の結果から切除可能と判断し、手術を行った。摘出した腫瘍は病理組織学的検査の結果、甲状腺癌と診断された。

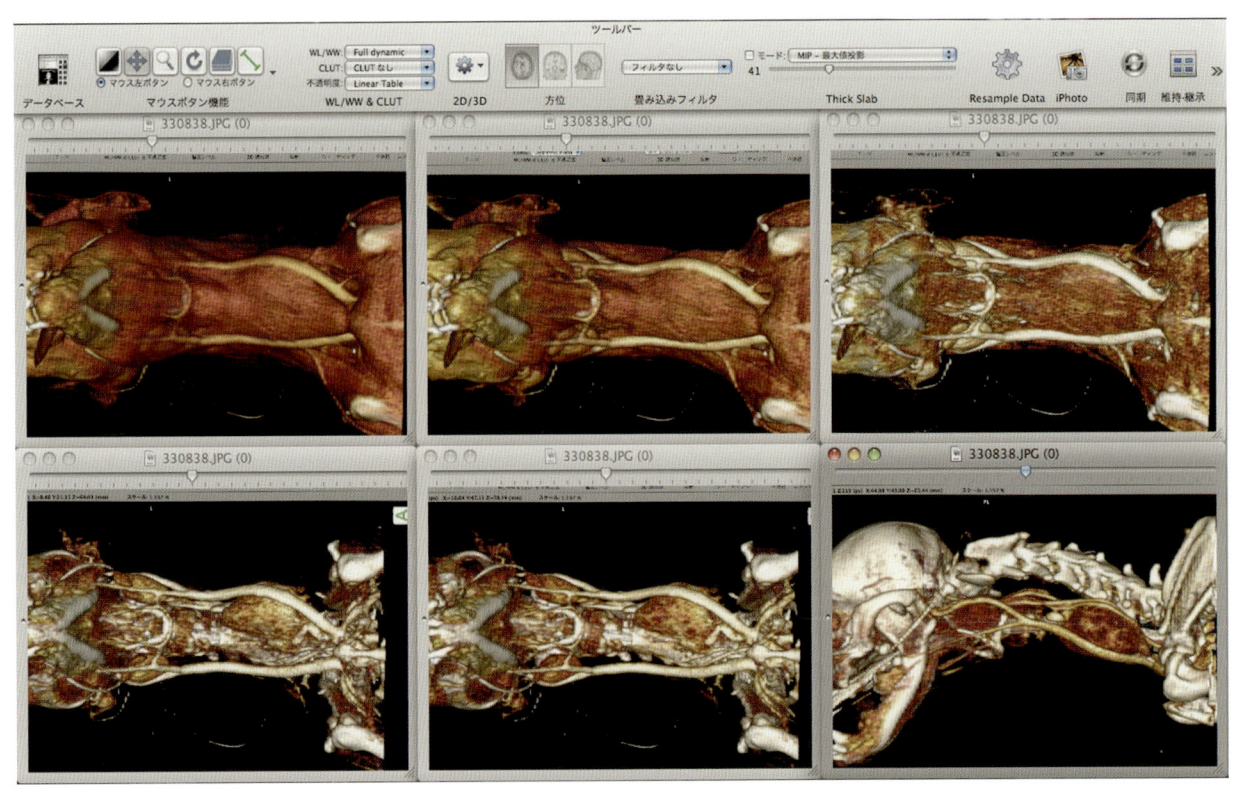

図６　ＶＲ像のオパシティー（透過）処理の実際。上段左から下段中央にかけてＣＴ値の低い組織を徐々に透明化していき、血管と左頸部の腫瘍を可視化している。下段右は下段中央を回転させて左側観を示している

ＶＲ（Volume rendering）の活用

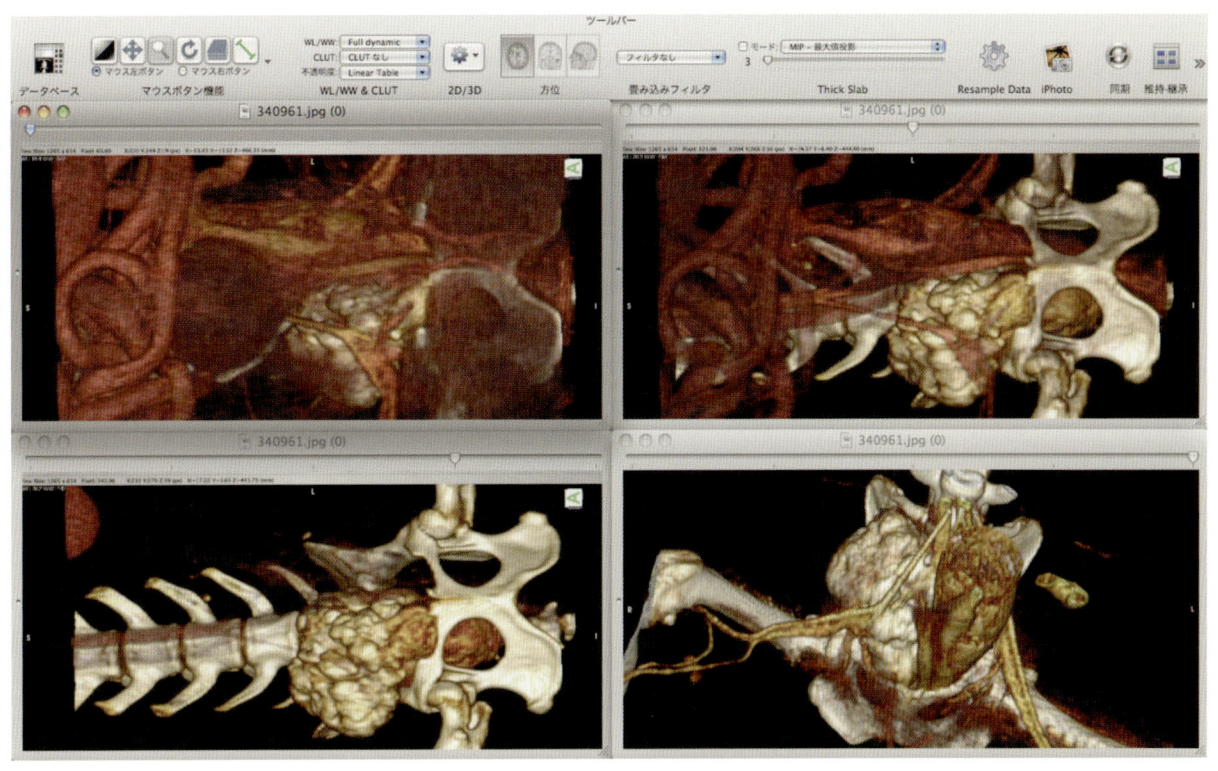

図7 症例5（骨盤腔内腫瘍）3Dオパシティー処理の実際
上段左から下段左にかけて周囲の組織を透明化して腫瘤を可視化している。下段右は下段左の像を回転させて頭側観を示している

症例5　骨盤腔内腫瘍（軟骨肉腫）
～3Dオパシティー（透過）処理の利用 2～

- プロフィール：犬（シー・ズー）、雌、11歳齢、体重7.2kg
- 主訴：排便困難。
- CT所見：骨盤腔内の左側2/3を占拠する辺縁不整の腫瘤を認め、肉腫系腫瘍が疑われた。

　図7は3Dオパシティー処理を行い、腫瘤とそれを取り巻く血管を描出している。腫瘤の周囲の臓器や骨等も自由に描出したり消したりできるので、位置関係の確認が容易になる。また像を回転させることによって周囲の状況も把握できる。

症例6　門脈体循環シャント
～3Dカットと3Dオパシティーの併用～

- プロフィール：犬（ミニチュア・ダックスフンド）、雌、2歳齢、体重4.0kg
- 主訴：とくになし（避妊手術目的で来院）。
- 血液検査：血中アンモニア、総胆汁酸の高値。
- CT検査と処置：門脈と後大静脈をつなぐ異常な血管が認められた。先天性門脈体循環シャントと診断し、手術を行った。

　図8は血管系描出のための3Dオパシティー処理と手前の骨や臓器を除去するために3Dカット処理

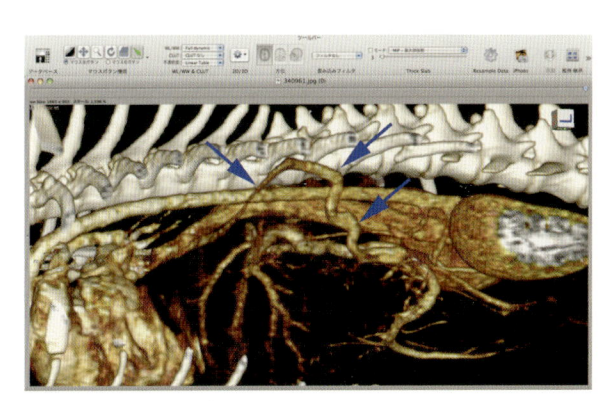

図8 症例6（門脈体循環シャント）のVR
裁断処理とオパシティー処理を併用してシャント血管（青色矢印）を描出

を併用して血管を描出した。門脈から分岐したシャント血管が背側に走行し、後大静脈に流れ込んでいる像が確認できる。回転を行いながら血管の走行を正確に把握できるため、この症例のような血管奇形の診断にはとくに有用なツールである。

まとめ

　OsiriXにおけるVRの作成には複雑な操作は不必要で、いくつかのボタン操作とマウスのドラッグだけで簡単にできるという魅力がある。オパシティー（透過性）処理もプリセットされている条件を利用することで、ある程度の目的は容易に達成できる。さらにオパ

シティー調整や裁断、回転等と組み合わせることでさまざまな表現ができるようになり、肉眼ではみることのできない場所を可視化することが可能となる。ＣＴ血管造影のように、ＣＴ値を周辺から際立たせた構造に関してはその流れを確実に追うことができ、かなり正確にその走行を確認することができる。多くの臓器もＣＴ値の違いによって識別が可能である。

　このＶＲ法は手術計画の立案（術前シミュレーション）にとどまらず、術中ナビゲーション等に広く応用されるものと思われる。

　ただし、あまりにも真に迫った画像が作成できるため、あたかも肉眼でみているかのように錯覚しかねないＶＲ像であるが、あくまでＣＴ値の違いに基づいて作成された画像であること、コンピューター処理が前提であるため、意図せぬ強調や隠蔽等があり得ることには注意を払わなければならない。現段階においては、病態の把握やその説明という利用法が一番の活用法であろう。

OsiriXの使い方実践豆講座 ⑧

VR（Volume rendering）の活用

３D透過処理を使う

本章の症例２、図３で紹介されている診断作業の手順をみていただきます。

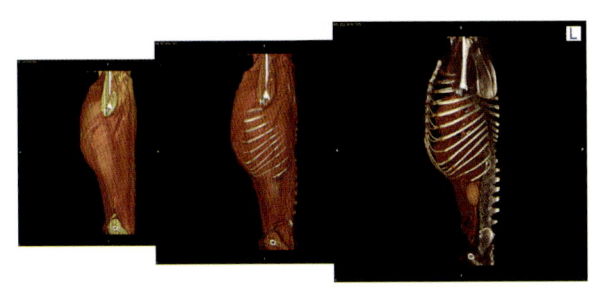

図１

図１の図３枚は、３Dボリュームレンダリングビューアに症例を読み込んだ様子です（本文ではプリセットのSoft＋Skinが選ばれていますが、ここではＣＴ-Abdomenで処理しています）。

上の例では、ツールバーのマウスボタン機能から■ツールを選んで、ビューア上でマウスボタンを押しながら下から上方向にマウスカーソルを移動させています。検体の透過度が増して体内の器官・臓器が透けてみえてきています。

３Dカット（裁断）を使う

次に、検査部位を胸部に絞り込む操作を行います（図２）

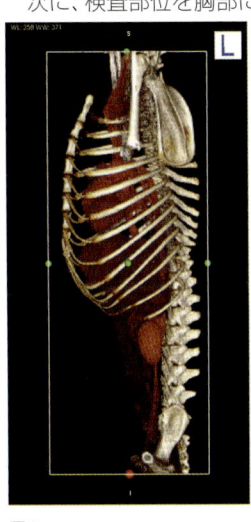

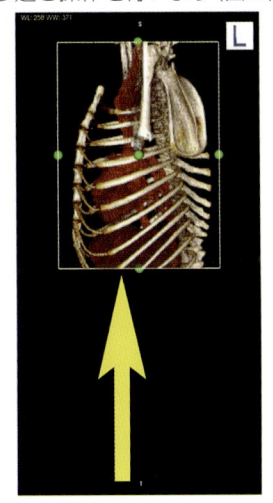

図２

まず、ツールバーの裁断アイコンを使って後半の不要な部分を消去します。アイコンをクリックすると図２左のように周囲に線枠が出ますので、目的の場所の遠位の位置の緑色の点（図２の例では下位置の点）をマウスの左ボタンでクリックします。ボタンが赤い色に変わりますので、そのままマウスでボタンを掴んだまま上（図２右、黄色矢印の方向）に向かって移動させると、選択範囲が狭まって体の後半部が消去されていきます。

プリセットを使う

図３右は、先に裁断ツールで小さくしたものを✤ツールと◓ツールを使って位置と方向を修正しています。ツールバーの３Dプリセットアイコンを使うと、図３左のようなメニューが出ます。ここでは本文の説明に従いSoft＋Skinを選んで適用をクリックしました。

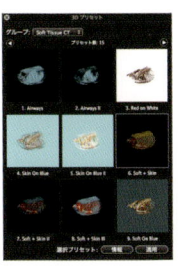

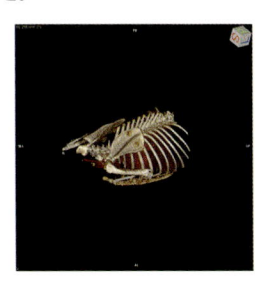

図３

もう一度３Dカットを使う

図４-①は、プリセットが適用された胸部の様子です。ここで、観察のためにもう一度裁断アイコンを使います。２ＤＭＰＲビューアの３Ｄ版のような感じです。

図４-②は、図４-①の体側左の緑点を赤色矢印方向に押し込んだ様子です。図４-③〜図４-⑥にかけてさらに押し込んでいます。画像は本文と同じ位置ですが、角度を変えています。

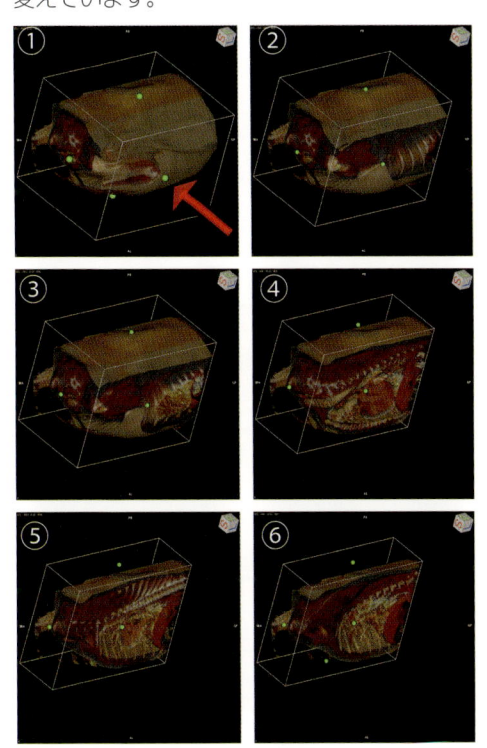

図４

Case Report

３Ｄ内視鏡の活用

胃癌、リンパ球性胃炎／小野隆之（マーサ動物病院）

はじめに

OsiriXの３Ｄ内視鏡は仮想内視鏡とも呼ばれる再構成法で、ＶＲ（Volume rendering）を利用し、管腔構造（気管支、消化管、膀胱、血管など）の内部に視点を置いて、その内面を表示する方法である。

管腔内で視点を自由に移動できる３Ｄ内視鏡は、あたかも鳥が内部を飛行してみているように表示できることから、OsiriXではFly-thruと呼ばれている。

横浜動物ＣＴセンターでは胃の病変を疑う多くの症例において、この手法と光学内視鏡を組み合わせるＣＴ gastrographyという検査法を用いている。動物でのＣＴ検査では通常麻酔が必要で、絶食を指示するため胃は拡張していないことが多い。このことをいわば逆手にとり光学内視鏡で胃の内部を精査しながら送気拡張させ、そののちにＣＴ検査を行うと胃の内部と胃を取り巻く周囲の状況が一連の検査で把握することができる。１回の麻酔で一連の検査が可能なため動物への負担も比較的少なく、有用な検査法と思われる。

図１は上段が左から噴門部から胃角、そしてもう一度胃体部から噴門部に向けての連続像で、下段は胃角から幽門洞そして幽門までの連続像を表している。

ＣＴ値の差（濃淡の差）のみで描出された画像であるが、光学内視鏡にほぼ匹敵する画像が得られている。

以下に、この３Ｄ内視鏡を利用した症例を報告する。

症例1　胃癌

- プロフィール：犬（ヨークシャー・テリア）、雌、10歳齢、体重2.5kg。
- 主訴：間欠的な嘔吐と食欲不振。
- 身体検査・血液検査・Ｘ線検査：特記すべき所見なし。確定診断を目的としてＣＴ検査を行った。
- ＣＴ検査：麻酔はプロポフォールの静脈内投与で導

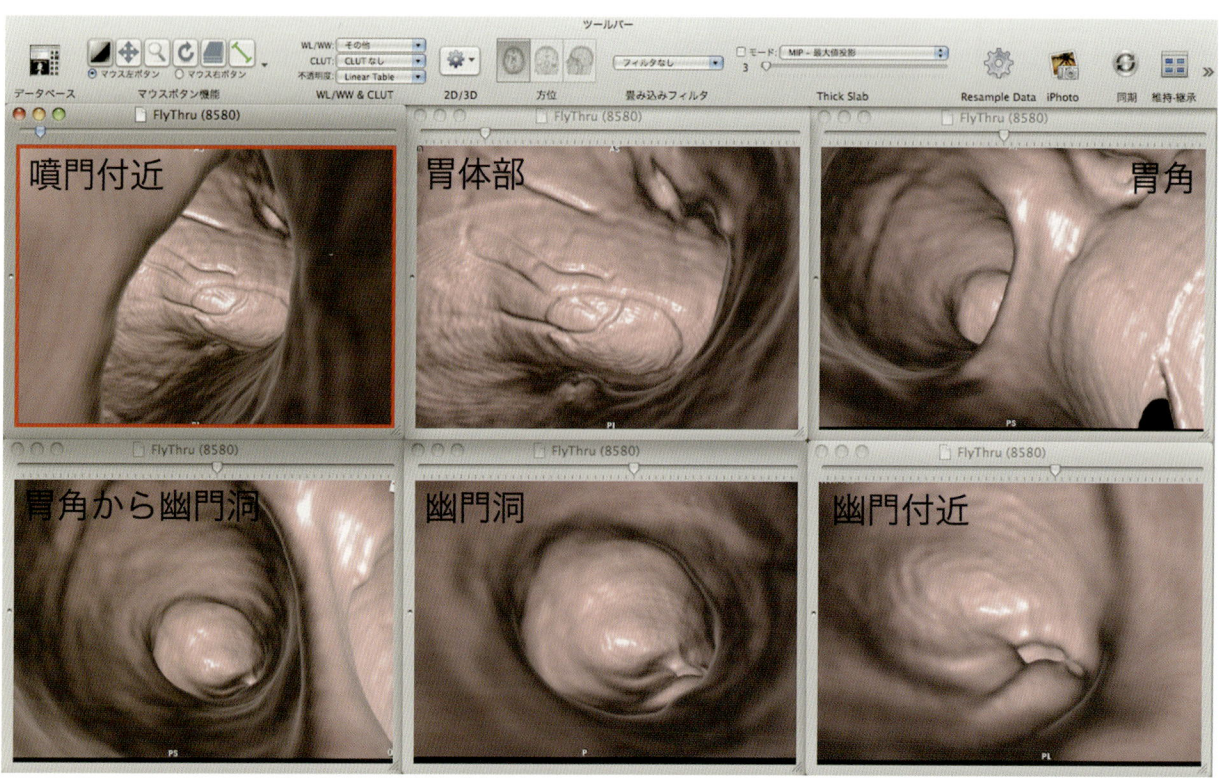

図１　３Ｄ内視鏡による胃の内面像（Fly-thru）

入、気管内挿管ののちイソフルランで維持した。
　仰臥位に保定し、単純ＣＴ撮影ののちイオヘキソール（300mgＩ/mL）2mL/kgを2mL/秒で静脈内投与、造影ＣＴを撮影した（以下、各症例とも麻酔法、造影法は同じであるため省略する）。
　胃内に空気を注入してＣＴ gastrographyを行い、ＭＰＲで位置を確認しながら３Ｄ内視鏡にて胃内を観察したところ、周囲が隆起し中央が陥没したクレーター状の病変部が確認された（図２）。
　この症例の光学内視鏡、手術時の肉眼的所見、３Ｄ内視鏡、ＶＲを比較してみた（図３）。３Ｄ内視鏡では肉眼的所見、光学内視鏡と色調以外ではほとんど差のない画像が描出されている。

症例2 リンパ球性胃炎

- **プロフィール**：犬（ラブラドール・レトリーバー）、雄、７歳齢、体重25.0kg。
- **主訴**：頻回の嘔吐、吐瀉物に血が混じる。
- **ＣＴ検査と経過**：ＣＴ gastrographyを行い、３Ｄ内視鏡を作成した。ＭＰＲでも粘膜の隆起や潰瘍は確認できるが、３Ｄ内視鏡の方がより分かりやすい像になる（図４）。
　この症例の光学内視鏡と３Ｄ内視鏡を比較してみたところ、潰瘍部の所見は深さも含めほぼ同じように表現されていた（図５）。
　この症例は光学内視鏡下生検によってリンパ球性胃炎と診断された。
　内科的治療を２週間行った後の同部位の光学内視鏡では潰瘍がほとんど消失していた。

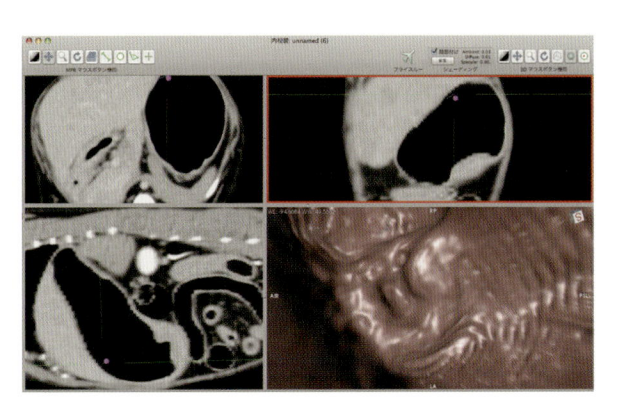

図２　症例１（胃癌）の３Ｄ内視鏡

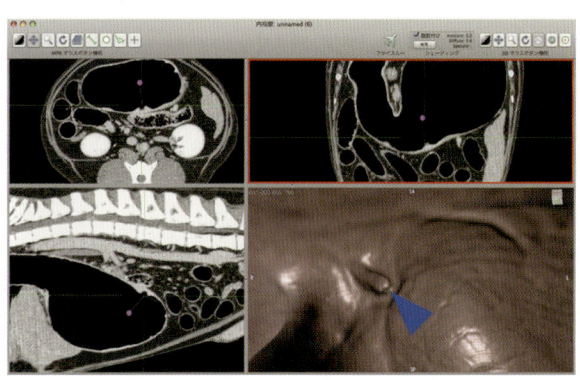

図４　症例２（リンパ球性胃炎）の３Ｄ内視鏡（青色矢頭は病変部）

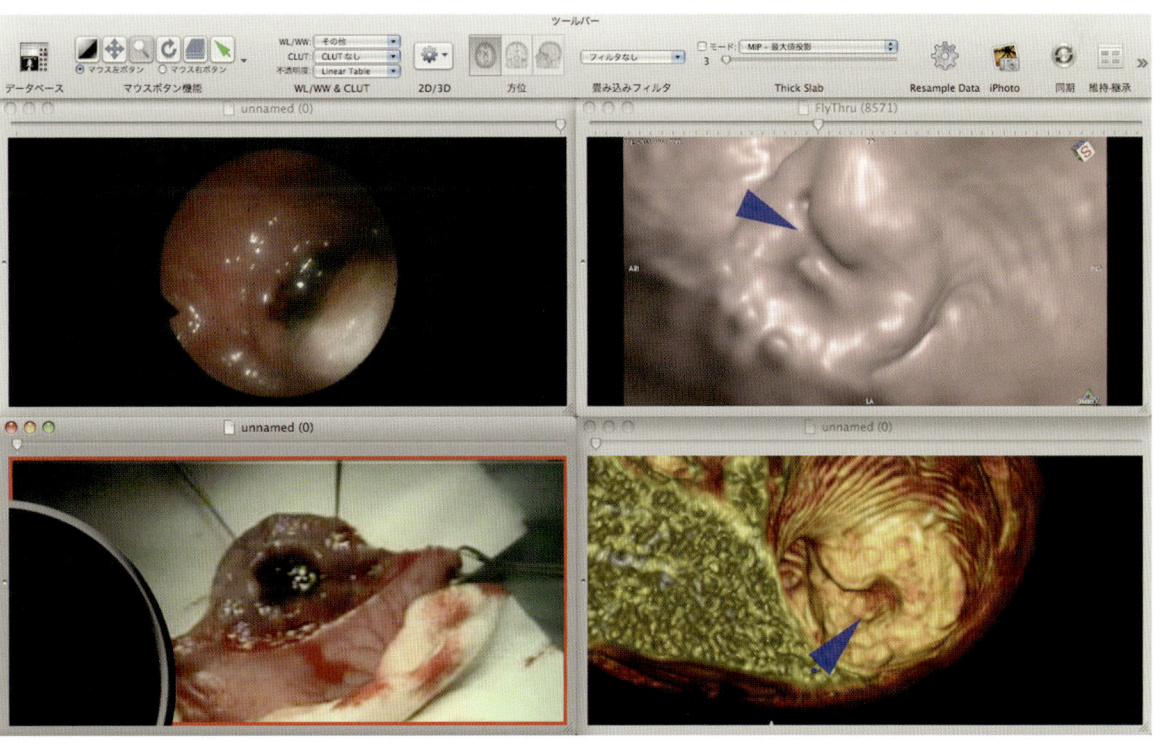

図３　症例１の病変部の画像の比較。左上：光学内視鏡、左下：手術時の肉眼的所見、右上：３Ｄ内視鏡、右下：ＶＲ（青色矢頭は病変部）

３Ｄ内視鏡の活用　61

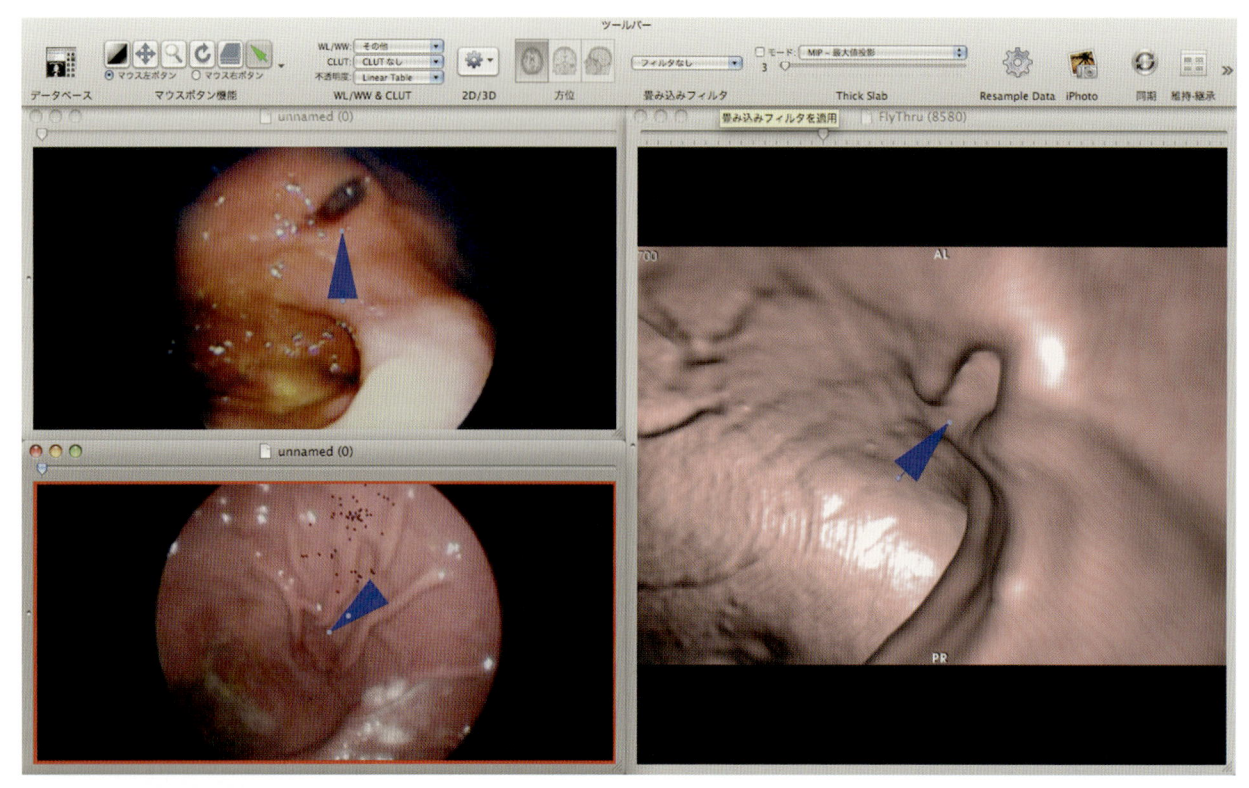

図5 症例2の病変部の画像の比較。左上：光学内視鏡、右：3D内視鏡、左下は2週間後の光学内視鏡（青色矢頭は病変部）

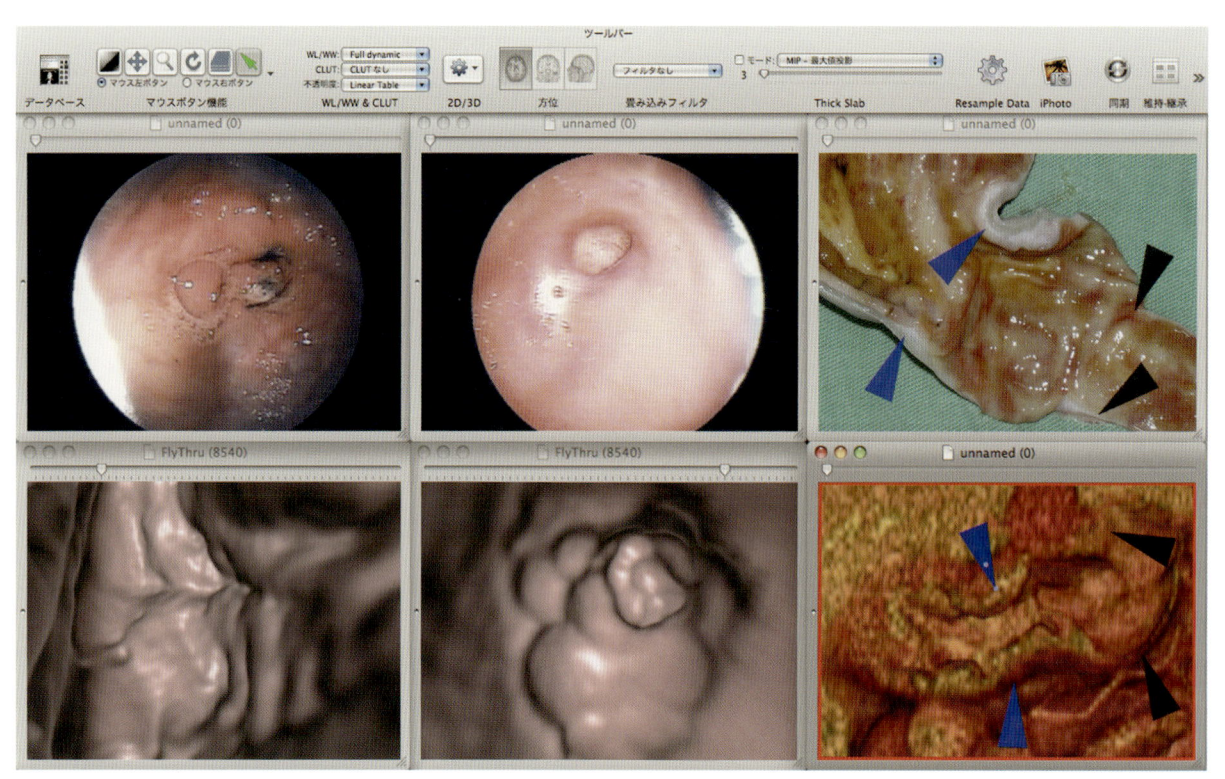

図6 症例3（胃癌）の病変部の画像の比較。左上・中上：光学内視鏡、左下・中下：3D内視鏡、右上：剖検、右下：VR（青色矢頭は胃壁肥厚部、黒色矢頭は健常部）

62　3D内視鏡の活用

症例 3　胃癌

- **プロフィール**：犬（ポメラニアン）、雌、11歳齢、体重3.0kg。
- **主訴**：頻回嘔吐と食欲廃絶。
- **ＣＴ検査と経過**：ＣＴ gastrographyを行い、３Ｄ内視鏡を作成した。ＭＰＲにおいては胃壁の著しい肥厚が認められたが、３Ｄ内視鏡においては明らかな病変は描出されなかった。

　この症例の３Ｄ内視鏡と光学内視鏡、剖検時肉眼所見、ＶＲを比較してみると、光学内視鏡では幽門部に比べ胃体部の胃壁の肥厚がはっきり確認できる。この所見はＶＲや剖検でも確認された。しかし、３Ｄ内視鏡では胃体部、幽門部とも明らかな異常所見は認められず診断には至らなかった（図６）。このことは３Ｄ内視鏡では光学内視鏡と異なり胃壁の色調や弾力性、動きなどを表現できないためと思われ、ＭＰＲ、ＶＲ等とあわせて読影する必要があると考えられた。

３Ｄ内視鏡のその他の応用例

　消化管以外の臓器への３Ｄ内視鏡の応用としては気道の描出が考えられる。

　気管から気管支、細気管支まで追っていくことができるが、気管支は壁が薄いため条件を調整する必要があり、その結果細かい病変の検出が困難になることが多い。しかし、異物や腫瘤、閉塞や虚脱の存在を確認することは十分可能と思われる（図７、８）。また、気管支鏡検査と比べると、機器で生体を傷つけるおそれがないことや、同時に胸腔全体も評価できることが大きな利点であろう。

まとめ

　３Ｄ内視鏡はＶＲを利用した特殊な表示方法である。このツールの利点は、光学内視鏡に比べて少ない侵襲で管腔構造の内面を評価できることである。また、視点や方向を任意に設定できるため熟練を要さず、光学内視鏡では到達不可能な部分を観察することも可能である。

　得られた胃内部の画像は光学内視鏡と比較しても遜色なく、潰瘍性あるいは腫瘍性病変等の描出には十分対応できる。

　欠点としては、胃を拡張させなくてはならないことがあげられる。医学領域では発泡剤等が利用されるが、麻酔下での検査を余儀なくされる動物においては、胃チューブ、内視鏡等により直接空気を送り込むという前処置が必要となる。

　さらに、色彩、質感といった情報は乏しく、空間分解能は光学内視鏡よりも劣り、生検や処置もできない。

　しかし、管腔臓器の内部だけでなく、周囲の臓器の評価など管腔外の情報が同時に得られるため、病態の全体像を把握できる点では光学内視鏡よりも優れている。横浜動物ＣＴセンターでは光学内視鏡による送気・診断と生検・処置、ＣＴによる周囲状況の把握、胃壁の深達度の評価を連続して行い、胃全体を総合的に評価するＣＴ gastrographyという方法を活用している。

　今回は触れていないが、胃内異物の診断も可能である。

　また、腸管全体にガスを充満できれば、３Ｄ内視鏡によって光学内視鏡では不可能な全腸管の内視鏡像を作成できる可能性もある。

　そして飼い主への説明においても、３Ｄ内視鏡によるFly-thruは、従来のＣＴ断層像より分かりやすい像を提供できることも大きなメリットと言えよう。

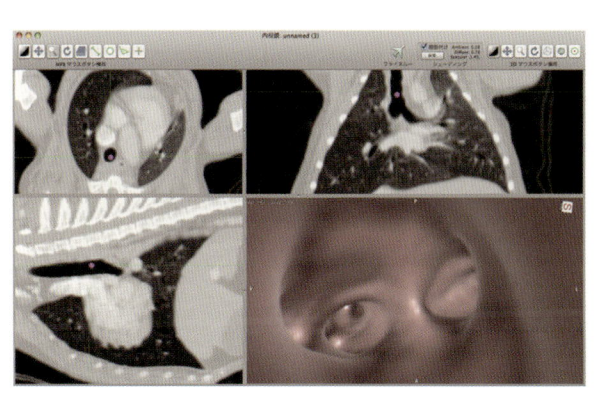

図7　主気管支分岐部の３Ｄ内視鏡

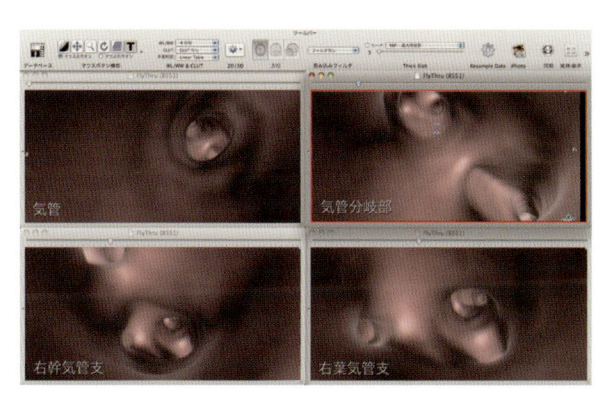

図8　気管・気管支の３Ｄ内視鏡

３Ｄ内視鏡の活用

OsiriXの使い方実践豆講座 ⑨

操作の実際

　図1-①：お馴染みの気管内です。奥に気管支がみえます。マウスのホイールを回して前に進みます。図1-②：少し進んだところで左側の気管の襞に内視鏡が触れて前がみえなくなってしまいました。これでは進めませんので、少し戻って方向を修正しますが、一気に戻すと視点がずれてしまいますので、ホイールの操作は少しずつ行うようにします。次に、ツールバーの◎アイコンをマウスの左ボタンでクリックします（これで機能を使うことができます）。図1-③：マウスの左ボタンを押しながらフレーム内でマウスを動かすと、進行方向をフレームの中心に合わせることができます。このまま進めば気管支です。

　図1-④：目前には気管支ですが、分岐部が少し低い感じです。［３Ｄ内視鏡］の操作のコツは、進行方向の修正はできるだけ早くしておくことです。ここでもう一度◎ツールを使ってフレームの上でマウスポインタを下向きに操作します。図1-⑤：奥が持ち上がって気管支の分岐部がフレームの中央に移動しました（この操作はマウスポインタを下に移動すると奥が持ち上がり、上に移動すると下がる感じです）。図1-⑥：このまま真っ直ぐ進むと上手い具合に気管支に到達できそうです。

　図1-⑦：この分岐を左方向に行くことにします。やはり◎ツールで左側の気管分岐をフレームの中央部に移動します。このときマウスを左右にゆっくりと振って周囲の様子をよくみておくことも忘れないようにします。図1-⑧：前進します。少し気管の位置が高いでしょうか。ここでも◎ツールの機能を使って進行方向をフレームの真ん中に維持するように微調整しながら進みます。図1-⑨：行く手の下側に新しい気管分岐が現れました。今度はこの下向きの気管に入っていくことにします。このような場合に使うのは◎ツールです。ツールバーの◎アイコンをマウスの左ボタンでクリックして、この機能を使用できるようにしたらフレーム上でマウスポインタを下向きにゆっくり動かします。

　図1-⑩：下向きの気管が（位置はそのままですが）こちらを向いたのがわかると思います。これから進む方向がみえてきました。しかし、このままでは進行方向が上の気管分岐の方になってしまっていますので、下側の気管支をフレームの真ん中に移動する作業を行わなければなりません。図1-⑪：そこでマウスボタンの機能を◎に戻して対象をフレーム中央に移動します。これで進行方向が真っ直ぐ前に捉えられたよいポジションが得られました。

　図1-⑫：かなり細くなっていますが、ここから先も進行方向を細かく修正しながらゆっくり進みます。上右の画像の場合はもう少し気管の中央をフレームの中心に移動することと、画像の手前を少し下げる操作が必要になりそうです。繰り返しますが、進行方向をフレーム中央に移動するには◎ツールを、目標の角度を変えるには◎ツールを使います（状況によっては◎や◎などのツールも必要になることがあります）。

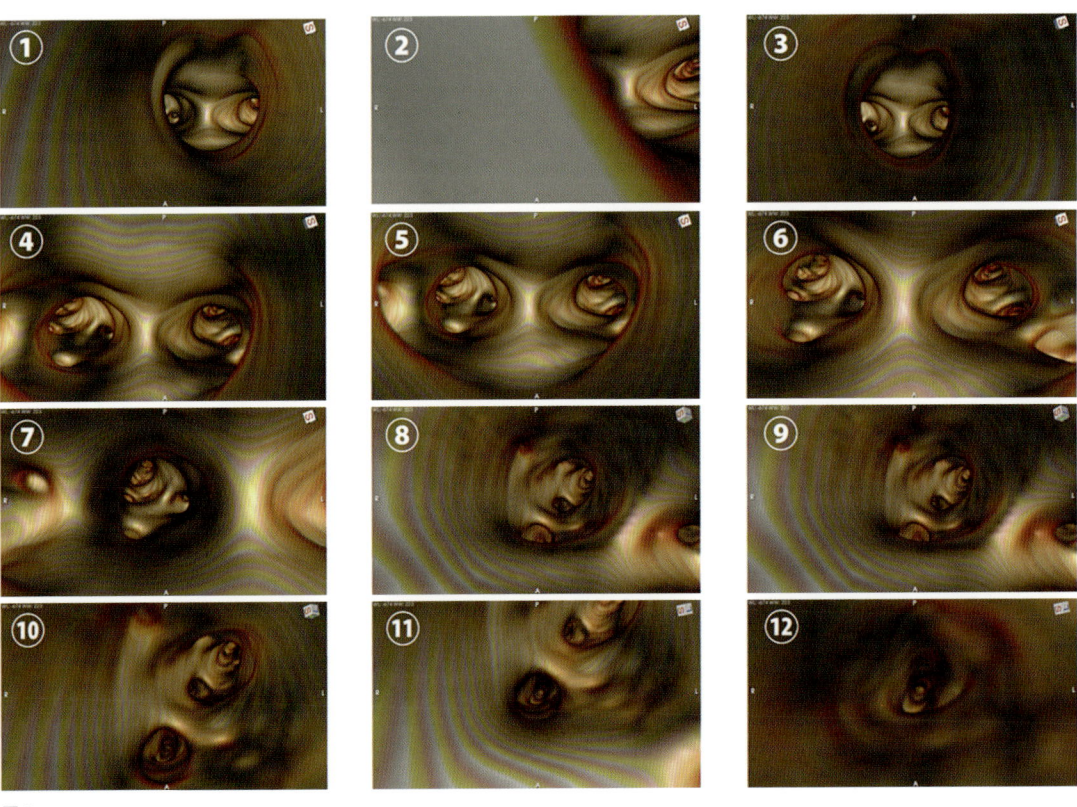

図1

Case Report

ＲＯＩ（Region of interest）と計測機能

森下　佳（洋光台ペットクリニック、横浜動物ＣＴセンター）

はじめに

OsiriXには各種の画像再構成機能が備えられているが、それら以外にも強力な診断支援ツールが搭載されている。その中で、ＲＯＩ（Region of interest、関心領域）は画像上の注目すべき点の強調、コメントの書き込みなどのほか、長さ、角度や面積、体積の測定などを可能にするツールである。

以下に、実際の症例画像を使ってＲＯＩの計測機能を紹介する。

長さの測定

長さの測定は最も使用頻度の高いツールである。使用目的として比較的多いのは、腫瘍病変の大きさと位置の確認であろう。体表からの距離を測定することにより、バイオプシーが容易になる。通常は超音波診断装置によるガイド下でバイオプシーを行うことが多いが、例えば鼻腔内腫瘍は超音波診断装置によるガイドが困難である。このような場合でもＣＴ画像にＲＯＩを適用して鼻鏡から腫瘍部までの距離を測ることで正確かつ安全にバイオプシーを行うことができる（図１）。

また、ＣＴ検査ではＲＯＩを使用することによって撮影された臓器の大きさを評価することができる。例えば副腎やリンパ節などの小さな臓器や器官の評価も、超音波検査のように動物の体格や術者の技量、装置の性能といった要因に左右されることなく行うことができる。ただし、評価対象が小さい場合、アーチファクトの影響を受けやすいことに注意する必要がある。

もちろん、このツールはＣＴ画像以外のＣＲ画像などに対しても使用できるため、骨折手術計画時の計測やＶＨＳ（Vertebral heart size、椎骨心臓サイズ）測定（図２）、胎子の評価などにも利用できる。

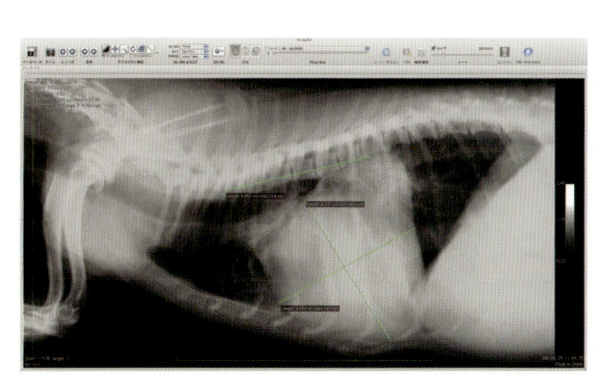

図２　ＶＨＳの測定
呼吸困難を示した犬（マルチーズ、11歳齢）のＣＲ像でＶＨＳを測定したところ13.0で心陰影の拡大を確認できた

図１　距離の測定（下図は上図の側面像を拡大したもの）
くしゃみ、鼻汁、鼻出血、鼻梁腫脹を示した猫。バイオプシーすべき部位を横断面像、冠状面像、矢状面像から決定し、鼻鏡からの距離を測定（2.99cm）して行った。結果は鼻腺癌であった

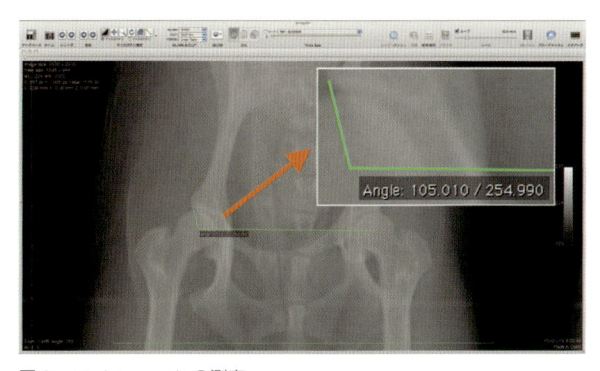

図３　Norberg angleの測定
股関節脱臼を繰り返す犬（トイ・プードル、雄、1歳齢）でNorberg angleを測定したところ105.0度であった

角度の測定

　角度の計測は頻繁に利用するツールではないが、骨盤骨折の手術計画においてはスクリューの刺入角度の決定などの際に有用である。X線検査と違い、あらゆる方向から角度を測定できるため、より正確に安全な手術計画を立てることが可能である。

　もちろん、このツールもＣＲ画像で利用可能であり、股関節形成不全をチェックする際のNorberg angleの測定も容易である（図3）。

面積・体積の測定

　ＣＴ画像にOsiriXのＲＯＩを適用して、任意の構造の面積や体積の計算を行うことができる。獣医臨床領域において、頻繁に使われている機能ではないと思うが、肝臓や膵臓、肺などの臓器を部分的に摘出する場合に有効と思われる。術後の生命維持に支障ない程度に切除を行うために、その臓器全体の体積に占める摘出予定部位の体積の割合が、安全なものであるかを数値的に評価することが可能となる（図4、5）。

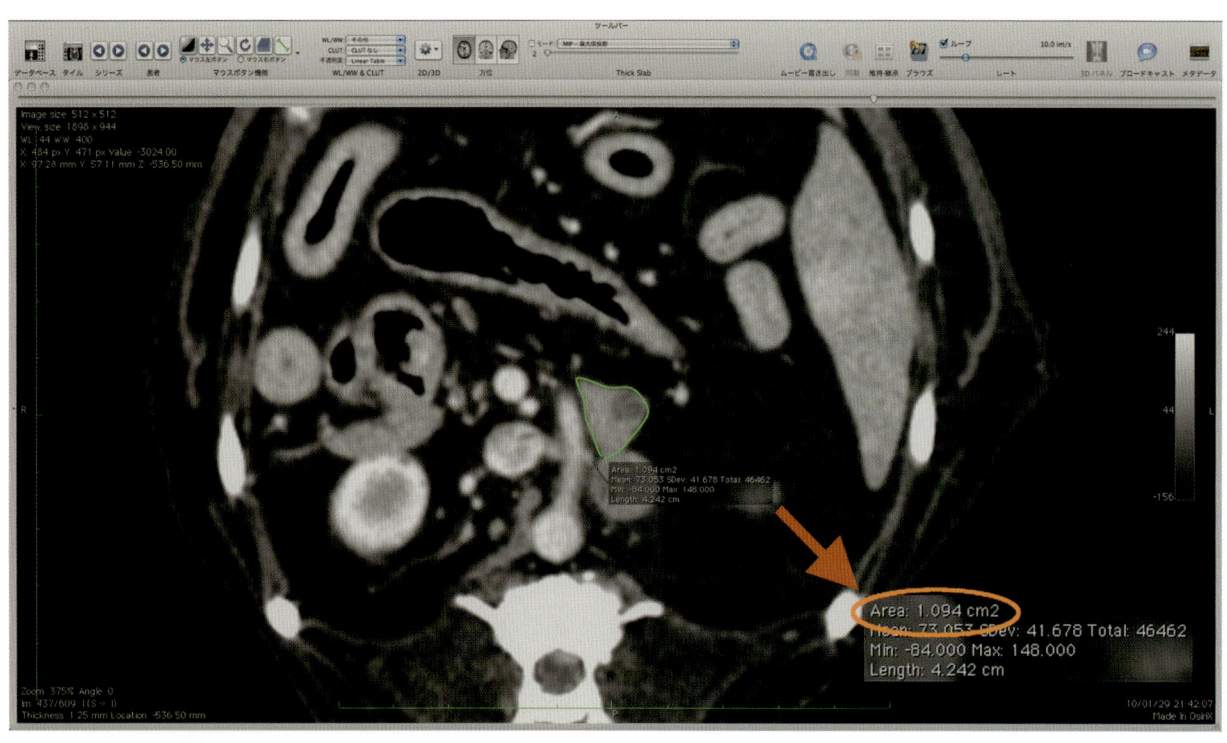

図4　面積の測定。膵臓の断面をプロットで囲み面積を計測しているところ。下痢と食欲不振を示した犬（柴、雄、16歳齢）のＣＴ画像。症状との関連性は不明だが、膵臓に腫瘍病変が発見された（赤色矢印は測定値表示部の拡大図。楕円形内が面積を示している）

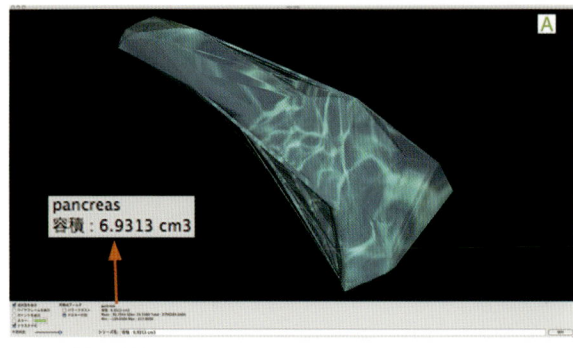

図5　体積の測定
図4と同じ症例。仮に膵臓部分切除を行う場合、ＣＴデータより十分な正常膵臓組織を残せるかどうか予測できる。複数の膵臓の断面像をプロットして処理すると体積が算出できる（赤色矢印は測定値表示部の拡大図）

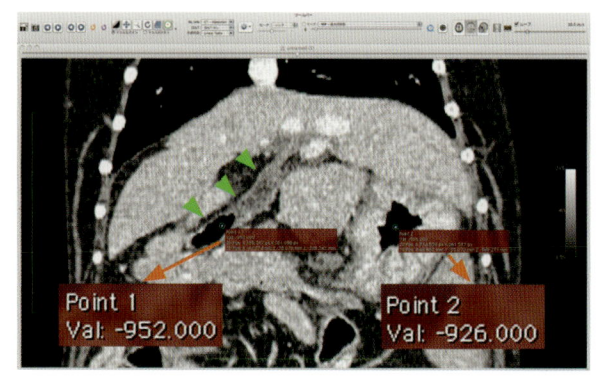

図6　ＣＴ値の測定
黄疸、食欲廃絶を示した犬（ラブラドール・レトリーバー、避妊雌、9歳齢）のＣＴ像。拡張した総胆管（緑色矢頭）内にみられた低陰影度の部分（Point 1）のＣＴ値を測定すると胃内のガス（Point 2）と同程度であることから、総胆管内に侵入あるいは発生したガスであることがわかる（赤色矢印は測定値表示部の拡大図。Val:がＣＴ値）

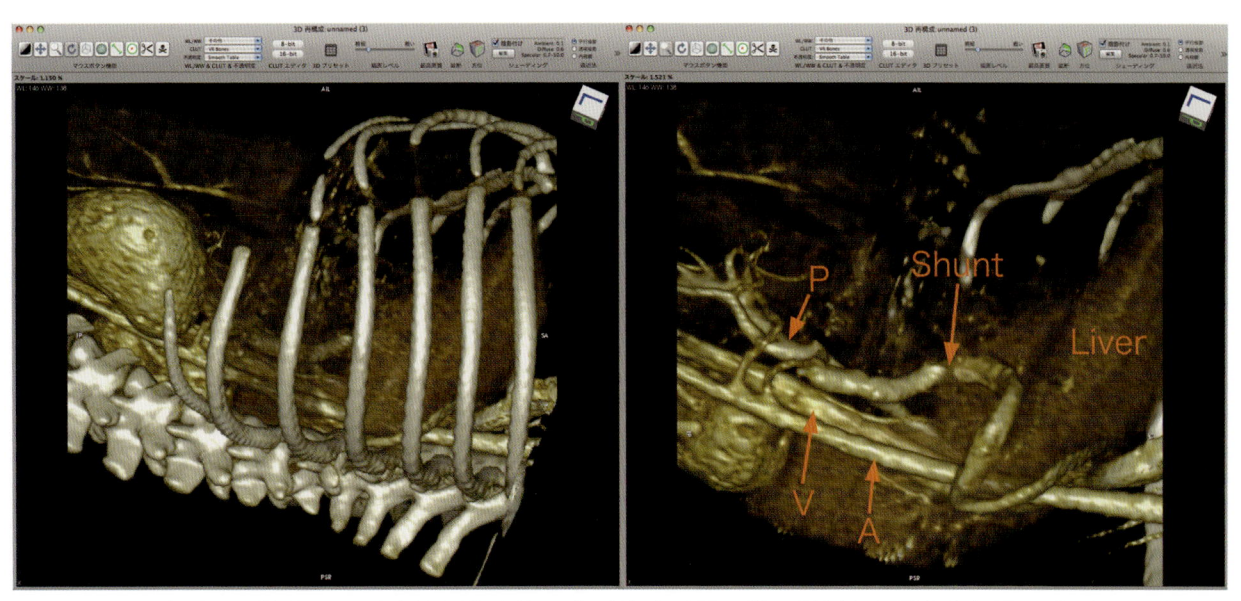

図7　ＲＯＩの抽出。犬の門脈体循環シャント症例の画像。左はＶＲ像。右は、左の画像に対して骨除去と左腎臓および周囲の組織の切り取りを行い、ＲＯＩの抽出を行った画像。Liver:肝臓、A:大動脈、V:後大静脈、P:門脈、Shunt:シャント血管

ＣＴ値の測定

　ＣＴ値とは、ＣＴ検査におけるＸ線吸収度のことで、単位はHounsfield unit（HU）である。水を０、空気を－1,000としたときの相対値で、水よりＸ線吸収の大きい（より白く見える：骨など）ものは正の数、小さい（より黒く見える：肺など）ものは負の数で示される。OsiriXでは特定の点のＣＴ値や、特定の平面あるいは空間内のＣＴ値に関する情報（ＣＴ値の平均値標準偏差、合計値、最大値、最小値）を表示することができる。

　例えば、設定されたWL（Window level）/WW（Window width）から外れたＣＴ値を持つ部位は画面上では本来のＣＴ値を反映せず、真っ黒あるいは真っ白にみえてしまう。このような場合に、ＲＯＩを設定すると、その部位のＣＴ値を表示することができる。その結果を既知の部位と比較することで、目的の部位を構成する物質や組織を推測することが可能となる（図６）。

　また、肝実質のＣＴ値のばらつきによって猫の肝リピドーシスを評価する試みも報告されている（2004, 中村ら）。

ＲＯＩの抽出

　ＣＴ検査は、われわれに多くの情報を与えてくれる有用な検査であり、３Ｄ画像への変換により病変部をより具体的に描出することができる。しかし、撮影部位全体を３Ｄ像にした場合、取り囲む臓器の存在により病変部の評価が難しいことがある。とくに飼い主への説明の際には、そのままの画像では正確な理解を得ることが難しいと思われる。そこで周囲の影響を減らすために、はさみツールや骨除去ツールを使用すると、ＲＯＩの評価や説明がしやすくなる。例えば、多くの臓器や椎骨・肋骨などに囲まれる門脈体循環シャントのシャント血管の確認時に有用と思われる（図７）。

まとめ

　OsiriXはさまざまな角度から解析できるように多種多様なツールを備えている。われわれはこれらの機能を使って解析を行うことにより、容易にかつ客観的で詳細な患者の評価を行うことが可能になる。そして、そのようにして得た評価により、安全で的確な生検や手術を実施できるのである。今回は獣医臨床領域で使用されやすいものを選び示したが、ほかにもまだ有用な使用法があると思われる。いずれにせよOsiriXはさまざまなユーザーを満足させる画像解析ソフトウェアであると思われる。

OsiriXの使い方実践豆講座 ⑩

ＲＯＩ（Region of interest）と計測機能

長さを測る

　ＲＯＩツールはビューアのツールバーに用意されていますので、作業目的に合わせて選択します。
　例えば、長さを測るツールを使用する場合は アイコンをクリックします。ＲＯＩツールが選択されるとマウスポインタが右のような形に変わります（図１）。

図1

　まず、最初の１点を置きます。マウスカーソルを目的の位置に合わせてからマウスの左ボタンを押します。ツール：長さは［標識］に長さが表示されます（図２）。

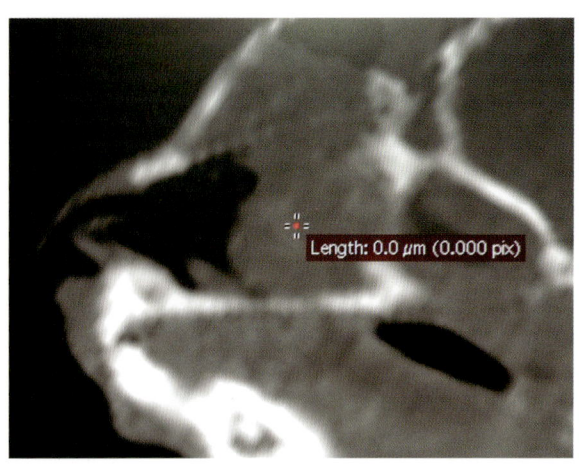

図2

　マウスボタンを押したまま、マウスを移動させると任意の線を引くことができます。「ここまで」という位置に合うまではマウスボタンは押したままで移動させます。位置が決まったらマウスボタンを放します。鼻鏡の位置まで［3.111cm］が表示されています（図３）。

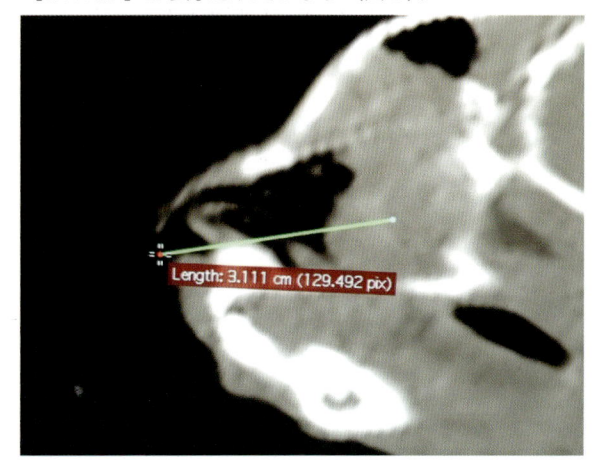

図3

　ＲＯＩツールは一度設置したものでも、後から自由に追加・変更・削除をすることができます。
　本書マニュアルＳ４-９（88〜95ページ）の解説も参照してください。

面積を量る

　本章の図５で紹介されている膵臓の体積を量ってみましょう。臓器の体積を量るには、まず場所を特定します。今回は膵臓を探しますが、２Ｄビューアの検査でシリーズの400枚目から443枚目の画像（計44枚）に膵臓が表示されていることがわかりました。

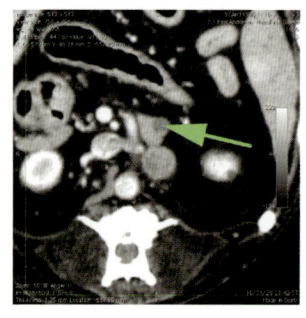

図4

次に、44枚のスライス画像に膵臓の輪郭をＲＯＩツールを使って描き出します。今回は、ＲＯＩツールからClosed Polygonを選択しましたが、このツールはマウスでポイントを置く（クリックする）ごとに線が延びて領域を選択することができるもので、誰にでも簡単に扱えます（図４）。

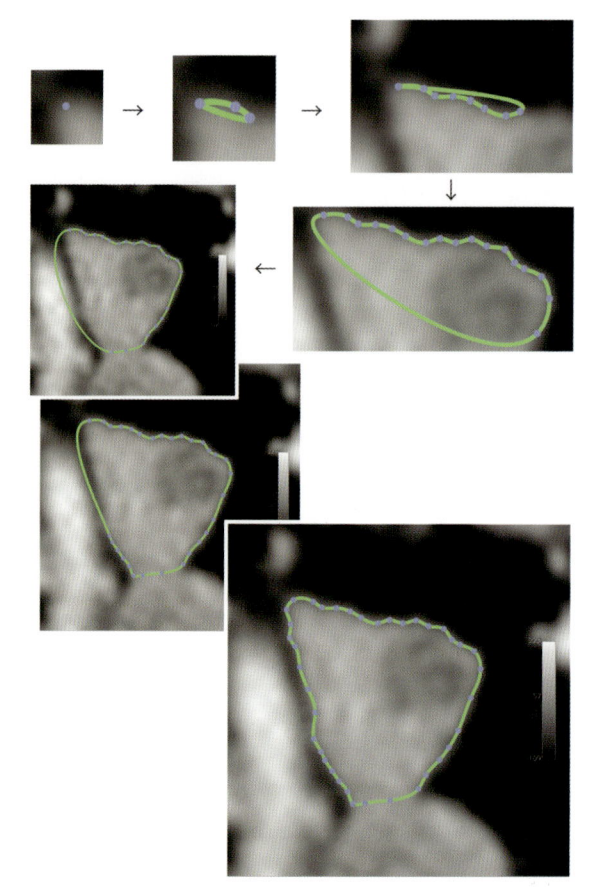

図5

図5は、スライス画像の膵臓を領域選択した様子です。膵臓の輪郭を狙ってポイントを置いていきます。第1点目をマウスでクリックし、次のポイントにマウスポインタを移動してクリックします。この作業を全周を取り込むまで繰り返します。

　ここで、雑な作業を行ってしまうと後から修正ができませんので、少し多めにポイントを置いていくのがコツです。とにかく全部のスライス画像に膵臓の領域を指定します（今回は44枚です！）。

　画像に線を沿わせるコツは、なだらかなラインの所はおおむね等間隔に、角度のついている場所では、ポイントを細かく打っていくことです。小さな凹凸がある場合は、1点置いたポイントのすぐ脇にもう1点を置く感じで操作すると上手くいきます。

　途中でポイントを置き損なったときは、キーボードの［Delete］キーを1回押すごとに操作が一段戻ります。

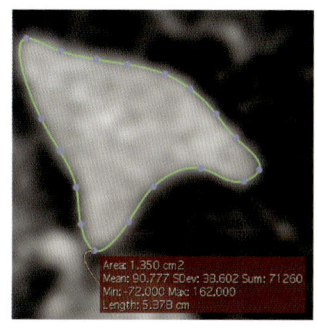

　領域の確保が終わった膵臓のＲＯＩ（Closed Polygon）の標題をみると、膵臓の断面積が表示されています。標題の一番上の1.350cm²というのがその面積です。画像に他領域を指定することができるＲＯＩツール（矩形、楕円、Opened Polygon、Closed Polygon 等）は、その指定領域を広さ（面積）で表示することができます。

図6

体積を量る

　次の操作に入る前に、ＲＯＩ領域を修正します。キーボードの［Home/End］キーを使いながら画像を捲って、選択領域にずれのある画像を探します。マウスボタンにはＲＯＩツール：Closed Polygonを割り付けておきます。「ずれている！」画像が見つかったら修正します。

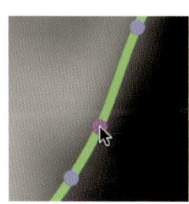

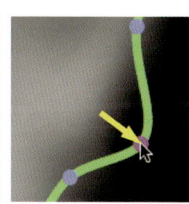

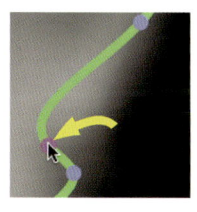

図7

　マウスポインタを線枠に当てるとＲＯＩ領域が再選択状態になり、線枠にポイントが出現します。注意深くポイントにマウスポインタを合わせると、ポインタの中心部に入ったポイントの色が赤色に変わります（図7左）。この状態でマウスボタンをクリックすると、そのポイントを掴んで移動することができます。このとき、ポイントは内外方向（図7中）だけでなく横方向（隣のポイントの方）にも移動させることができます（図7右）。これを行うことで、下側の画像の膵臓の辺縁とＲＯＩで結んだ線を合わせていきます。

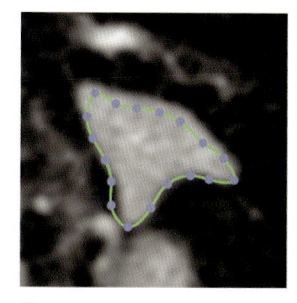

図8

図9

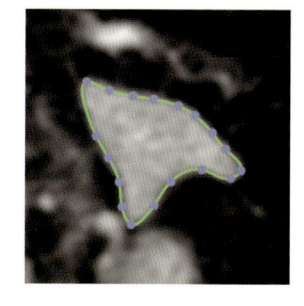

　全ての画像へＲＯＩを設置したら、いよいよ体積を量ります。ツールバーの「ＲＯＩ」のカテゴリーからメニューを開き「ＲＯＩ容積」を、さらにその下部メニューの「ＲＯＩ容積を計算」を選ぶ（図9）とOsiriXが領域を合算処理を行います。

　計算が終わると、合成された立体像とその容積、領域内のＣＴ値の平均・合計・最大・最小値などが表示されます（図10）。

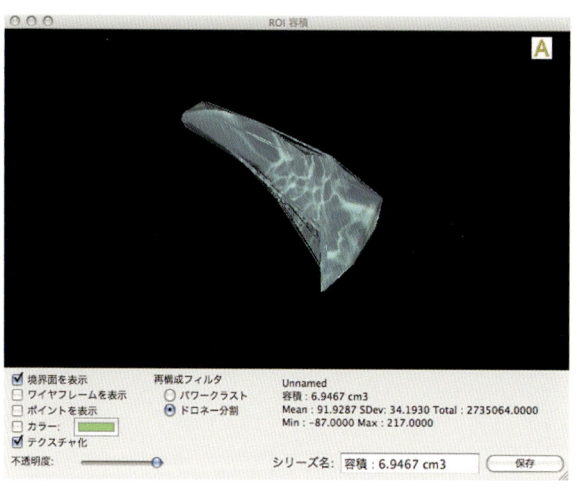

図10

　この場合、膵臓の体積は6.9467cm³でした。本文の数値と若干違っていますが、領域の選択は手仕事であるため、おおむねの数値が得られるという認識が必要です。

　体積の算出はＲＯＩの種類と名前が同じものを集めて計算しますので、臓器全体と腫瘍を組にして抽出したい場合などは、名前の違う複数のＲＯＩsを設置して別々に計測するようにします。計測値だけならＲＯＩマネージャを、複数のＲＯＩsの立体像をまとめて表示するにはサーフェスレンダリング処理を使います。

はさみツール・骨除去ツールを使う

　本章の図7で紹介されている［3Dはさみ］ツールと［骨除去］ツールの紹介と使い方は、本書「ＳＲ（Surface rendering）法の活用」の章および本書マニュアルＳ6-4（107～108ページ）の解説も参照してください。

ＲＯＩ（Region of interest）と計測機能　69

OsiriX Manual
OsiriXの使い方

御子柴壽夫（みこしば動物病院）

S1：プログラムの入手とインストール

　これからＣＴ装置を使って動物の診療に活用していこうと考えている獣医師の先生方に、画像診断解析プログラムOsiriX（オザイリクス）の入手から簡単な使い方までを順を追って説明していきます。

　まずプログラムですが、OsiriXは技術者が互いに情報を共有しながら組み上げる「オープンソースプログラム」形式で開発されているもので、インターネットを通じて配布されているフリーソフトウェアです。したがって、このプログラムの入手や使用等に際して登録や課金が生じることはありません。

　プログラムは、http://www.osirix-viewer.com にアクセスするとメニューから案内される［Downloads］のカテゴリーから入手することができます（図1）。パソコンへのインストールは、ダウンロード終了後に自動的に始まりますので、インストーラの指示に従っていただければ大丈夫です。

　なお、本書では「を選び」とあるのは「にマウスポインタを合わせて」と読み替えてください。

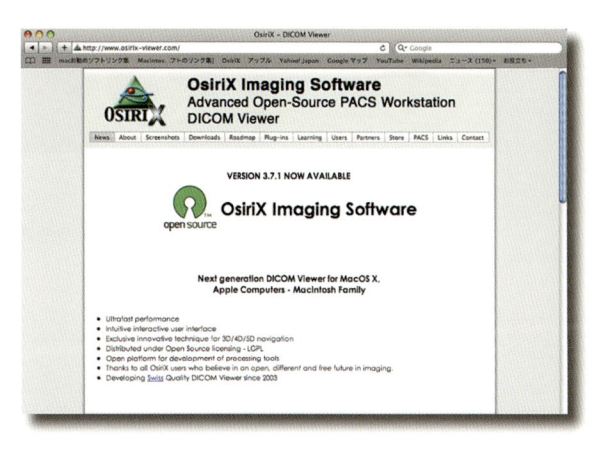

S2：プログラムの起動と終了

S2-1：OsiriXの起動

　インストール作業の終了後、Macの［Finder］を起動して、左側のサイドバーから［アプリケーション］を選びクリックすると、右側のウインドウにインストールされているプログラム一覧が表示されます。この中にOsiriXというアイコンがあるはずです。このアイコンが存在するということは、OsiriXのインストールが無事に成功しているということになります（図2）。

図2

S2-2：起動画面

　OsiriXの起動は、アイコンをダブルクリックします。図3の様子が起動画面ですが、全ての作業はこのウインドウから始まります。OsiriXではこの起動画面

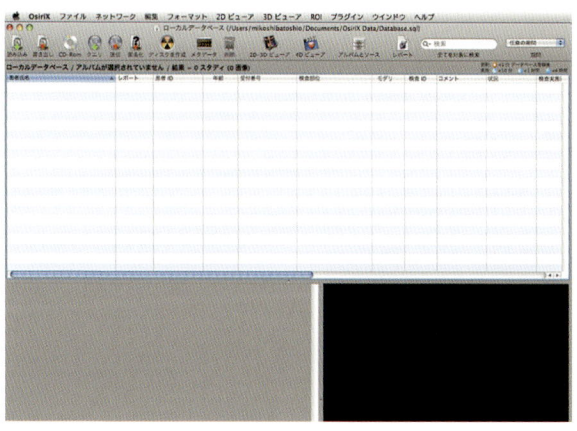

図1

動作環境について

　このソフトウェアは、動作環境がApple社製のパーソナルコンピューター（Mac）に限定されていて、ウインドウズパソコンでは利用することができません。
　さらに、ＯＳはMac OS 10.5以上を、搭載メモリーも最低でも1GB以上を要求（6GBを推奨）しています。また、データをOsiriXに読み込むためにパソコン（Mac）にはDVD/CD-Rドライブが必要です。

図3

全体を称して「ローカルデータベースウインドウ：Local Database Window」といいます（図3ではまだデータが入っていない状態です）。名称ですが、1番上が［メニューバー］、その下側が［ツールバー］、白い枠の部分は［データベースウインドウ］、黒くみえているのが［プレビューウインドウ］、左側の銀色の部分は［プレビューリスト］です（図4を参照）。

S2-3：OsiriXの終了

OsiriXの終了の仕方ですが、OsiriXが起動している状態で画面上部のメニューバー［OsiriX］のカテゴリーからプルダウンメニューを開き、「OsiriXを終了」を選ぶと、プログラムを終了することができます。

一方、起動画面の終了ボタン（OsiriXのウインドウ左上に3個表示されているボタンの左端の赤いボタン）をクリックした場合は、プログラムは終了せずにそのウインドウだけが終了します。この場合は、Macのメニュープログラム［Dock］に表示されているアイコンの下（［Dock］の位置によっては横）にマークが付いて「潜んでいる状態」になります（プログラム自体は終了しません）。

また、［Dock］に表示されているOsiriXのアイコンをクリックすると表示される［コンテキストメニュー］からも［終了］を選択することができます。

OsiriXをDockに登録する

OsiriXが起動すると［Dock］には　アイコンが表示されますが、OsiriXを終了するとこのアイコンも消えてしまいます。いちいちFinderからプログラムをさがして起動するのは面倒くさいという方は、以下の方法で［Dock］にOsiriXを登録してください。

まず、OsiriXが起動している状態で［Dock］のOsiriXのアイコンをマウスの右ボタンでクリックし、［コンテキストメニュー］を表示します。メニューの中に「Dockに保存」という項目がありますので選択してクリックしてください。これで、OsiriXが［Dock］に登録されます。次回からは、パソコンを起動すると［Dock］に最初からOsiriXのアイコンが表示されるようになりますので、これを使ってOsiriXを起動することができます。

［Dock］は一度登録すると、次回から同じ操作をすると「Dockから削除」という表示になりますので、不要になった場合は消すことができます。もちろん、プログラムそのものがなくなることはありません。

S3：ローカルデータベースウインドウ

S3-1：はじめに

OsiriXが起動すると、最初に表示されるのが［ローカルデータベースウインドウ（以下、［L.D.Bウインドウ］）です（図4）。

このウインドウには、病変や異常を発見する機能はありませんが、CT装置やほかの医療用検査機器から取り込んだ画像データをデータベース化しておいて、必要に応じて次の解析ウインドウへデータを渡したり、種類ごとにまとめ直したり、新たにほかのメディアに書き出したりというような、情報の保存や管理に関する仕事を担っています。検査症例が膨大に蓄積するとデータの把握が煩雑になってしまいがちですが、このウインドウで一元管理することで作業を効率的に行うことができます。

図4

S3-2：ウインドウの名称

［L.D.Bウインドウ］の構成は、次の5つの部分からなります（図4の番号を参照）。

①：橙色に色分けした細い部分です。画面1番上のバーで［メニューバー］と呼びます。

②：緑色の色分け部分は各種コマンドが用意されている［ツールバー］です。

③：エクセルのセルのようにみえる青い部分は［データベースウインドウ］です。

④：（ここでは）銀色の板のようにみえる部分は［プレビューリスト］といいます（現在はデータが表示されていません）。

⑤：黒い四角の部分は［プレビューリスト］で選択した［シリーズ］を［2Dビューア］に先立って確認するための［プレビューウインドウ］です。

S3-3：データの読み込み

個人の動物病院でＣＴ装置を設置できる（うらやましい）環境であれば、付属のワークステーションで症例の検討や病態の把握をすることが可能ですが、私たちのように「ＣＴセンター」を介して装置を共有する場合は、検査が終了したら取り込んだデータをCD-ROMなりDVD-ROMなりのデータディスクに保存して、自宅に持ち帰って自分のパソコンを使って精査・診断を行うことになります。

開発者の言葉を借りれば、OsiriXはワークステーションとして使っても遜色ないほどの速さと機能が備わっていて、個人のパソコンのレベルでも十分に能力を発揮できるそうです。ただし、上手に使うにはそれなりに知っておかなくてはいけないこともあります。

● データをOsiriXに登録する

データディスクの内容をOsiriXに登録するには、まずOsiriXが起動している状態でデータディスクをMacのディスクドライブに挿入します。

OsiriXがデータディスクを自動的に認識して、データを取り込むための確認ウインドウが表示されます。

確認は、「ファイルをコピー（ディスクからデータをハードディスクにコピーしてデータベースに登録）」するか、「リンクをコピー（データの場所はそのままでデータの情報のみを登録）」するかの選択です（図5）。ハードディスクに余裕があれば［ファイルをコピー］を選んでおけば、後の作業をスムーズに行うことができます。

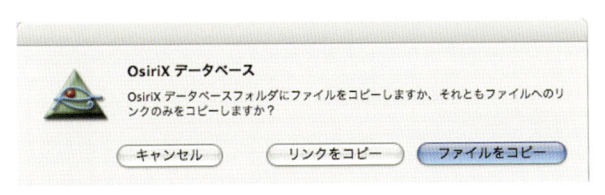

図5

● ファイルからデータを登録する

パソコンのハードディスクに、超音波検査（ＵＳ）やＸ線検査（ＣＲ）、その他医療用検査機器から取り込んだデータが保存されている場合、OsiriXはそれらのデータベースとしても活躍します。

また、［*.jpg］や［*.tif］など標準的な画像形式も広範囲にサポートしていますので、医療用の画像だけでなくデジカメの写真やウェブサイトの画像、あるいは動画などもOsiriXを使って管理することができます。

登録は、ツールバーの［読み込み］アイコンを使い

図6

ます（図6）。OsiriXがデータの場所を聞いてきますのでファイルを指定します。

読み込み操作は、1枚の画像を指定することも、フォルダ全体を指定することもできます。フォルダを指定すると、内部のデータはファイル名ごとに症例として、またファイル名が連続番号になっている場合は、組画像として整理されます（図7）。

図7

S3-4：ウインドウのデータ表示

● 新規データの登録

［データベースウインドウ］にデータが1件登録されました（図8の矢印のところです）。

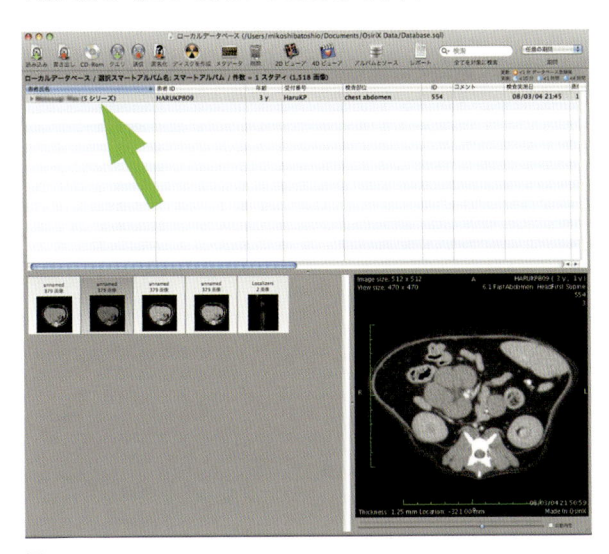

図8

新しくデータが登録されると、最初の1分間だけ図9のような赤と白の塗り分け丸印が表示されます。

この表示は自動的に消えてしまいますが、たくさんデータが蓄積されてくると新しいデータを探す目安に

なります（図8ではすでに消えてしまっています）。

図9

　ここで文言ですが、OsiriXでは検査を行った症例のことを［スタディ］と、走査で取り込んだデータを［シリーズ］と呼びます。

● データベースウインドウ

　このウインドウは、それぞれのデータを横1列1症例で管理・表示しますが、データがたくさん保存されてくると、ウインドウに表示しきれないデータはスクロールさせて表示することになります。スクロールは任意の症例をマウスでクリック（選択）してからキーボードの［Page▼］キーで下側に、［Page▲］キーで上側に表示を移動させることができます。

　データの表示ですが、実際のＣＴ撮影では、位置決めの走査（Localizers）で画像を2枚、本撮影で1シリーズに数十枚から数百枚の画像を、造影などの処置をして検査を行った場合や場所替えや撮り直しなども含めて何度も撮影走査が行われていることが多く、データ（シリーズ）もそれに伴って複数化していることがほとんどです。したがって、OsiriXにデータを読み込んだ場合、1つの［スタディ］の中に複数のシリーズが含まれていることになります。

図10

　図10で、［患者氏名］の項目の左側にある矢印▶をクリックすると、図11のようにスタディに含まれる画像群（シリーズ）を表示することができます。

図11

　この機能は、キーボードの［End］キーで行うこともできます（［Home］キーで元に戻ります）。この表示を行うと［プレビューウインドウ］の表示は図12のようになります。

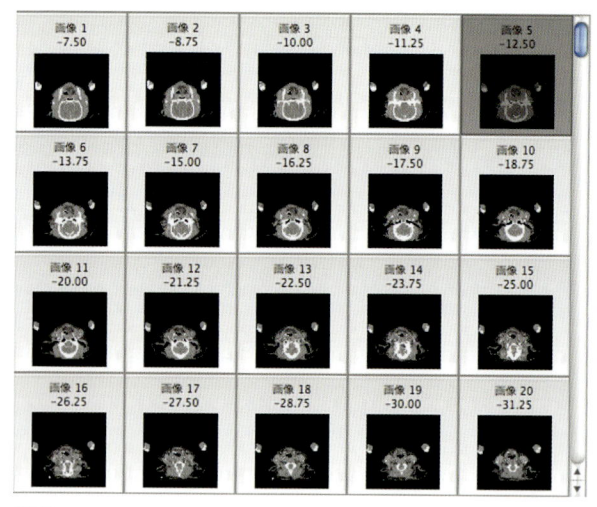

図12

● プレビューリスト

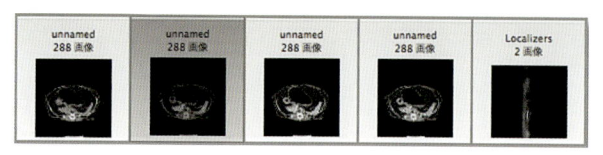

図13

　ウインドウの左下側に小さな画像が5個みえます（図13）。これは［サムネイル］といい［シリーズ］を縮小画像で表示したものです。［データベースウインドウ］で選択された［スタディ］の中の［シリーズ］がここに一覧表示されます。［サムネイル］には、［シリーズ名］と［画像数］が表示されます。

● プレビューウインドウ

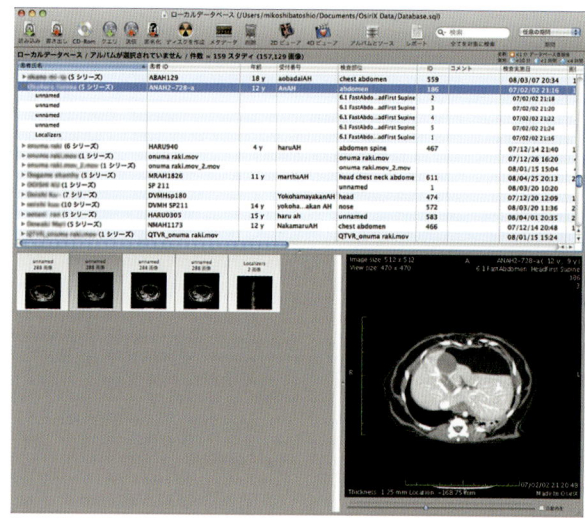

図14

　図14は、すでにデータが多数蓄積された状態の［L.D.Bウインドウ］です。

　［データベースウインドウ］に表示されているデー

74　OsiriX Manual

タの上から２番目の症例（図14では地の色が青く反転しています）が現在選択されている［スタディ］で、その中に含まれている［シリーズ］が左下の［プレビューリスト］に［サムネイル画像］として表示されています。この症例の場合は、５個の［サムネイル画像］が表示されていますので、１回の検査で都合５回の走査が行われたということになります。

［プレビューリスト］の［サムネイル］の１つをマウスの左ボタンでクリックすると、その［シリーズ］を選択することができます。選択された［シリーズ］は色が変わって選択状態になります（図14の左から２番目の［サムネイル］がその様子です）。すると、その内容が［L.D.Bウインドウ］右下の［プレビューウインドウ］に反映されます。

図14では、選択された［シリーズ］の画像データが［プレビューウインドウ］に表示されています。

この［プレビューウインドウ］は、初期設定の状態ではデータを自動再生する設定になっていて、［サムネイル］を選択すると勝手に画像が１枚目から順送りに表示されていきます。これは、最初は物珍しくておもしろいのですが、だんだん煩わしくなってきてしまいます。そのような場合は、キーボードの[Space]キーを押すと再生が中断されます（もう一度[Space]キーを押すと再生開始です）。

また、ウインドウの右下に設置されている［自動再生］のチェックを外すことで自動再生は初期設定として解除されます（図15）。

図15

S3-5：ウインドウの仕様

［L.D.Bウインドウ］は、それ自体のサイズや仕切りの位置を変更することができます。

ウインドウ右下の縁にある斜線の部分（図14の右下部分）をマウスで掴んで（ドラッグするといいます）移動させると、ウインドウ全体を大きくしたり小さくしたりすることができます。

また、各境界線の途中には図16のようなポッチがあります。このポッチのあたりにマウスポインタを移動させると、ポインタの表示が変わりマウスで掴むことができるようになりますので、ドラッグして移動させると仕切り位置を調整することができます。

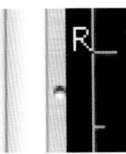

図16

S3-6：２Dビューアへの移行

［L.D.Bウインドウ］は、ＣＴ装置で取り込んだデータを管理をするための機能を受け持っていますが、このウインドウが患者の病態を教えてくれるわけではありません。私たちは、撮影データに取り込まれている異常所見をさがし、診断の役に立つ情報を得るために、次の作業を開始しなくてはなりません。つまり、［L.D.Bウインドウ］で目的の症例（スタディ）を選んだ後、データを閲覧したり処理を加えたりして、検討を行うことのできる機能を持っているプログラムを起動することになります。

それが、［２Dビューア］です。

［２Dビューア］の起動の仕方には、次の５種類の方法があります。

① ［L.D.Bウインドウ]の[データベースウインドウ]から［シリーズ］または［スタディ］を選択し、マウスの左ボタンでダブルクリックします。

② ［L.D.Bウインドウ]の[サムネイル]から任意の[シリーズ］を選び（選んだサムネイルの色が濃い灰色に変わります）ダブルクリックします。

③ ［L.D.Bウインドウ]の右下に表示されている［プレビューウインドウ］の画像をマウスの左ボタンでダブルクリックします（これは左側の［サムネイル画像］で選択している［シリーズ］です）。

④ いずれかの方法で[シリーズ]を選択し、キーボードの［Return］キーを押します。

⑤ いずれかの方法で[シリーズ]を選択した後、ツールバーの［２Dビューア］アイコンをクリックします。

これで、選択した［スタディ］に取り込まれている画像群（シリーズ）が順次読み込まれて、作業ウインドウ［２Dビューア］が開きます。このとき、パソコンの仕様によっては読み込みと表示に少し時間がかかることがあります。

［L.D.Bウインドウ］に関して、基本的で重要なことはほとんど説明しました。これだけの内容を認識しておくだけで症例を診断に導くための操作を行うことに不足はないと思われますが、実際には［L.D.Bウインドウ］はほかにもかなり多彩な機能を秘めています。特にいくつかの形式でデータの書き出しが行えることやデータを匿名にすることができることなどは、複数の人が情報を共有するときなどに有用です。

S4：2Dビューア

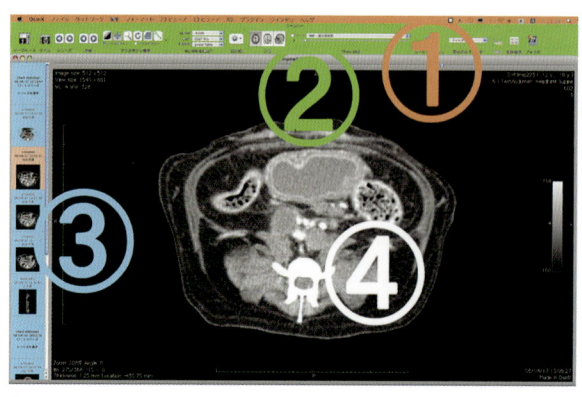

図17

　[L.D.Bウインドウ] で選択した [シリーズ] に、前ページで説明した操作を行うと、新しいビューア（2Dビューア）が開きます。図17が、その起動画面です。

S4-1：全般

● 2Dビューアの表示

　ビューアに表示される画像は、症例を前からみて輪切りにした様子です。このような表示法を [軸位面：Trance] の表示といいます。この画像は、CT装置が1回転して取り込んだ情報を1枚の [DICOMファイル] として記録したもので [スライス画像] といいます。

　走査ではCT装置が回転した数だけ [スライス画像] が作られ、これを揃えてまとめたものが [シリーズ] です。[2Dビューア] は、この [スライス画像] を1枚ずつ前後に捲って異常所見をさがす仕事をします。

● ウインドウのサイズ変更

図18

　「これではほかのプログラムがみえない！」という場合は、ウインドウ右下の部分（図18）をマウスで掴んで上下・左右方向へ移動させると、任意に表示面積を変更することができます。また、画像上でマウスの右ボタンをクリックすると出現する [コンテキストメニュー] から [ウインドウサイズ調整] を使って変更することができます。反対に、画面一杯まで広げる場合は、ツールバーの [タイル] アイコンをクリックしてください。

● 2Dビューアの終了

　このウインドウを閉じる方法は2種類あります。
1　ツールバーの左端にある [データベース] アイコン（図19）をクリックする。
2　メニューバーの [ファイル] から [ウインドウを閉じる] をクリックする。
　なお、メニューバーの [ファイル] から [データベースウインドウを表示] を選んだ場合は、[2Dビューア] を閉じないままで [L.D.B.ウインドウ] に戻ります。この場合、[2Dビューア] はそのままバックグラウンドで待機します。

図19

S4-2：画面の構成

　図17の番号を参照してください
① 画面1番上は [メニューバー] です。
② アイコンが並んでいるところが [ツールバー] です。
③ 左側に縦に並んでいるのは [プレビューリスト] です。
④ 画像が表示されているところが [ビューア] です。

● 2Dビューア

　[2Dビューア] には [L.D.Bウインドウ] で選択した [シリーズ] が表示されます。[2Dビューア] は、画像を閲覧・検討するためのビューアで、多面処理なしで2D画像をみる場合のおもな作業場になります。ここでの作業からは多くの有用な情報が得られますので、ときには診断まで辿り着けることもあります。

　[データベースウインドウ] から [スタディ] を選んで [2Dビューア] を呼び出した場合は、[スタディ] 内の最初の [シリーズ] が表示されます。[プレビューリスト（サムネイルの表示エリア）] から目的の [サムネイル] を指定して [2Dビューア] を開いた場合は、そこで選択した [シリーズ] が読み込まれます。

　ウインドウ上部の水色のつまみをマウスで掴んで左右に移動させると、画像を [コマ送り/戻し] することができます。手動で [コマ送り/戻し] をするには、キーボードの [End] キーで [送り] を、[Home] キーで [戻し] を行うことができます。

　また、ツールバーの [ブラウズ] アイコンをクリックすると自動再生を、もう一度アイコンをクリックすると中止します。同じ機能がキーボードの [Space] キーと [Return] キーにも割り付けられています。さらに、マウスにホイールが備わっている場合には、それを回すことで [コマ送り/戻し] が可能です。一般的にはマウスか [End] キーと [Home] キーを使います。

　[コマ送り/戻し] をマウスホイールで行う場合、通常はホイールを手前側に回すと [戻る] 方向に、向

こう側に回すと［送る］方向に画像が動きます。ユーザーによっては「逆の方が使いやすい」という方もいると思いますので、設定を変える方法を載せておきます。まず、［メニューバー］－［OsiriX］－［環境設定］から［ビューア］を表示し、その他の項目で［マウススクロールホイールを反転］の項目にチェックを入れてください。ホイールを手前側に回すと［送る］方向に、向こう側に回すと［戻す］方向に変更されます。

　ビューアの四隅には、撮影データが表示されています。撮影データを部外者がみる場合など、情報が表示されない方がよい場面では非表示にすることができます。また、モニターの面積が小さい場合なども邪魔な文字がなくなってみやすくなります。操作は、［メニューバー］－［２Ｄビューア］－［注釈］のメニューから「名称なし」や「グラフィックのみ」を指定します。「名称なし」では患者氏名だけが表示されません。

● プレビューリスト

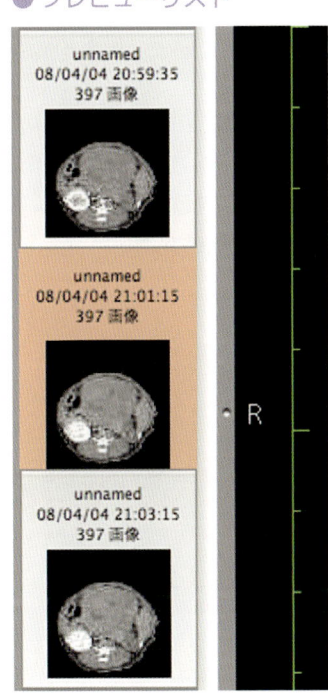

図20

　ビューアの左側には［プレビューリスト］というセクションがあり、［サムネイル］が縦に並びます。どの方法で［２Ｄビューア］を呼び出した場合でも、その［スタディ］に含まれる全ての［シリーズ］がここに並んで表示されます。

　現在［２Ｄビューア］に表示されている［シリーズ］は、サムネイルの周囲が橙色に変色してほかと区別されます（図20）。

　［プレビューリスト］と［２Ｄビューア］の境界部には、図20のようにポッチがみえます。このポッチをマウスで左側に寄せると［プレビューリスト］を隠すことができます。再度表示したいときは、もう１回ポッチをマウスで掴んで引き出します。モニターの広さを最大限に使いたいときには役に立つ機能です。

　この機能は、［メニューバー］－［OsiriX］－［環境設定］－［ビューア］－［プレビューリスト－自動的に隠す］にチェックを入れておくと最初から表示されません。

　［プレビューリスト］には、１番上に［検査日］と［シリーズ数］が、各［サムネイル］には［名前］と［日付］および［画像数］が掲示されています。

S4-3：ファイルを操作する

● 複数のシリーズを読み込む

　［２Ｄビューア］は、通常は１つの［シリーズ］を表示して画像を捲りながらデータを解析します。このとき、同じ［スタディ］の別の［シリーズ］に表示を切り替えるには、左側の［サムネイル］の一覧から任意の［シリーズ］を選び、マウスの左ボタンでクリックします。しかし、ときには「複数のデータ（シリーズ）を並べて比較したい」ということもあります。［２Ｄビューア］は、この要求にも応えることができます。

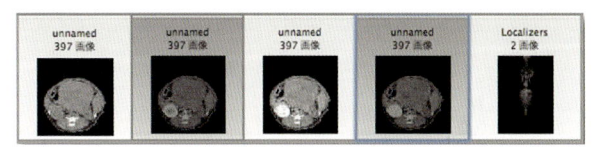

図21

　同一の［スタディ］から複数の［シリーズ］を表示する場合は、［L.D.Bウインドウ］の［プレビューリスト］で先に［シリーズ］を複数個選択しておいてから［２Ｄビューア］を起動します。図21では、［シリーズ］を２個選択（サムネイルが２個暗転）しています。

　すでに［２Ｄビューア］が起動している場合は、ビューア左側のサムネイルの一覧から追加する［シリーズ］を選び、マウスの右ボタンでクリックするか、キーボードの［Apple］（［Command］）以下、同じ）キーを押しながらマウスの左ボタンでクリックします。すると、その［シリーズ］を読み込んで［２Ｄビューア］がもう１つ起動します。

　別の［スタディ］から複数の［シリーズ］を選択するには、［L.D.Bウインドウ］の［データベースウインドウ］であらかじめ［スタディ］の中をすべて表示しておき、読み込む［シリーズ］をまとめて選択してから［Return］キーを押します（データを複数選択する方法は、79ページの囲み記事を参照してください）。

　表示されたビューアの１つが［選択ウインドウ］になります。ほかのビューアをマウスでクリックするとそちら側が選択されたビューアに切り替わり、画像を操作することができます（［選択ウインドウ］には周囲に赤色の線枠が表示されます。図22）。

　［プレビューリスト］のサムネイルは、今表示して

いるシリーズは地色が橙色に、相手側の［シリーズ］は地色が黄色に表示されます。

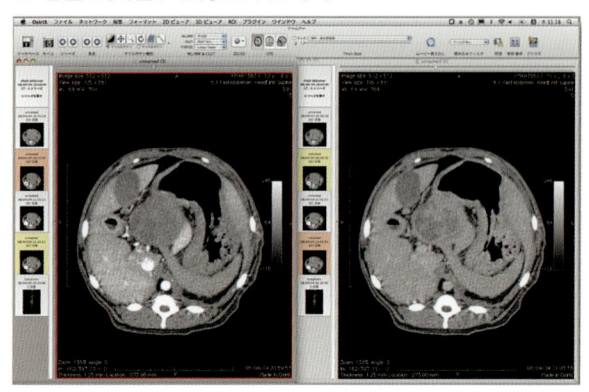

図22

● 左右のウインドウを連結させる

図23

図24

左右のビューアに呼び込んだ［シリーズ］は連動させて動かすことができます。［シリーズ］を読み込むと、OsiriXは自動的に左右のビューアを連動させます。このとき、ツールバーの［同期］アイコンは普通の状態（図23）から鍵がかかったアイコン（図24）に変化します。

ここで、片方のビューアで［コマ送り/戻し］をすると反対側のビューアの画像も同様に追随します。

説明が繰り返しになりますが、主導する方のウインドウを［選択ウインドウ（周辺に赤色の線枠が表示されます）］といいます。これを設定する方法ですが、任意のウインドウをマウスでクリックするだけで、選択ウインドウを入れ替えることができます。

この場合、左右の画像を同期するために用意されているプリセットを利用するには、［メニューバー］－［2Dビューア］－［シリーズ同期］から表示される選択メニュー（図25）から、

1. スライス位置－絶対位置
2. スライスID－完全一致
3. スライスID－相対一致

のいずれかを選択して表示させることができます。

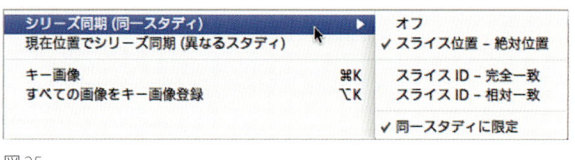

図25

まず、この選択ウインドウの動きに合わせて、従たるウインドウも連動するのを［スライス位置－絶対位置］といいます。この場合、左右の［シリーズ］で画像数が違っている場合は、追随できる部分しか表示されません。枚数の多い方は多い分だけ表示が停止してしまいます。取り込み位置が左右でずれている場合も、双方の位置が被っている部分しか表示されません。

一方、［スライス画像］が何枚目であるかを基準にして表示する設定が［スライスID完全一致］です。これは枚数を基準に同期をとりますので、双方の画像数が違っている場合、片方の表示が終わってしまった場合、もう一方の表示が終わるまで先に終わった方の最後の画像がホールドされます。

対して［相対一致］というのは、選択側の画像群が最後の画像まで達した場合、相手側の画像がまだ残っている場合でも、自分は最初に戻ってもう一度最初から再生する＝だんだん再生位置がずれていくという設定です。

● 左右の画像位置を連動させる

図26

左右に読み込んだ画像群は、位置だけではなく、各画像群に修正を加えた状態を共有することができます。

例えば、選択ウインドウが左であった場合、左側の画像に拡大・縮小や位置の変更、コントラストの変更など（その方法はこれから説明します）画像処理を加えた場合、その状態を反対側の画像群にも反映させることができるという機能です。

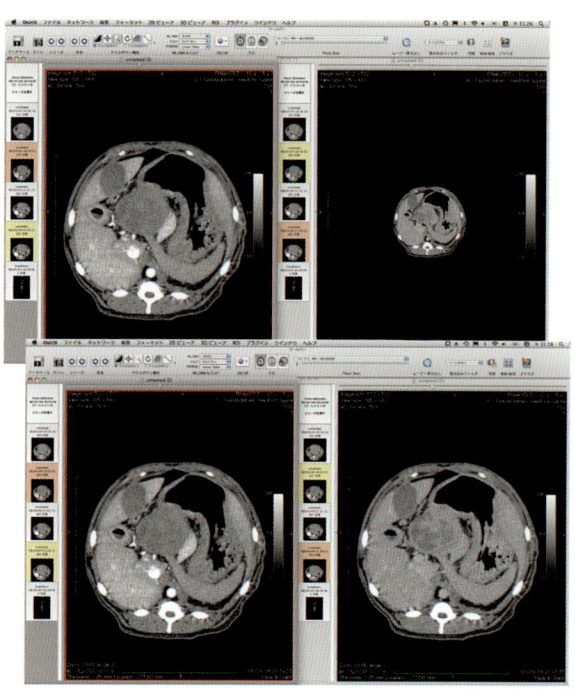

図27

図27上では、左右に呼び込んだ［シリーズ］のうち、左側のビューアに［拡大］の修正を加えています（元はどちらも同じです）。この状態でツールバーの

［維持・継承］アイコン（図26）をクリックしますと、左側のビューアへ加えた変更の内容が、右側の画像群に反映されて揃っています（図27下）。

このアイコンと、前述の［同期］アイコンを組み合わせて使うことで、左右のビューアに読み込んだ画像群をいろいろ変化させて観察することが可能です。特に、同じ位置を角度や大きさを変えて観察しようとするときには、同期と維持・継承の機能は大変役に立ちます。

複数のファイルを選択

一覧に複数のファイルが存在する場合、選択するファイルが連続しているときは、最初のファイルを選んでからキーボードの［Shift］キーを押しながら最後のファイルをクリックすると全てのファイルを選択することができます。一覧に不要なファイルが存在するときは、［Apple］キーを押しながら1つずつファイルを選択します。隣のファイルを選ぶときはどちらでも可能です。

S4-4：ファイルを並べて表示する

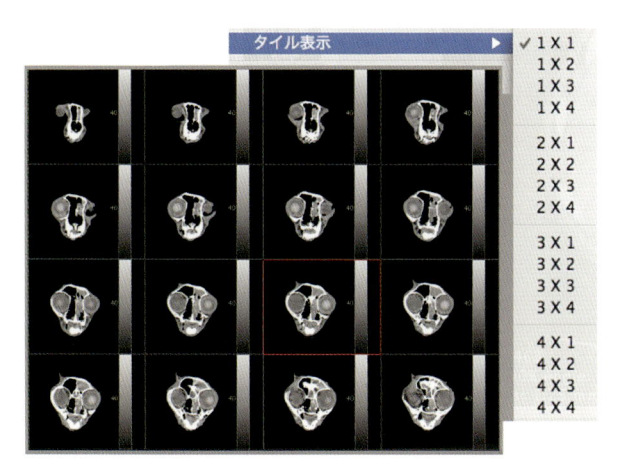

図28

［2Dビューア］には、［シリーズ］の画像を1枚ずつ捲る機能に加えて、［スライス画像］を複数枚並べて表示する機能が備わっています。

指定できるのは、1枚から4行×4列までの16通りです（図28では4行×4列を表示しています）。つまり、3×4の場合は、縦に3個、横に4個の画像が並んで表示されます。表示の指定法は2通りあります。

まず、［メニューバー］-［2Dビューア］-［タイル表示］から表示されるメニュー（右後ろ側の図）から、2番目は、ビューア上でマウスの右ボタンを押すと表示される［コンテクストメニュー］から［画像タイル表示］を選択し、そこから指定します。

S4-5：方向を変えてみる

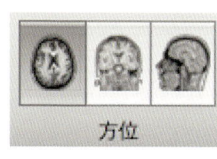

図29

ツールバーに［方位］というアイコンがあります。3種類の頭部の様子のアイコンの中から1つを選ぶと、アイコンの示す向きに画像を再構築して表示し直すことができます（図29）。

本来このような表示の仕方は、多断面構成(MPR)のビューアで画像処理を行うことになるのですが、単純に方向を変えてみるだけで「判る！」場合もあるわけですから、使ってみる価値はあると思います。

アイコンを選択すると、その背景が暗転して選択状態になります。［2Dビューア］に読み込まれている［シリーズ］はそれぞれの表示方向からみた様子に再計算されて表示されます。

図30は実際の表示ですが、左から［軸位面：Trance］、［冠状面：Colonal］、［矢状面：Sagittal］です（一度にみることができるのは1面だけです）。

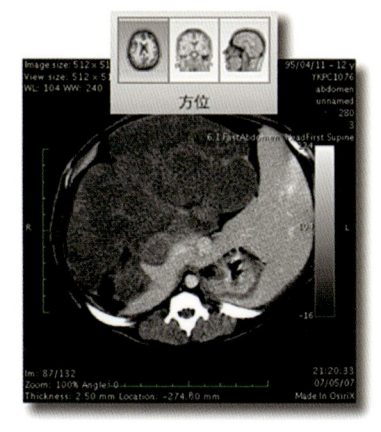

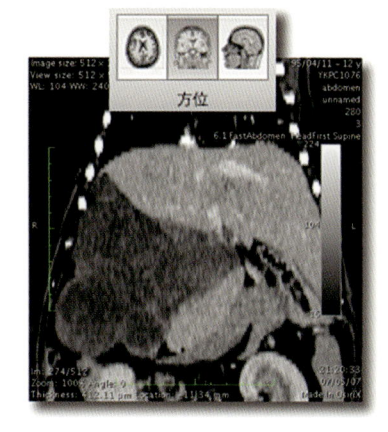

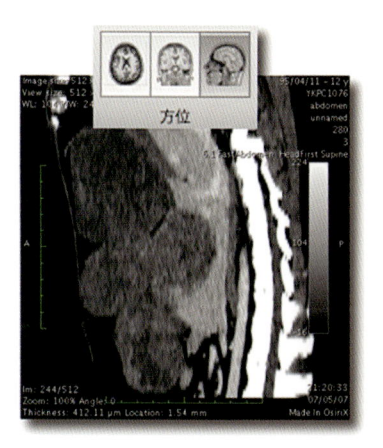

図30

S4-6：画像にマークを付ける

● キー画像の設定と解除

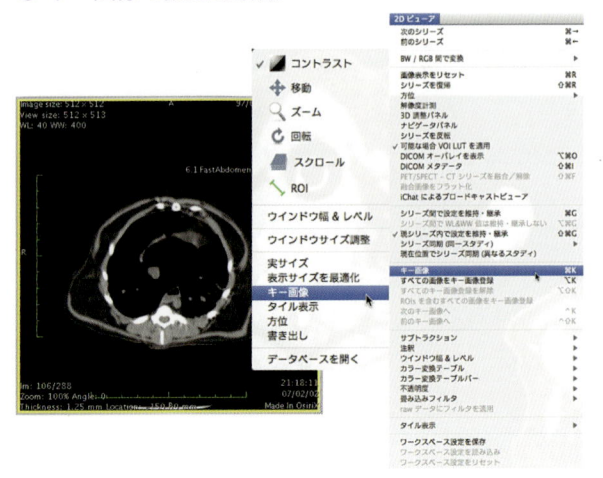

図31

［シリーズ］を読み込んだ画像群は数十枚から多いときには数百枚にも及びます。

この膨大なデータを精査して、患者の病態の解明に特徴的な所見や注目すべき異常をみつけたとしても、後でその場所が何枚目の画像のどこであったのかをいちいち記憶しておくのは煩雑です。そこでOsiriXではその場所を後から正確に探すことができるように、画像に印を付けておくことができます。この機能を［キー画像］といいます。

［キー画像］を設定する方法は3通りあります。
① ビューアに画像が表示されているときに、キーボードから［Apple］＋［K］キーを押す。
② ［メニューバー］-［2Dビューア］-［キー画像］をクリックする（図31右）。
③ ビューア上でマウスの右ボタンをクリックすると表示される［コンテクストメニュー］から［キー画像］の項目をクリックする（図31中）。

［キー画像］は、設定されると画像の周囲に黄色の線枠が表示されます（図31左）。

前項で、［シリーズ］をこの［2Dビューア］に読み込むと選択ウインドウが赤色の線枠で囲まれるということを説明しましたが、こちらは黄色の線枠です。

［2Dビューア］では、選択ウインドウの指定と［キー画像］の設定がダブった場合は、［キー画像］の表示の方（黄色の線枠）が優先されます。

［キー画像］に登録されている画像は、表示されているときに［Apple］＋［K］の操作を行うと解除されます。

● キー画像の利用

1つのシリーズの中に［キー画像］は何枚でも設定できます。「この設定をどう使う？」ということですが、いくつかの利用法があります。データをいくつかの方法で外部に書き出す場合（例えば、ムービーとして書き出すなど）、［キー画像］だけを集めてひとまとめにして保存することも可能です。

S4-7：画像処理

● WL/WWの変更

図32

では、これからは実際にデータに画像処理を加える作業を説明します。まず画像の色調を調整してみましょう。

［L..D.Bウインドウ］から［2Dビューア］に［シリーズ］を読み込んだとき、ツールバーの［WL/WW］アイコンの状態はこのようになっています（図32）。

［WL/WW］というのは、Windows Level & Windows Widthの略で、「コントラスト（明暗）」と「シックネス（濃淡）」と同じ意味です。［WL & WW初期値］というのは「素の状態」をいいます。この場合、ＣＴ検査時に設定した条件によって違いがありますので、初期値がどれでも同じであるわけではありませんが、読み込み時の画像には何の変化も加えられません。

［プリセットの適用］

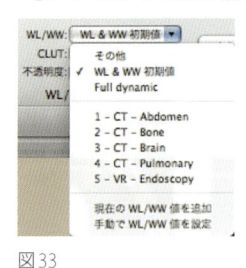

図33

［WL/WW］アイコンからプルダウンメニューを開くとオプションが表示されます（図33）。

ＣＴ装置で検査を行ったとき、検査部位に対して理想的な［WL/WW値］が設定されていれば、取り込んだ画像の状態（初期値）だけで診断には何も支障がないはずですが、しかし、問題を抱えている器官や臓器は、必ずしも初期設定値だけでは捉えきれない場合があります。また、オリジナルの状態から少し条件を変えただけで全く新しい情報が得られる可能性もありますし、撮影部位が限定されている場合には、その部位に特異的な処理を施すことでより見やすくなるということも考えられます。

そこで、ＣＴ装置で取り込んだ画像に追加の条件を付加して、オリジナルの状態ではみえなかったものが、新たにみえてくる可能性を探ろうというのがこの

80　OsiriX Manual

機能の狙いです。

しかし、それは意外に複雑なもので、門外漢が適当に操作しても可能性が広がるわけではありません。

そこで作業を楽にするために、あらかじめ設定をオプションで用意しておき、それを使って診断の役に立てようというのが［WL/WW値］の変更です。つまりプリセットを使って画像の明暗と濃淡を変更するということです。

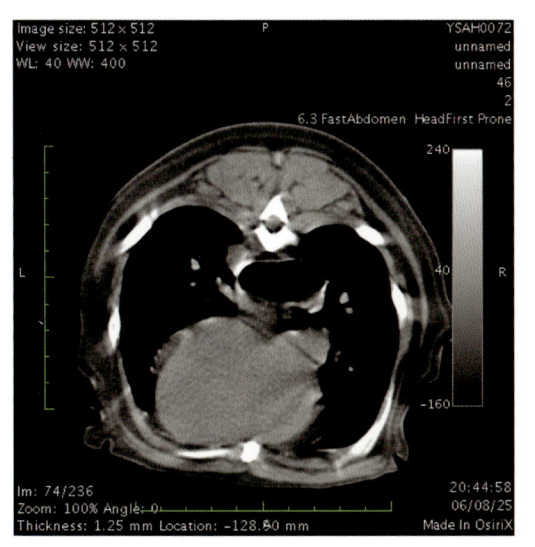

図34

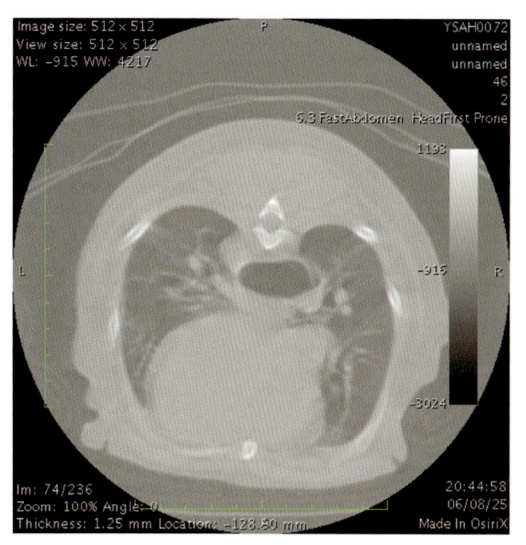

図35

図36はそれぞれの器官を専用の設定でみています。設定を変えてみることももちろん可能ですが、器官や組織によってはほかの設定では上手に抽出できない場合も生じます（特に、肺野の状態をみるためにはこの設定は必須です）。

[微調整]

図37

プリセットを使ってはみたけれど「もう少し調整したい」ということもよくあります。そのためにツールバーに専用の［WL/WW］アイコンが用意されています（図37）。

これを使うことで、明暗と濃淡をさらに修正して見やすい画像を作り出すことができます。この操作を行うと、メニューの表示は［WL & WW初期値］から［その他］に変更になります。

[WL/WW値の作成]

［WL/WW値］を変更するためのプリセットは自分で作ることもできます。ややこしい部分もあります

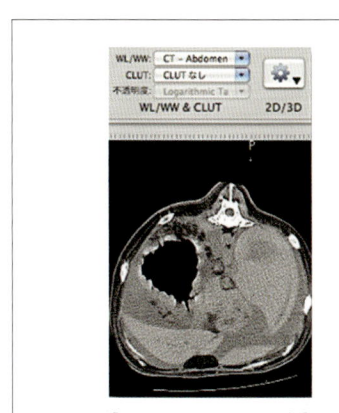

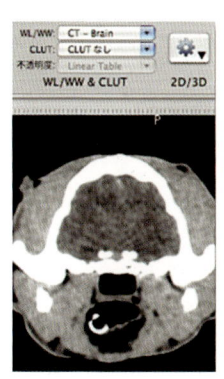

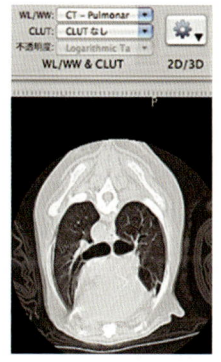

選択できるオプションですが、まず画像に含まれているグレースケールをフルレンジで表示する［Full Dynamic］という設定が用意されています。

図34は、元の画像で［WL & WW初期値］、図35は、［Full Dynamic］で表示したものです。

次に設定のプリセットですが、特定の部分をみやすくするためにOsiriXから［ＣＴ-Abdomen：腹部］、［ＣＴ-Bone：骨］、［ＣＴ-Brain：脳］、［ＣＴ-Pulmonary：肺野］、［ＶＲ-Endoscopy：内視鏡］の5種類が用意されています。

[ＣＴ-Abdomen：腹部]　[ＣＴ-Bone：骨]　[ＣＴ-Brain：脳]　[ＣＴ-Pulmonary：肺野]

図36

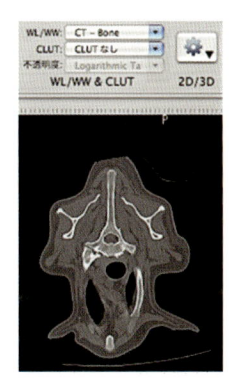

し、誰にでも必要なわけではないですが、興味のある方は、新しい設定を試してみるとよいと思います。

「うまくいった！」という設定がみつかった場合は、メニューから［現在のWL/WW値を追加］コマンドを押すと、任意の名前を付けて保存することができます（不要になった場合は、キーボードの［Shift］キーを押しながら該当のプリセットを選ぶと削除できます）。

[WL/WW値を元に戻す]

［WL/WW値］の変更を行った場合、ウインドウにはその設定名が表示されます（図36）。変更を元に戻すには、［WL/WW初期値］のコマンドを使うか、［メニューバー］-［２Ｄビューア］-［シリーズを復帰］で元に戻すことができます（この機能はそれぞれで同じ役割が割り当てられています）。

一方、［メニューバー］-［２Ｄビューア］-［画像表示をリセット］でも元に戻すことができますが、画像に［移動］や［回転］の操作（後で説明します）を適用していた場合には、それらも元に戻ってしまいます。

さらに、［メニューバー］-［２Ｄビューア］-［表示状態］-［シリーズ表示状態をリセット］でも同じことが可能ですが、［画像表示をリセット］の場合よりもさらにリセットの範囲が広く［拡大・縮小］の操作も元に戻されてしまいます。

● CLUTの変更

次は、画像に「色」を付ける方法です。これも診断を助けるための手段の１つです。どう利用するのかに関しては（個人的な好き嫌いもあって？）一概に「この場合はこれ！」とはいえない機能ですが、「使ったらどうなるのか？」ということはみていただけますので参考にしてください。

ちなみに、［CLUT（クラットと呼んでいます）］は Color Look Up Table を略したものです。この機能は前述の［WL/WW値］の変更も併用して使用す

図38

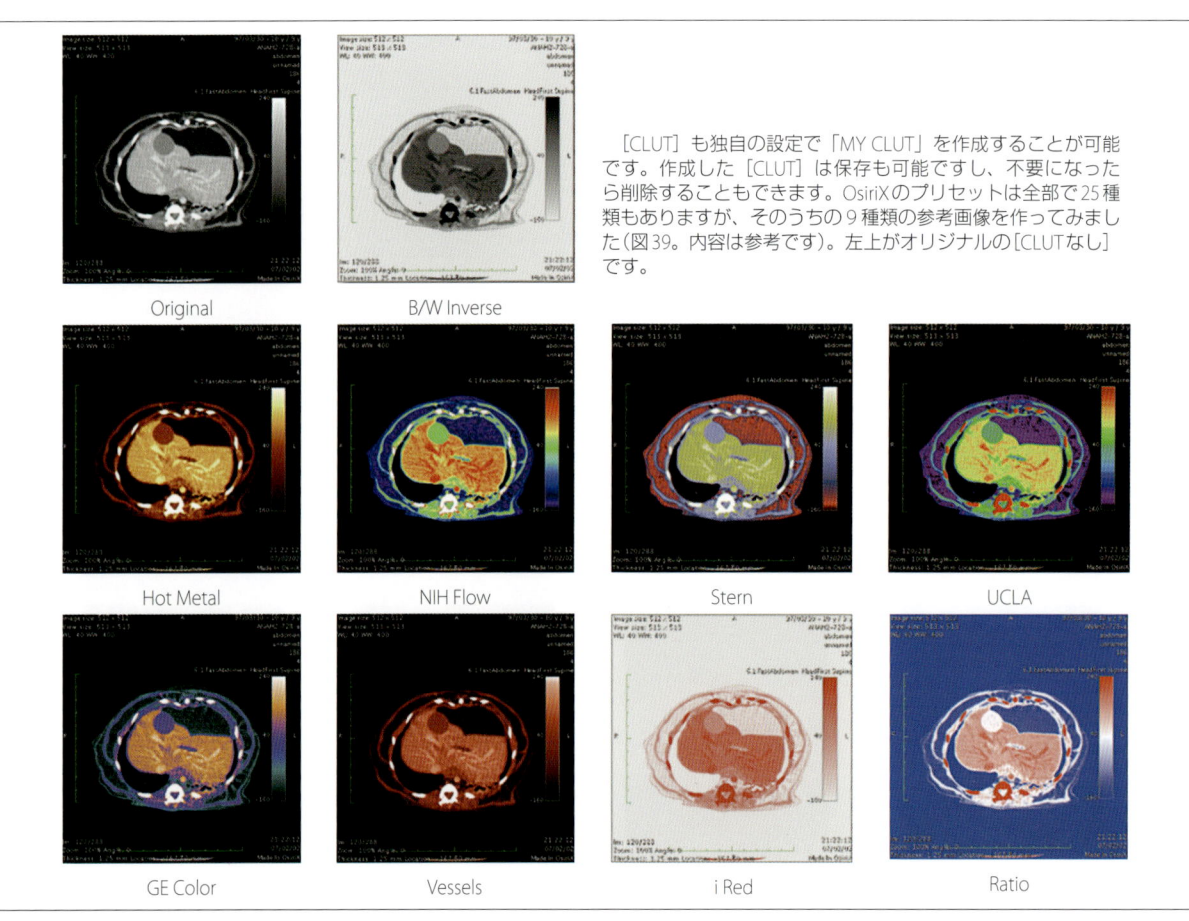

［CLUT］も独自の設定で「MY CLUT」を作成することが可能です。作成した［CLUT］は保存も可能ですし、不要になったら削除することもできます。OsiriXのプリセットは全部で25種類もありますが、そのうちの9種類の参考画像を作ってみました（図39。内容は参考です）。左上がオリジナルの［CLUTなし］です。

図39

82　OsiriX Manual

ることができるため、より多彩な検査を行うことができます。図38は、[CLUT]の項目からプルダウンメニューを表示したところです（具体的な様子は図39を参照）。

この場合も、前出の[WL/WW]の場合と同じように煩雑で難解な設定を行う必要はなく、OsiriXが25個のプリセットを用意しています。

● [Thick Slab] について

次は、[Thick Slab]という機能です。これはＣＴ検査の"花形機能"で、複数の画像を重ねて立体的な像としてみることができる機能です。

この機能を使うと、[スライス画像]を1枚ずつ捲って閲覧する通常の表示法からでは判りづらかった物体（器官や臓器）の様子を、位置関係を含めて容易に認識することができるようになります。なお、画像を重ねることで得られる有効な手法として[ボリュームレンダリング処理]というのがありますが、それもこの[Thick Slab]の機能の一部です。

図40

[メニュー]

この機能は、[モード]アイコンのチェックボックスを[On]の状態にすることから始めます（図40左端）。[モード]のメニューを開くと、「表示の仕方」が3種類、「ボリュームレンダリング」のモードが2種類用意されています。メニューに隠れていますが、スライドバーは重ねる画像の枚数を指定するのに使い、左側の数字は指定された枚数を表示します。

- 平均＿[Ｍｅａｎ]：前後方向のボクセル値を合算して平均値を計算。
- 最大値投影＿[ＭＩＰ-Maximum Intensity projection]：前後方向のボクセル値から最大値を取り出して表示。
- 最小値投影＿[ＭｉｎＩＰ-Minimum Intensity projection]：前後方向のボクセル値から最小値を取り出して表示。
- アイコンのチェックボックスを[Off]にすると、[Thick Slab]を終了します。

[投影法の違い]

ほかに何も指定していない状態で、[平均]、[最大値投影]、[最小値投影]の各設定を読み込んだ場合は、次のようになります。（図41）

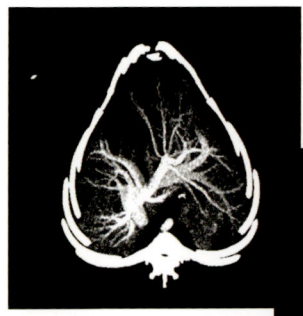

← 最大値投影の参考画像

平均の参考画像
↓

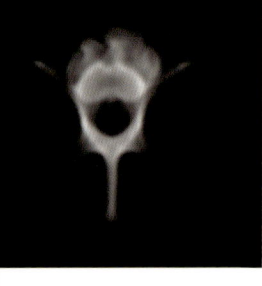

← 最小値投影の参考画像

図41

[ボリュームレンダリング]

次に、[ボリュームレンダリング]処理です。
メニューから選択できるのは、
[ボリュームレンダリング-Up]と[ボリュームレンダリング-Down]の2通りです。

指定した枚数から立体画像を描出できます。[Up]と[Down]には次のような違いがあります。

図42上は、[ボリュームレンダリング-Up]の様子です。自分が後ずさりしながら前方をみている状態です。今、気管支の分岐を通り過ぎたところです（自分は気管支の先にいます。向う側にみえるのは喉頭後部に繋がる気管[頭側]です）。

図42下は、[ボリュームレンダリング-Down]です。

これから気管支の分岐を通り過ぎるところです（自分はまだ気管の中にいて、みている方向は尾側方向です）。平均値や最大値、最小値は全体から部分を強調しますが、[ボリュームレンダリング]は3次元配列（ボリューム）を可視化（レンダリング）する手法と説明され、奥行きや立体像をみせてくれます。

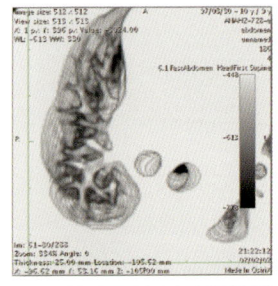

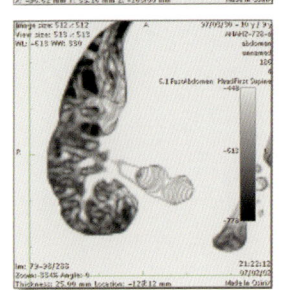

図42

OsiriX Manual 83

[具体的な違い]

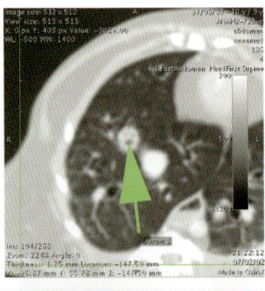

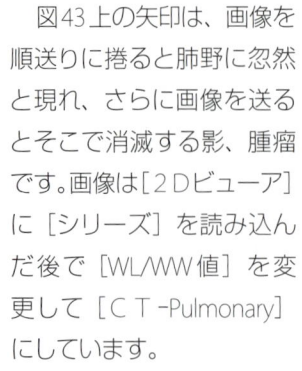

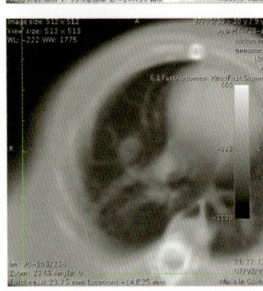

図43上の矢印は、画像を順送りに捲ると肺野に忽然と現れ、さらに画像を送るとそこで消滅する影、腫瘍です。画像は［2Dビューア］に［シリーズ］を読み込んだ後で［WL/WW値］を変更して［CT-Pulmonary］にしています。

この状態で［Thick Slab］を18枚に指定し、［モード］を変えてみますと、

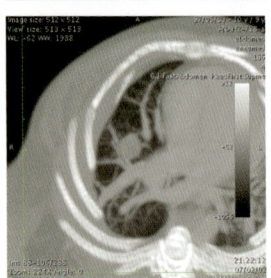

図43上から2番目が［平均］、図43上から3番目は、同じ18枚を［最大値投影］で表示したものです。

図43左下は、同じ場所を［ボリュームレンダリング-Down］でみたものです（部分拡大しています）。

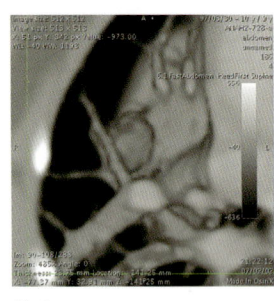

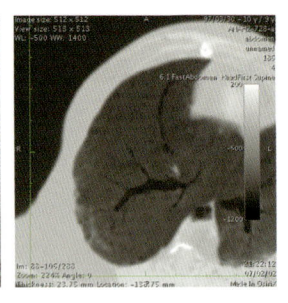

図43

なお、［最小値投影］（図43右下）ではこの腫瘍を描き出せませんでしたが、同じ位置付近の気道の走行を詳細に追うことができ、画像を送ったり戻したりすることで、気管支手前から細気管支まできれいに描画できているのが確認できました。前述の"花形機能"はこのようなかたちで有能に機能します。

［ボリュームレンダリング］は、図44のように複数の［スライス画像］を重ねて演算処理を行い、立体的な像として表現したものです。

図44では、［Thick Slab］を19枚に設定しています。画像が表示しているのは「胃」ですが、手側から19枚の画像が重なっていて、その次（奥）は抜けています。画像を1枚送ると手前の1枚が消えて奥の1枚が表示されてきます。胃壁にみえるスジで画像が重なっている様子がわかります。

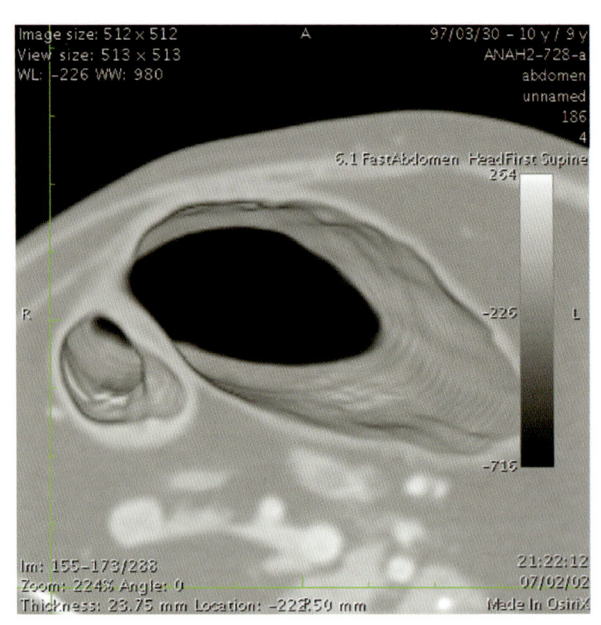

図44

S4-8：マウスボタン機能

図45

ツールバーにある［マウスボタン機能］は、アイコンで表示されている6種類の機能をマウスのボタンに割り付けて作業を行うことができるものです（図45）。機能の割り付けは、マウスでアイコンをクリックするだけですが、この機能はマウスの左右のボタンにそれぞれ別の機能を割り付けることができます。

● 機能の割り付け

アイコンの下に［◎マウス左ボタン］と［◎マウス右ボタン］というチェックボックスがあります。

まず、機能を割り付ける側のマウスボタンを指定します。［◎マウス左ボタン］のチェックボックスをクリックして［On］にすると左ボタンに、［◎マウス右ボタン］のチェックボックスをクリックして［On］にすると右ボタンに機能を割り付けることができます（この作業は常にマウスの左ボタンで行います）。

どちらのマウスボタンに機能を割り付けるかを指定したら、次に6個のアイコンの中から目的の機能を選んでクリックします。そうすると、選択したアイコン

の機能がマウスボタンに割り付けられます。反対側のボタンに違う機能を設定する場合も同じ操作を繰り返します（左右に同じ機能を設定することも可能です）。
　以下に、具体的な機能を説明します。

● WL/WW：Window Level / Window Width

　このアイコンを選択してから、画像上で（機能を割り付けた方のボタンを押しながら）マウスを動かすと、画像の［コントラスト（明暗）：WL］と［シックネス（濃淡）：WW］が変化します。

　画像への影響は、真ん中から上下と左右に動かす方向で反応が違います。左右方向ではコントラストが変化します。左方向ではコントラストが強く、右方向では弱くなります。

　上下方向は明暗が変化します。上方向では画像が暗くなり、下方向は明るい画像になります（上方向に移動すると画像がブラックアウトし、下方向へ移動するとホワイトアウト）します。実際の様子は、図46のような具合です。

> **ホットキーを使う方法**
>
> 　この機能の割り付けは、ホットキー（OsiriXが用意しているキーボードから機能を呼び出す設定）[W]からでも設定が可能です（日本語仮名漢字変換の機能がオフになっている必要があります）。キーを押すと機能が固定されますので、キーボードの[Z]で暗方向、[X]で明方向、[Shift + Z]で淡方向、[Shift + X]で濃方向へ画像を変化させることができます。また、キーボードの[Option]キーを押している間は（マウスにほかの機能が割り付けられていても）[WL/WW]機能を使うことができます。キーを押し下げながらマウスを使います（放すと元の機能に戻ります）。
>
> 　ほかの方法として、キーボードの[Option]キーと［トラックパッドのボタン］を同時に押下げながら、指でトラックパッド上をなぞることでも同じ機能を使うことができます。

↑これ以上はブラックアウト

濃い　　　　　　　　　　　　　　　　　淡い

これ以下はホワイトアウト↓

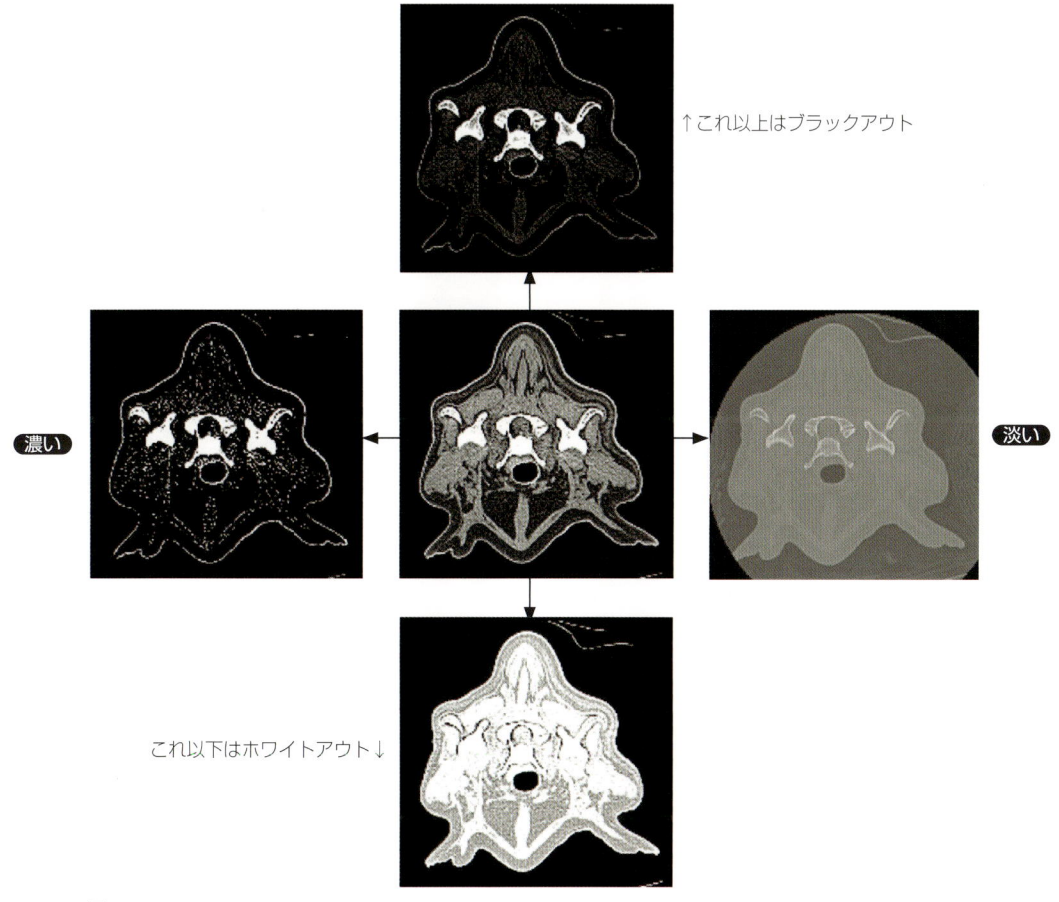

図46

● 移動：Translation

ウインドウ内で画像を移動することができます。アイコンを選択するか、キーボードの［M］キーを押します。（キーを1回押すだけで機能が固定されます）。

画像を拡大したら目的の部分がウインドウからずれてしまった場合など（図47左）、このコマンドを使うと画像の位置を調節することができます。

図47右では、図47左の状態から画像を中央位置に移動しています。

マウスポインタを画像上に移動し、機能を設定した方のボタンを押すとマウスポインタが手のひらの形に変わります。その状態で（マウスのキーを押し込んだまま）マウスを移動させると、任意の方向へ画像を移動させることができます。

この操作を元に戻したい場合は、［メニューバー］-［2Dビューア］-［画像表示をリセット］または［メニューバー］-［2Dビューア］-［表示状態］-［シリーズ表示状態をリセット］で行います。

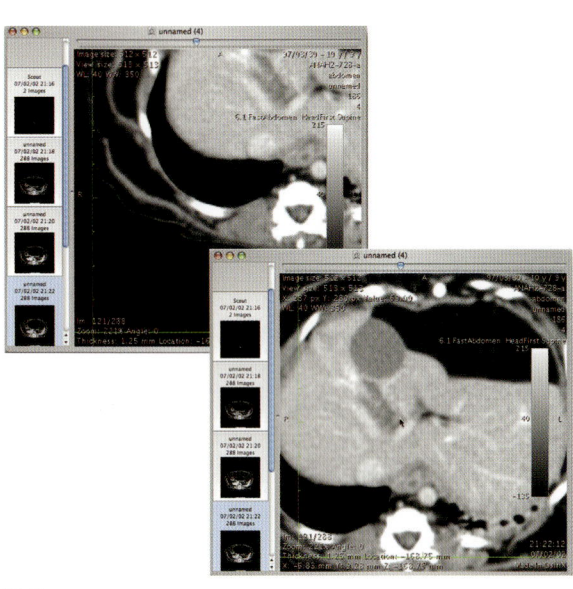

図47

● ズーム：Zoom

表示画像の拡大と縮小を行います。

アイコン群の中から［ズーム］アイコンを選択するか、キーボードの［Z］キーを押すことで機能を使用することができます。

実際の操作ですが、画像上でマウスのボタンを押したままポインタを移動させると、画像を拡大・縮小することができます。方向は上と右が拡大、下と左が縮小です。上下と左右の仕様には少し違いがあり、上下方向の方がレスポンスがよくなります。図48は左図が元で、操作により右図では画像が拡大しています。

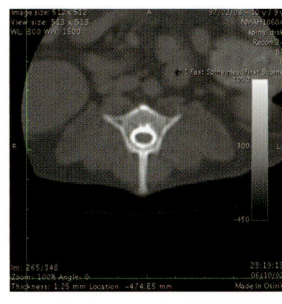

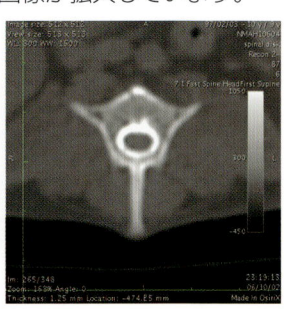

図48

また、キーボードの［Shift］キーを押し下げると、その間だけはマウスボタンに割り付けられている機能にかかわらずマウスポインタがズーム機能に変わります。

このとき画像の表示されている場所以外の部分にマウスポインタがあるときは、通常のズーム機能として使うことができますが、画像上にマウスポインタがある場合は「ルーペ」（図49右）が表示されて画像の一部を拡大してみることができます（図49左が元画像）。

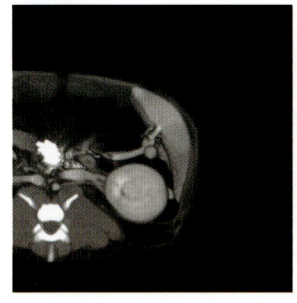

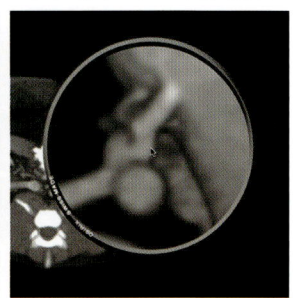

図49

マウスを使わない方法（移動）

この機能の割り付けは、ホットキーの［M］から行うことも可能です。設定後は、キーボードの
［Z］キーで［←：左へ］、
［X］キーで［→：右へ］、
［Shift］+［Z］キーで［↑：上へ］、
［Shift］+［X］キーで［↓：下へ］移動できます。
また、キーボードの［Apple］キーと［トラックパッドのボタン］を同時に押し下げながら［トラックパッドの上を（反対側の）指でなぞる］と同様の動作を行うことができます。

マウスを使わない方法（ズーム）

ズームの操作は別の操作法も用意されています。
キーボードの［Page▲］と［Page▼］は、常時「拡大」と「縮小」の機能を担当しています。
さらに、マウスを使わない方法としては、キーボードの［Shift］キーとトラックパッドのボタンを同時に押しながらトラックパッドに指を当てなぞることで同様の操作を行うことができます（苦）。
Zoomの操作を行ったときの拡大率は、画像情報（ビューア左下に表示されている［Zoom %］で確認することができます。

● 回転：Rotation

表示画像を回転します。マウスボタンに機能を設定するには、マウスボタン機能のパレットから左画像の［回転］アイコンをクリックするか、キーボードに用意されているホットキーの［I］を使います。

操作法ですが、機能が設定されたら画像上にマウスポインタを置き、マウスボタンを押しながら斜め方向に移動させると画像が回転します。

右上位置から左下位置に向けてマウスポインタを移動させると画像が右回転し、左上位置から右下位置に向けて移動させると画像が左回転をします。

画像の中央部に注目領域がある場合はよいのですが、画像の周辺部に注目領域がある場合は、回転させると表示画面から外れてしまうことがあります。その場合は、前述の［移動］ツールを使って位置を修正してください。

図50は、左側が元の状態で、回転を加えた様子が右側状態です。全体が時計方向に回転しています。

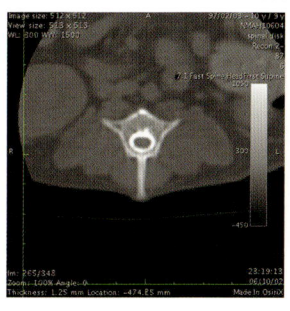

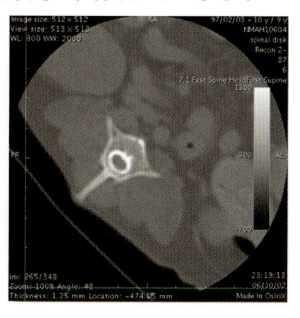

図50

マウスを使わない方法（回転）
「マウスではうまくいかない！」という場合は、以下のような方法も用意されています。

ツールバーから［回転］アイコンを選択、あるいはホットキー［I］で［回転］機能を設定します。そこで、キーボードの［Z］キーを押すと左回転が、［X］キーを押すと右回転が行われます（回転する角度は固定です）。

［Apple］キー＋［Option］キー＋［トラックパッドのボタン］を同時に押すと［回転］機能が選択されます（マウスポインタが回転の表示に変わりますが、この機能は3個のキーが同時に押し下げられているときのみです）。キーを放すとマウスアイコンは元々の設定に戻ってしまいます。この3個のキーが押し下げられている状態で、（多くの方は反対側の手の指で）トラックパッドの上を指で上下方向、もしくは左右方向に"なぞる"ことで画像を回転することができます。［拡大・縮小］のように上下方向への"なぞり"は回転動作が遅く、左右方向では回転が少し速めになります。

● 動画：Single Frame Step Function

画像を［コマ送り/戻し］できるアイコンです。ホットキーは［S］が用意されています。

このコマンドを選択した後、画像上でマウスのボタンを押しながら、マウスポインタを左方向あるいは上方向に移動させると［コマ送り］、右方向あるいは下方向にずらすと［コマ戻し］になります。

また、画像を表示しているウインドウの上の欄には［ラインバー］と［つまみ］が用意されていますので（図51）、このつまみをマウスで掴んでバーの中を左右にスライドさせると［コマ送り/戻し］を手動で行うことができます。

図51

さらに、マウスに装備されているスクロールホイールを回転させることでも（でもというか、通常の作業はこれで問題ありません）［コマ送り/戻し］を行うことができます。

このとき、マウスのスクロールホイールを回す方向と、［コマ送り/戻し］が行われる方向は変更することができます。設定の方法は76ページ右下から77ページ左上の解説を参照してください。

マウスを使わない方法（動画）
キーボードから［Space］キーまたは［Return］キーを押すと、全画像を自動で再生することができます。このとき、再生はループ再生という再生の仕方になり、最後まで再生するとまた最初から再生する、という繰り返しになります。このとき、［F］キーで逆回転に、［G］キーで（逆回転のまま）［早送り］になります。これを通常速度に戻すにはもう1回［F］キーですが、送り方向は変更することができません。

キーボードからは、［X］で［コマ送り］、［Z］で［コマ戻し］になります。なお、マウスボタンの機能がどの設定に割り付けられていても、キーボードの［End］と［Home］キーは独立して［End＝コマ送り/Home＝コマ戻し］の機能を担当しています。マウスを使わない方法としては、ホットキーよりもこの操作法の方がいつでも使えて合理的です。

S4-9：関心領域（ROI - Region of interest）

最後は、[関心領域：ROI]です。ビューアの画像上の任意の場所に図形や点、さらにテキストなどを表示することができます。また、それらを集めてデータとして書き出すことや、別の処理を行って特定部分の様子を抽出して観察することもできます。

この作業を行うための道具を[ROIツール]といい、目的別に13種類用意されています。

● ROIツール：総論

[ROIの設置]

右端の[ROIツール]のアイコンの右側に下向き▼があります。クリックすると[ROIツール]のメニューが表示されます（図52）。

[ROIツール]は、長さや角度を示すことができるもの、領域を選択することができるもの、場所を示すことができるもの、文字を書き入れることができるもの、色を塗ることができるものなど15種類が用意されています。メニューから目的のアイコンを選択し、画像の任意の場所をクリックすると、その[ROIツール]が適用されます。[ROIツール]を使って画像上につくられたものを[ROI図形]といいます。

図52

[表題]

それぞれの[ROI図形]には、茶色の地に白色の文字で表示される[表題]が添付されます（図53の左側のROI）。[表題]には、[ROIツール名]と[選択した領域の面積]、[CT値の平均]や[標準偏差]、[領域内の最小CT値]、[最大CT値]、[表示部位の長さ]など多くの情報が表示されます。

画像上に[ROIs]（[ROI]は組で存在するときは[ROIs]と表記）が存在する場合、[表題]をクリックするとその[ROI]が選択された状態になります。[ROI]が選択されているときには、[表題]は茶色の地に白色の文字（図53左側の[Length]の状態）になり、選択状態でない場合はやや透過色の灰色の地に白色文字（図53右側の[Area]の状態）で表示されます。

[ROI図形]を選択状態にすると、[表題]をドラッグして移動させることができます。[表題]と下の画像とが被ってしまってみにくい場合は便利です。

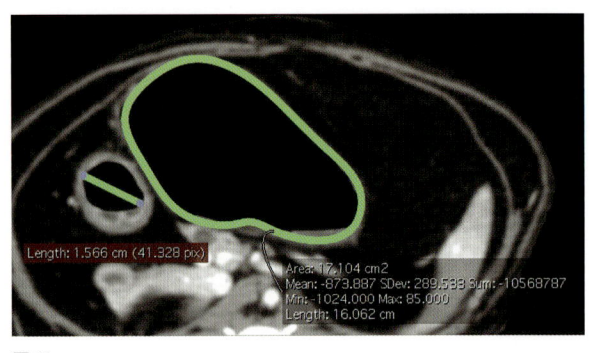

図53

[ROI図形の訂正]

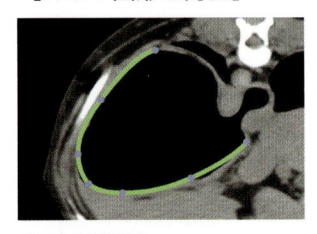

設置途中の[ROI図形]はいつでも訂正することができます。

図54の例で使用した画像の場合は[ROIツール：Opened Polygon]を使っていますが、途中までポイントを置いていって「間違った！」というとき、最初からやり直すのは大変です・・・（^_^;）。

そのようなときには、キーボードから[Delete]キーを押すと1ステップごと戻すことができます。[Apple]＋[Z]キーを同時に押しても同じ操作を行うことができます。

ここまで描いて

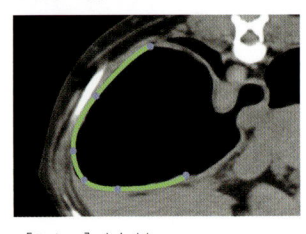

[Delete]または
[Apple]＋[Z]キーを入力

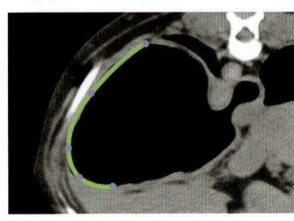

再度、[Delete]または
[Apple]＋[Z]キーを入力

図54

[ROI図形の修正]

すでに確定した[ROI図形]も、後から修正することができます。確定した[ROI]の表題をクリックすると、再度選択状態になり（図55左）、このとき線描の起点と屈折点、そして終点の3点が水色の点描で表示されます（この場合は、[Angle]という[ROI]で角度を表しています）。この水色の点をマウスでクリックすると、そこが赤色の点に変わります

ので（図55中）、この点をマウスでドラッグして移動させると、位置や長さ、角度を変更することができます（図55右）。

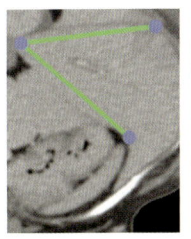

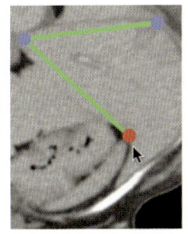

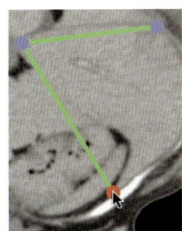

図55

[ＲＯＩ図形の移動]

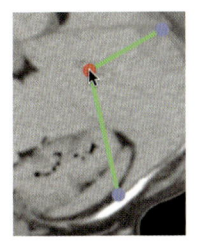

[ＲＯＩ図形]が選択状態にあるときは、それ自体にマウスポインタを合わせてドラッグすると移動させることができます（図56）。

ポイントツールなどで、ある程度厳密に位置を示したい場合などに利用できます。

図56

[ＲＯＩ-Info]

[ＲＯＩ図形]の表題をダブルクリックすると、[ＲＯＩ-Info]が開きます（図57）。

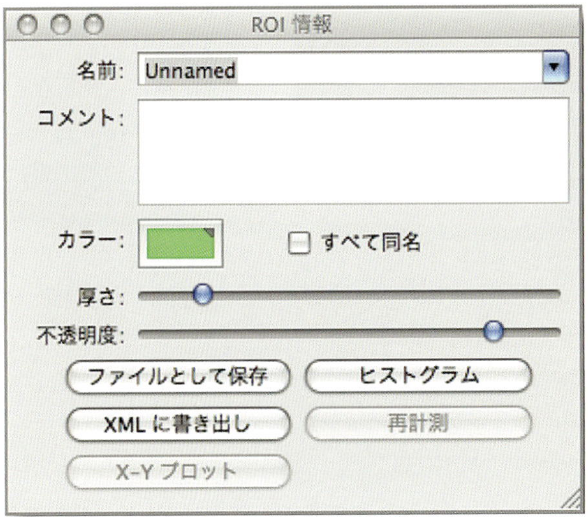

図57

１番上段は[ＲＯＩ図形]の名前です。この文言は変更することができますが、日本語は使えません。通常は[ＲＯＩツール]の種類ごとに自動的に名前が振られるのですが、ツールによっては同じ名前のものもあります。

[コメント]欄には、文字を入力できます。

[厚さ]は[ＲＯＩ図形]の線描の太さや大きさを設定できます（図58上をオリジナルとして、図58下では厚さのスライドバーを右方向へシフトしています）。厚くなるほど文字は大きく、線は太くなります。

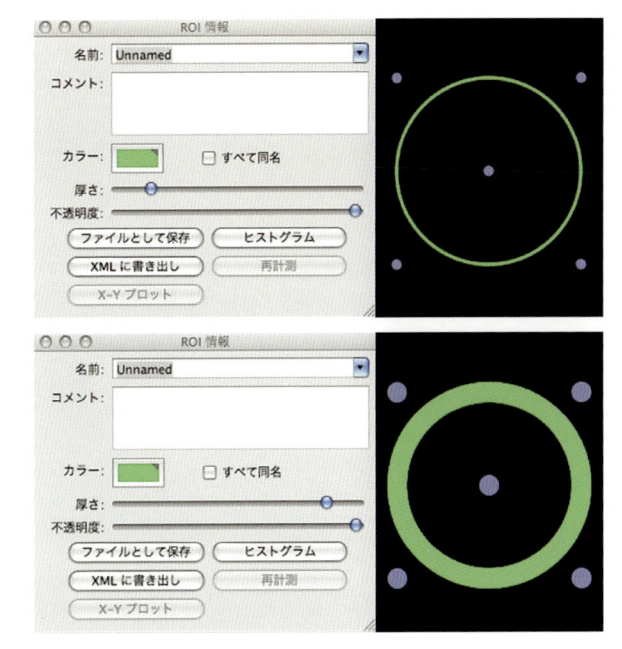

図58

[カラー]は、色の部分をダブルクリックするとMacのカラー選択画面（カラーピッカー）が表示されて好きな色を選択することができます（図59上）。

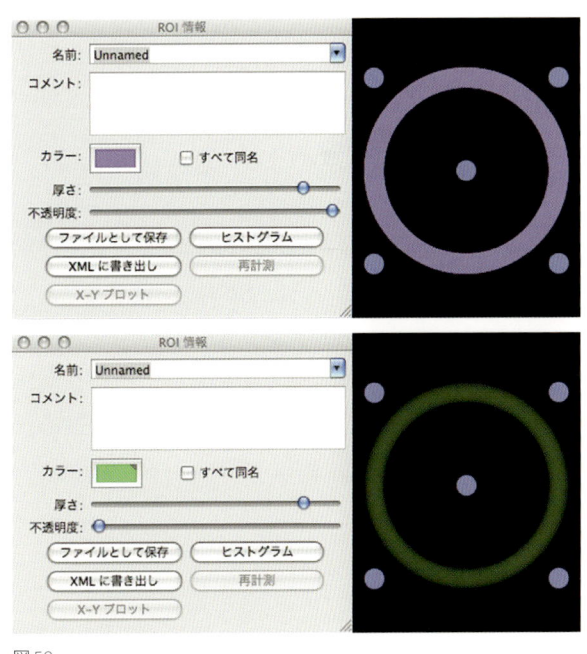

図59

[不透明度]は、背景に対してどれくらい濃く表示させるか、標準設定は[透過しない：濃い]設定です。不透明度のスライドバーを左に移動させると線描が薄くなって（透明化して）いきます（図59下）。

[ヒストグラム]は、選択した領域の濃度のグラフ

を表示する機能です。表示は図60のようになります。この機能と同じ機能が［メニューバー］-［ＲＯＩ］-［選択したＲＯＩのヒストグラム］に準備されています。

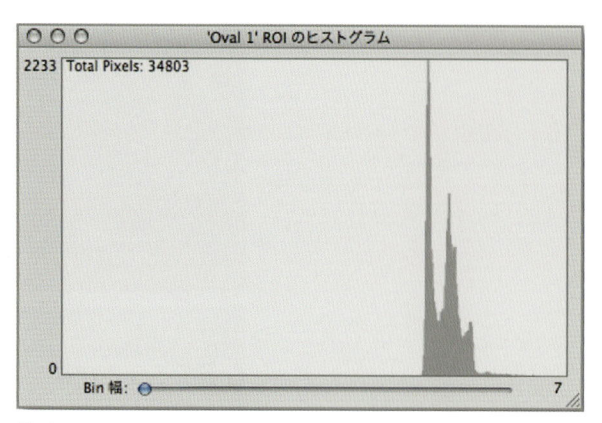

図60

　［ファイルとして保存］は、［ＲＯＩ図形］の種類や形、そして位置などをファイルとして保存しておき、後で呼び出して同じ図形を複数個設置することができる機能です（保存については、表示される指示に従ってください）。［XMLに書き出し］も、保存法が違いますが［ＲＯＩ図形］を保存する方法の１つです。

[その他]
- ［ＲＯＩ図形］の消去：設置したＲＯＩ図形は、選択状態からキーボードの［Delete］キーで消去できます。
- ［ＲＯＩ図形］のコピー：画像上に設置した［ＲＯＩ］をほかの画像にも同じように設置したい場合は、［ＲＯＩ］を選択した状態で［メニューバー］-［編集］-から［コピー］をクリック、またはキーボードの［Apple］+［C］キーを押してその状態をコピー、次に目的の画像を表示して［メニューバー］-［編集］-［ペースト］を選択するか、キーボードの［Apple］+［V］キーを押すことで貼り付ける（ペーストする）ことができます。

● ＲＯＩツール：各論
[ＲＯＩツール：長さ（Length）]
　　　　　ホットキー［L］で選択可能 
　任意の２点間の距離を表示します。元になる場所をマウスでクリックし、そのままクリックを維持しながら目的の場所まで移動、ボタンを放すと２点間が１本の線で結ばれます（図61）。
　修正は、選択状態にしてから端末の水色の点をマウスで掴んで移動します。方向も

図61

位置も変えることができます（端末がピンク色に変わります）。
　［ＲＯＩツール：長さ］の［表題］が提供する情報は、［名前：Length］と［２点間の距離］のみです。

[ＲＯＩツール：角度（Angle）]
　　　　　ホットキー［A］で選択可能 
　任意の角度を表示したり測ったりするためにはこのアイコンを使います（図62）。
　メニューから［アングル］アイコンを選択後、最初の位置に１点を置きます。これが起点です。次に、角度を表示する中心点になる（角度を測ろうとしている）部分にマウスポインタを合わせてクリックします

図62

（屈折点がポイントされます）。さらに、角度を表示したい次のポイント（最終点）にマウスのポインタを合わせてクリックします。これで、起点-屈折点-最終点の３点を結ぶアングル図形が形成されます。
　［表題］には、［名前：Angle］と［このツールで設定した実角度/全周からその実角度を引いた数値］が表示されます。設置した角度が70°の場合は、70/290となります。小数点以下３桁まで表示されます。

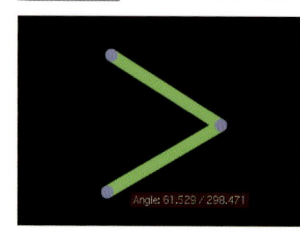

［ＲＯＩツール：矩形（Area）］

ホットキーの設定はありません

［ＲＯＩツール：矩形］を設置する場合は、メニューから［矩形］を選択してください。

マウスで基点を指定（クリック）して、そのまま最終地点までドラッグします。ボタンを放すと範囲が選択されます（図63）。

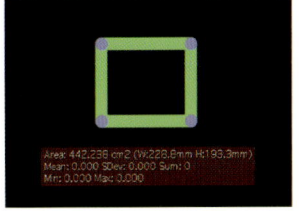

図63

大まかに四角形を形成して、矩形の中をマウスでドラッグすると場所を移動させることができます。また、四隅の「水色の点」をマウスでドラッグすると、矩形の大きさを修正することもできます。

［表題］には、［名前：Area］、［選択域の面積］、［ＣＴ値（平均、標準偏差、合計）］、［最小ＣＴ値］、［最大ＣＴ値］が表示されます。

［ＲＯＩツール：楕円形（Area）］

ホットキー［Ｅ］で選択可能

メニューから［楕円形］を選択して任意の場所を選定してください。画像の任意の1点にマウスでクリックし、そのまま横・縦方向にマウスポインタを移動させると、そこが基点になって円形～楕円形が描かれます（図64）。

修正は、選択範囲の周囲に表示されている線枠をマウスでドラックしながら移動、水色の点をマウスで掴んで拡大・縮小です。

図64

［表題］が示す内容は、［矩形］の場合と同様です。

［ＲＯＩツール：テキスト（Text）］

ホットキー［Ｔ］で選択可能

画像上に文字を設置したい場合は、このアイコンを使います。

アイコンを選択し、画像をクリックすると［Double-Click to edit］というＲＯＩが設置されます（図65）。

図65

表示のとおりダブルクリックでＲＯＩ-Ｉｎｆｏが開き、文字を入力することができます。

文字列を入力する場所は、［ＲＯＩの名前］のところを使います。このツールに限って、文字列に2バイト文字（全角のひらがな、カタカナ、漢字）を使うことができますが、改行することはできません。［厚さ］で文字の大きさを、［不透明度］のスライドバーで文字の透過性を変更することもできます。

［ＲＯＩツール：矢印］

ホットキー［Ｑ］で選択可能

［ＲＯＩツール：矢印］は、画像上の注目点を指し示すことができ、［ＲＯＩツール：テキスト］と同じように有用に使うことのできるツールです。

設置する方法は簡単で、アイコンを選択した後、目的の場所（起点）にマウスポインタを合わせてクリックし（矢印の頭が現れます）、そのまま遠位方向へマウスポインタを移動すると矢印の尻尾が現れます（図66）。

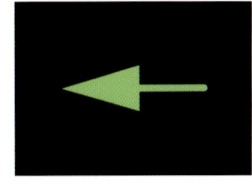

図66

矢印の先端の位置は、ＲＯＩを再度選択すると表示される三角形の先頭の場所のポイントをマウスで掴んで、長さと方向は矢印の遠位の場所のポイントを掴んで移動すると変更することができます。矢印自体の大きさは、ＲＯＩ-Ｉｎｆｏを表示させ、［厚さ］のスライドバーを調整すると変更が可能です。

なお、［ＲＯＩツール：矢印］には［表題］は表示されませんので、矢印の示す場所になんらかの文言を挿入したい場合は、前述の［ＲＯＩツール：テキスト（Text）］を用いて文字を入力してください。

［ＲＯＩツール：Opened Polygon］

ホットキー［Ｏ］で選択可能

［ＲＯＩツール：Opened Polygon］は、画像内に複数の点を置き、点間に結ばれた線を使って画像内に任意の線を描きます。

［Opened Polygon］の描画は、ポイントをクリックしていくだけです（ポイント間は曲線で結ばれます）。ポイントの間隔や数に制限はありません。

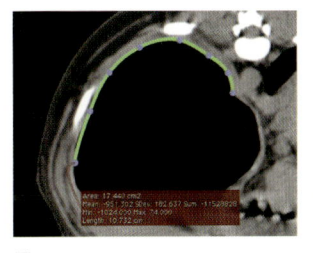

図67

このＲＯＩはほかのツールと同様、もう一度選択状態にしてから水色のポ

イントをマウスでクリック（ピンク色に変わります）しドラッグすると、ポイント位置を含めて自在に修正することができますが、後からポイントを追加することはできません（図67）。

　表題には［名前：Area積］、［平均値、標準偏差、合計、最小、最大のＣＴ値］および［長さ］が表示されます。

［ＲＯＩツール：Closed Polygon］
ホットキー［C］で選択可能

　［Closed Polygon］は、端末が起点に繋がっていて選択領域が閉じているほかは、前出の［Opened Polygon］と同じです。

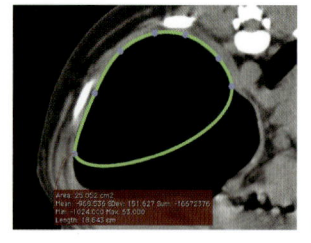

　こちらは線ではなく閉鎖空間として領域を選択することができます（図68）。

　表題の情報も［Opened Polygon］と同様です。

図68

［ＲＯＩツール：鉛筆］
ホットキー［D］で選択可能

　［鉛筆］は、画像上に任意の線を引くことができます。前出の［Closed Polygon］に似ていますが、線を引くだけで（直線でも）水色の点が勝手に作成されていきます。

　また、線を引く制約もありません。8の字も折り返しも自由です。線の引き方はマウスボタンを押しっぱなしにしてフリーハンドで行います。マウスボタンを放すとそこで終わりです（図69）。

　表題には［名前：Area、［平均値、標準偏差、合計、最小、最大のＣＴ値］および［長さ］が表示されます。

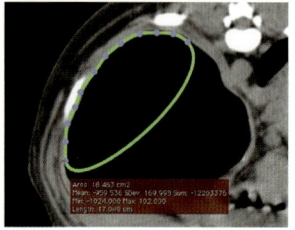

図69

［ＲＯＩツール：ポイント（Point）］
ホットキー［T］で選択可能

　［ＲＯＩツール：ポイント］も、便利に使えるツールで、画像上の任意の場所にマークを付けることができます。

　複数の［ＲＯＩツール：ポイント］を設置すると［ＲＯＩ名］の［Point］の後ろの数字が１つずつ増加します。図70では、上側の［Point 1］に続いてもう１点ポイントを追加していますが、名前が［Point 2］になっています。紫色が選択状態、黄緑色が確定状態です。

図70

　［表題］の表示は、［名前：Point］、［ＣＴ値：Value］、［２Ｄのポジション（軸に対する位置をピクセル数で表示）］、そして［３Ｄポジション（軸に対する位置をmmで表示、［Z］軸は先頭からの距離）］です。表題もしくは［ＲＯＩ］の本体をダブルクリックすると［ROI-Info］が表示されます。

［ＲＯＩツール：ブラシ］
ホットキー［B］で選択可能

　［ＲＯＩツール：ブラシ］は、画像上の任意の場所にペイントソフトのように線や色つけを行うことができます。

　メニューから［ＲＯＩツール：ブラシ］を選ぶと、［ブラシツール］が開きます（図71）。

図71

　［ROI-Info］で表示される［サイズ］は筆の太さと理解してください。範囲は１〜20までで数字が大きくなるほど（筆が）太くなります。［モード］は、「描くか？」、「消すか？」を指定します。選択する場合は、マウスで［ドロー］と［消去］のどちらかをクリックします（選んだ方の項目が灰色に変わります）。

　目的の場所にマウスポインタを移動して、マウスのボタンを押すと、サイズで指定した範囲の大きさで画像上に色がつきます。マウスのボタンを押したままポインタを移動させていくと、その範囲に沿って塗りが広がっていきます。

　［消去］を選択した場合は、マウスでクリックした部分の塗りが消えます。そこからポインタを移動させるとその周囲の部分も消去されます（塗った部分の下にある画像がみえるようになります。図72）。

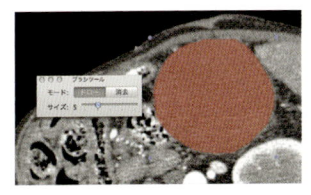

表題の内容は、［名前：Region］、［面積］、［平均、標準偏差、合計、最小、最大のＣＴ値］の各項目です。

図72

表題の部分をダブルクリックして［ＲＯＩ-Ｉｎｆｏ］を表示してカラーを選ぶと、［カラーピッカー（色見本）］が表示され、ブラシツールで塗る色を自由に指定することができます。

ンタに接した所が反対の側に押し出されるように曲線が描かれます（図74）。押し出す円の大きさはポインタと線との距離によって変わり、線の近くでは小さく、遠ざかるほど大きな円になります。細かなデコボコを描く場合は、線の近くで小さな円を作って少しずつポイントを押し出せば、より細かな曲線を描くことができます。また、反対側から操作して出過ぎた部分を修復することもできます（図75〜80）。

［ＲＯＩツール：Repulsor］
ホットキーの設定はありません

実際の様子をみていただいた方がわかりやすい［ＲＯＩツール］です。

図73では、［ＲＯＩツール：長さ］を選択して線を引きました。次に［ＲＯＩツール：Repulsor］を選択して、線の近くでマウスをクリックするとマウスポインタが円形に変わります。これを線に近づけると、既存の線にポイントが追加されてポイ

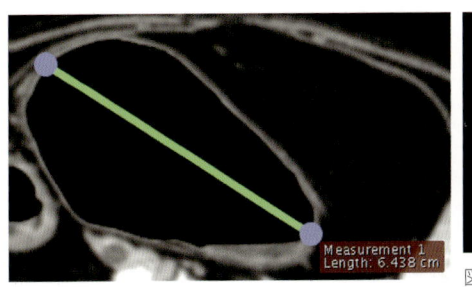

図73

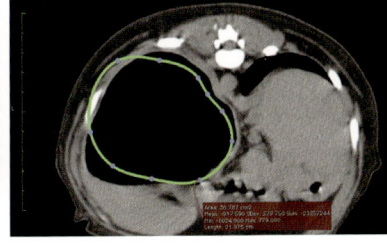

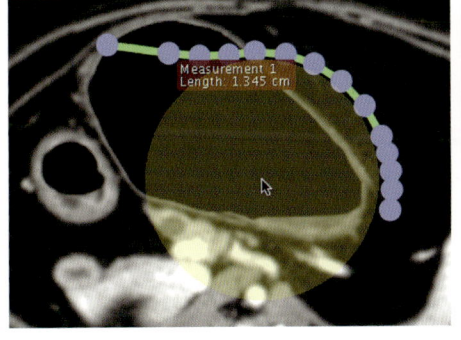

図74

図75　［Closed Polygon］で範囲を大まかに指定しました。

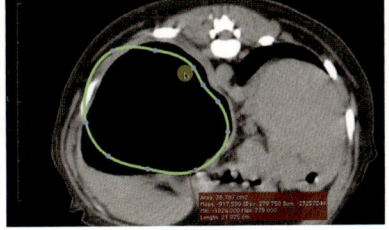

図76　［ＲＯＩツール：Repulsor］で水色の点に触ります。ポインタが線に接触すると水色の点が増えて、複雑な屈曲にも対応できるようになります。

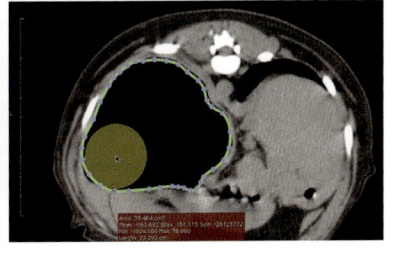

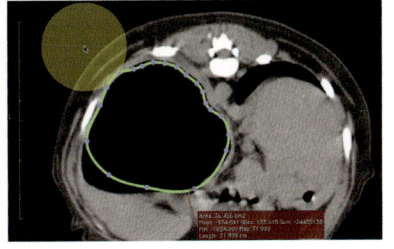

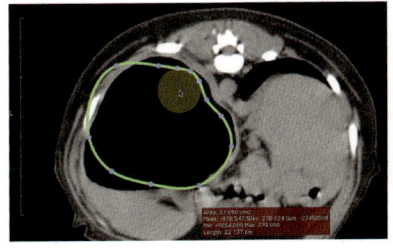

図77　マウスポインタ（円形）の大きさは、線描との距離で調整することができます。

図78　マウスをゆっくり動かしながら、線を範囲の縁にあわせるように（押し出す感じで）移動させていきます。

図79　押し出しすぎた部分は、外側から押し戻します。同じ方法で外側からの凹みを作ることもできます。

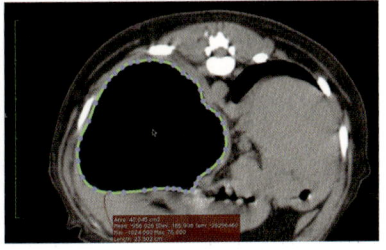

図80　操作を繰り返して範囲との隙間を埋めていきます。これはだいたいできあがりの状態です。

OsiriX Manual　93

● ＲＯＩを管理する

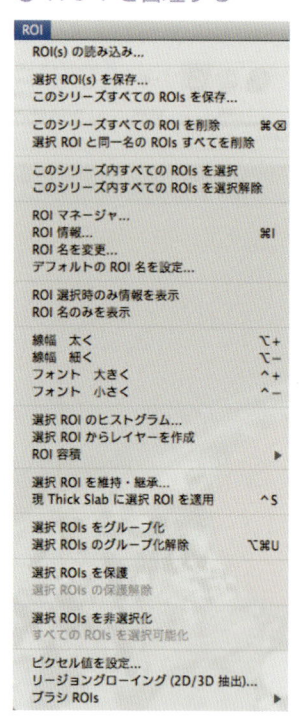

図81

［ＲＯＩツール］は画像上にいくつでも、また何種類でも設置することができます。

しかし、［シリーズ］の中にたくさん作成（設置）してしまった［ＲＯＩｓ］は、それぞれを個別に管理するのは大変ですし、１枚ずつ画像を捲っていたのでは膨大な時間がかかってしまいます。

そのようなときは、メニューバーのカテゴリー［ＲＯＩ］に用意されているメニューを開くと、OsiriXによって役に立つ機能がいくつも用意されています（図81）。

［ＲＯＩの保存と呼び出し］

まず［保存］ですが、画像上の［ＲＯＩ］を保存しておく機能があります。保存形式は、［roi］、［xml］、［DICOM SR］の３種類です。通常、自分の設定を保存しておく場合は［roi］か［xml］のファイル形式でよいでしょう。後から［ＲＯＩを読み込む］の機能を使って再使用することができます。

［ＲＯＩの削除］

［シリーズ］に複数の［ＲＯＩｓ］が存在する場合、いざその全てを削除するとなると難題です。ただでさえたくさんある画像群の中に分散してしまった［ＲＯＩｓ］を、手仕事で削除するのは時間もかかりますし、消し残しも心配です。そのような場合は［このシリーズ全てのＲＯＩを削除］のコマンドで、散乱した［ＲＯＩｓ］を全部消去することができます。しかし、この操作は［メニューバー］の［編集］-［やり直し］や［取り消し］コマンドでは元に戻せませんので注意が必要です。

［ＲＯＩマネージャ］

画像に［ＲＯＩｓ］を設定している場合、それらをまとめて管理するツールが［ＲＯＩマネージャ］です（図82）。

図82

表示できるのは、［ＲＯＩｓの番号］と［ＲＯＩ名］、［面積］と［容積］の４項目です。

［ＲＯＩ情報］

図83

［ＲＯＩ画像］を選択状態にして［表題］をダブルクリックすると表示される［ＲＯＩ-Ｉｎｆｏ］を呼び出すのと同じ機能です（図83）。設定した［ＲＯＩ］の色や線枠の幅、背景への透け具合などを調整したり、ＲＯＩの情報を書き出すこともできます（89ページを参照）。

［ＲＯＩ名を変更］

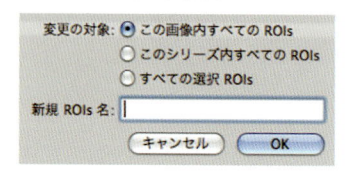

図84

［ＲＯＩ］は、名前を変更することができます（図84。オプションは３種類です）。

1　現在の画像内にある全ての［ＲＯＩ］を同じ名前に変更する。
2　［シリーズ］内に設定した全ての［ＲＯＩｓ］を同じ名前に変更する。
3　同一画像内にある［ＲＯＩｓ］のうち、選択状態にあるもののみ名前を同じ名前に変更(統一)する。

［デフォルトのＲＯＩ名を設定］

［ＲＯＩツール］には、それぞれ固有の名前がありますが、［デフォルトのＲＯＩ名を設定］を使うと、次からはその名前が使われることになります（図85）。

図85

［ＲＯＩ選択時のみ情報を表示］

設置した［ＲＯＩ］を選択状態にした場合にのみ、表題を表示します。たくさんの［ＲＯＩｓ］が設定されて［表題］が邪魔で観察しにくいときなどに有効な機能です。再度この操作を行うと機能が解除されます。

［ＲＯＩ名のみを表示］

さらに、ＲＯＩ情報を簡略化する方法として［ＲＯＩ名のみを表示］という選択肢があります。選択すると、［ＲＯＩエリア］と［表題］（一部付加情報）だけが表示されるようになります。同じ操作を行うとこの機能が解除されます。

［選択したＲＯＩのヒストグラム］

［ＲＯＩ-Ｉｎｆｏ］から呼び出せる［ヒストグラム］の機能と同じです（89ページを参照）。

［選択したＲＯＩ容積を計算］

画像に連続して設置した［ＲＯＩ］の領域を合算して容積を計算して表示し、その概略図もみせてくれます。

［選択したＲＯＩを維持・継承］

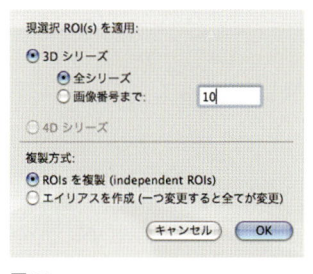

図86

１枚の画像に［ＲＯＩ］を設置し、その前後の数枚〜全部の画像に同じ設置をしようとする場合、いちいちコピーしていたのではラチがあきません。

このようなときは［選択したＲＯＩを維持・継承］という機能が役に立ちます。目的のＲＯＩを選択状態にしておき、ツールバーからこのメニューを選ぶと、設定画面が現れます（図86）。この機能を使うと、［ＲＯＩ］を設置する場所や方法を個別に指定することができ、一気に全画像に［ＲＯＩ］を設定することもできます。

例をあげますと、図87左上は、あるシリーズの全てに5角形の［ＲＯＩｓ］を設定している様子です（設定は、［３Ｄシリーズ］のカテゴリーを「全シリーズ」に、［複製方式］を［ＲＯＩｓを複製］にしていますので、図86と同じです）。

この状態を、［選択したＲＯＩ容積を計算］を使って書き出したのが図87右上のような図形です。

このとき、設定画面の複製方式から「［エイリアスを作成（１つ変更すると全てが変更）」を選んで、図87左上の設定を図87左下のように変えてみました。図87右下では、図87右上の図形が一気に変換されて凹みのある5角形に変更されています。

OsiriXには、このような処理も診断を行う手法として用意されています。

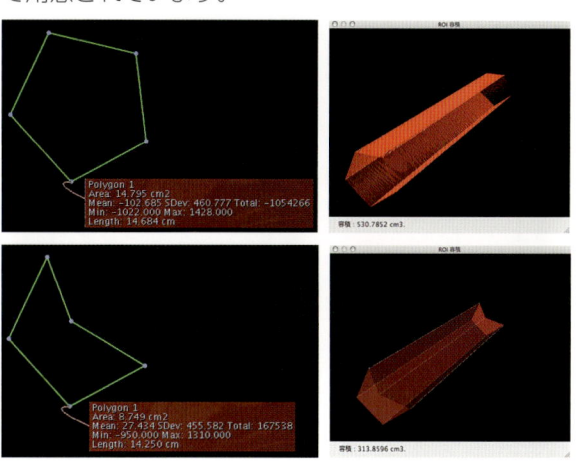

図87

［選択したＲＯＩｓをグループ化］

１枚の画像に複数の［ＲＯＩ］を設置している場合など、選択や移動などの作業をまとめて処理したい場合もあります。そのようなときは、全部の［ＲＯＩ］を一旦選択状態にしておいてからこのコマンドを使うと「ひとまとめのＲＯＩｓ」として扱うことができます。

［リージョングローイング］

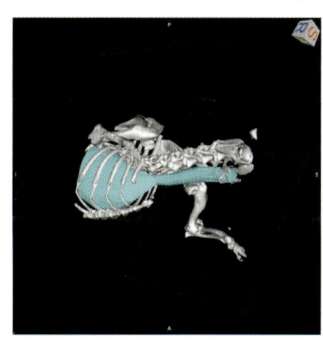

図88

画像上で前後に同様なＣＴ値を持った部分（例えば空洞）に［ＲＯＩ］設定をして後で再画像化することは、本来は大変に手間のかかる作業ですが、このような作業を効率よく行うことのできる機能です。

ここでは具体的な方法を説明しきれませんが、この機能を使って領域を設置し［３Ｄサーフェスレンダリング］で処理したものが図88です。このように、気道をまとめて形にして様子を観察することができます。同じように胃の内腔や腸内ガスの貯まった部分などを描出することも可能です（110ページを参照）。

S5：2D多断面再構成処理

● メニュー

画像群を軸位面からみる［2Dビューア］からは多くの診断的情報が得られるのですが、より状態をしっかり把握するためには、さらに方向や角度を変えて観察することのできる画像処理が役に立ちます。

ここからは、CT画像診断の真骨頂であるMPR（多断面再構成）処理をみていくことにします。

［2Dビューア］のツールバーに用意されている［2D/3D再構成ツール］アイコン（以下、［2D/3D］アイコン）を押すと、図89のようにビューアのメニューが表示されます。

内容は、
・3DMPR：3D多断面再構成
3D Multi planar reformation
・2D曲面MPR：2D Curved MPR
・2D直交面MPR：2D Orthogonal MPR
・3DMIP：3D最大値投影
3D Maximum intensity projection
・3Dボリュームレンダリング：3DVR
3D Volume rendering
・3Dサーフェスレンダリング：3DSR
3D Surface rendering
・3D内視鏡：3D Endoscope

の7種類ですが、ここではMPR処理を説明します。

図89

S5-1：2D直交面MPR
2D Orthogonal MPR

● 概要

順番が前後しますが、まず［2D直交面MPRビューア］です。

前出の［2Dビューア］のツールバーに用意されている［2D/3D］アイコンのプルダウンメニューから［2D直交面MPR］を選択して起動します（図90）。

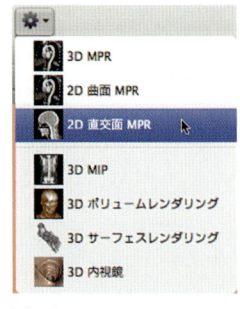

図90

このとき読み込まれるデータは、直前に［2Dビューア］で観察していた［シリーズ］です。

［MPR］はMulti planar reformationの略で、「多断面再構成」と訳します。［シリーズ］の1枚1枚の画像を重ねて電算処理を行い、2次元の画像を使って［軸位面］、［冠状面］、［矢状面］、つまり前後・上下・左右方向からみた様子を1枚のビューアに表示する機能です。

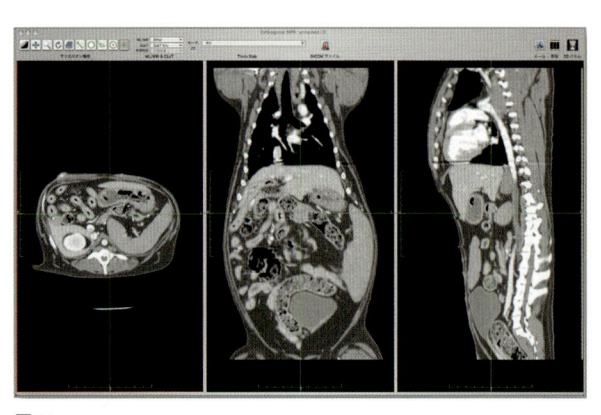

図91

図91が、［2D直交面MPRビューア］の起動画面です。画面は縦割りの3面で構成されていて、左側が［軸位面：トランスウインドウ（アキシャルウインドウともいいます）］、中央が［冠状面：コロナルウインドウ］、右側が［矢状面：サジタルウインドウ］です。

ツールバーには、［2Dビューア］で説明した［マウスボタン機能］のアイコン群が同様に備わっています。このアイコンの使い方に関しては、85～87ページの解説を参照してください。

なお、右端のアイコンだけは新設です。名前は［断面の移動］アイコンといいます（図92）。このアイコンは重要な役割を担っていますので、操作の項で詳しく説明します。

図92

［2D直交面MPRビューア］のウインドウの幅は調節することができます。境界線にマウスポインタを合わせて（ドラッグして移動させます。［等幅］アイコン（図93）を押すと、3面が同じ幅に再調整されます。

図93

● ウインドウの操作

3面構成のビューアは、これまでどおり選択ウインドウには赤色の線枠が表示されます（図94では、中央の［軸位面］の周囲が赤くなっています）。選択ウインドウは、ウインドウ上でなんらかの操作をすると、赤色の線枠が移動して自動的にそのウインドウが

選択状態になります。つまり、今どのウインドウに対して操作を行っているのかが判るようになっているわけです。

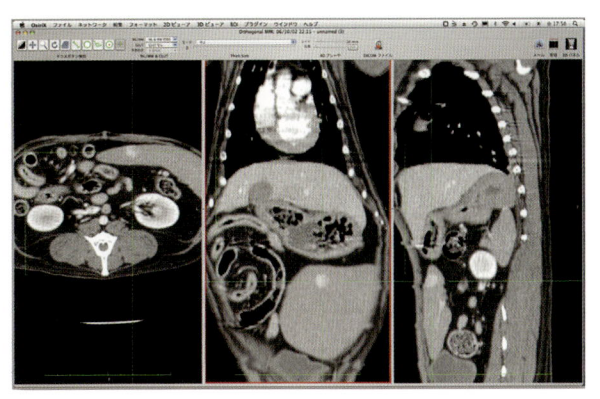

図94

選択ウインドウの画像は、キーボードの［Return］キーで、ほかのウインドウの画像はマウスでダブルクリックすると拡大表示することができます（同じ操作で元に戻ります）。

また、各ウインドウの中心部に［緑色の十字線］が表示されている状態が読み込みの初期状態で、この状態がマウスボタン機能の+アイコンが選択された状態です。

この［緑色の十字線］はキーボードの［Space］キーを押すと十字線の中央部に（+）マークが追加され、もう1回押すと何も表示されなくなり、さらにもう1回［Space］キーを押すと元に戻ります。

［2D直交面MPRビューア］は、各ウインドウでみえている画像を前後方向に捲って自由に観察することができます。操作はマウスホイールを回すか、キーボードの［End/Home］キーを使って［コマ送り/戻し］しますが、操作に伴って左側の［軸位面］のウインドウでは前-後方向に、中央の［冠状面］のウインドウでは腹側-背側方向に、右側の［矢状面］のウインドウでは体側の左-右方向に表示が移動します。

このとき、操作したウインドウ以外のウインドウに表示されている［緑色の十字線］が操作に伴って移動して位置を表示しますが、横線は［軸位面］の画像の位置（全体の中で何番目の［スライス画像］か）を、縦線は［冠状面］のウインドウの画像を移動させた場合は、［軸位面］と［矢状面］のウインドウで腹-背方向の中での位置を、［矢状面］のウインドウの画像を移動させた場合は、［軸位面］と［冠状面］のウインドウで左-右方向の中での位置を表示します。

つまり、［緑色の十字線］は3面が連動していて、あるウインドウへ加えた変更はそのままほかのウインドウに反映するわけです。そして、各ウインドウに表示された［緑色の十字線］は、それぞれのウインドウで（みる角度は違いますが）同じ位置を示すように機能しています。

これで、2Dの画像でも体内の様子を3次元的に把握することができるわけです。

画像上ではマウスポインタは［+］印になっていますが、通常のマウス操作と同じで［緑色の十字線］上でマウスの左ボタンでクリック（ドラッグ）して線枠全体を移動させることができます。

また、画像上の任意の場所をマウスの左ボタンでクリックすると、［緑色の十字線］がその位置までジャンプして移動します。この場合も、その操作に対してほかのウインドウの［緑色の十字線］が追随します。

● ［WL/WW & CLUT］の変更

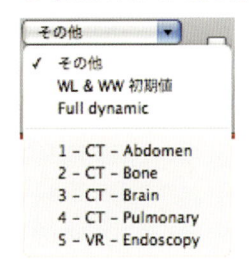

図95

これまでの［2Dビューア］の場合と同様［2D直交面MPRビューア］においても表示画像に［WL/WW値］の変更や［CLUT］による彩色を行うことができます（図95）。

メニューには、［2Dビューア］のような［WL/WW値］のプリセットの追加や既存のファイルの編集などの機能は用意されていませんが、［2Dビューア］で作成した設定はここに継承されますので、使いたい設定がある場合は、事前にこのカテゴリーに登録しておけば使用することができます。

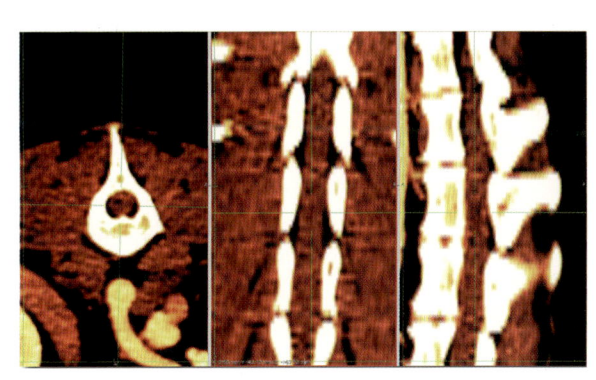

図96

各ウインドウの画像は、マウスボタン機能の［ズーム］ツールで拡大、［回転］ツールで方向を修正し、最後に［移動］ツールを使ってそれぞれのウインドウの真ん中に画像を据えました。さらに［WL/WW値］も調節、加えて［CLUT］で［V R Muscles-Bones］を適用しています（図96）。

● Thick Slab

［Thick Slab］の機能は［２Dビューア］と同様ですが、次の［３D MPR］処理のビューアの項で、もう少し詳しく説明します（101ページを参照）。

S5-2：３D M P R
2D Multi planar reformation

● 概要

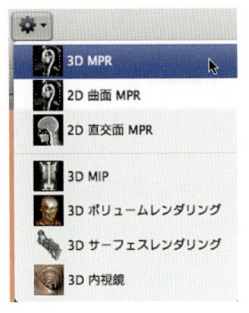

図97

［２D直交面MPRビューア］は、ほとんどの症例で診断にまで到達できるほど有能なビューアですが、画像を、直交面（縦横を90°の角度）で処理するために、微妙なゆがみや角度を描出するのは少し苦手です（図97）。

検者からは「斜め方向からみることはできないのか？！」という欲求もあるかと思います。実際のところスケールを斜めに操作することはできますが、表示されるのはあくまで90°の四方ということになります。

そこで用意されているのが、［３D MPR：3D Multi planar reformation］ビューア］です。

［３D MPRビューア］は、みた目は［２D直交面MPRビューア］と同じような表示をするのですが［２D直交面MPRビューア］では実現できなかった斜位、斜め位置の表示を行うことができるため、ビューア上で直交面とは違った角度で器官を描出することができます。この機能が備わるだけで、これまでとは違った方向から症例を検討できる（みえなかった部分がみえる）という利点があります。ただし、一方が優れているというわけではなく、症例によって使い分ける必要があるということです。［２D／３D］アイコンから［３D M P Rビューア］を選択すると図98のような３面構成のビューアが起動しますが、これを［３D M P Rビューア］といいます。ビューアの様子は同じ３分割表示ですが、前述の［２D直交面MPRビューア］とは表示位置が違っていて、中央部で左右に、さらに左側は上下にウインドウが区分されています。

注：本バージョンから［２D MPR］ビューアの表記が［３D MPR］に変更されました。基本的には２Dビューアの変形だと思うのですが、あたかも３Dのように扱えるため名称を変更したのでしょうか。旧バージョンをお使いの方は読み替えてお使い下さい。

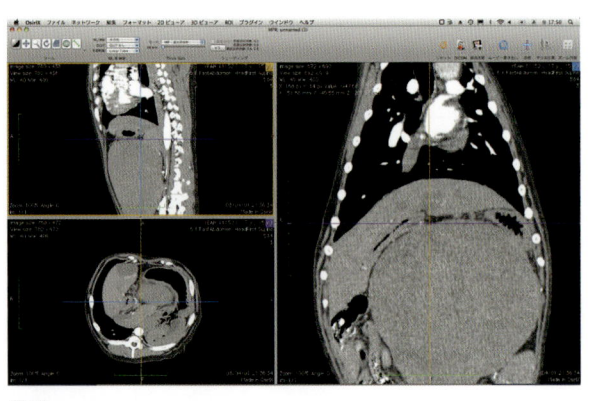

図98

● ウインドウの調整

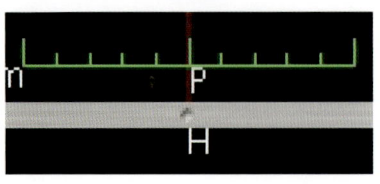

図99

ビューア左上のウインドウは［矢状面（サジタル：Sagittal］ウインドウ、左下のウインドウは［軸位面（トランス：Trance）または（アキシャル：Axial）］ウインドウ、右側のウインドウは［冠状面（コロナル：Coronal）］ウインドウといい、合計３面構成です。

それぞれのウインドウの大きさは線枠の上にマウスポインタを合わせて（ポインタの形が変わります）ドラッグして線枠を掴んで移動させると変更することができます（図99）。

● 画像の調整

図100

［ツール］の機能を使うことで、画像に明暗や濃淡、位置、拡大・縮小、回転などの変更を施すことができます。また［ＲＯＩツール］を使うことで、画像上に注目領域を設置して後で使用することもできます（図100）。

● 読み込んだ画像の位置を調整

図101では、前ページ下で使用したサンプル画像に変更を加えています。

ビューア左上の［矢状面（サジタル：Sagittal）］ウインドウでは、画像を90°左向きに回転させ、少し拡大しています。

右側の［冠状面（コロナル：Coronal）］ウインドウでは、［移動］ツール を使って画像をウインドウ中央位置に変更しました。また［ズーム］ツール を使って少し拡大しています。これでサイズや方向を合わせられましたので大分見やすくなりました。

　各ウインドウの辺の中央部に表示されているアルファベットは患者の向きを表示しています。

　［A：Anteriorは腹側］、［P：Posteriorは背側］、［L：Leftは左側］、［R：Rightは右側］、［S：Superiourは頭側］、［I：Inferiorは尾側］を表します（アルファベットは、位置により組み合わせて表示されます）。体の向きを合わせるときにはこの表示を指標にします。

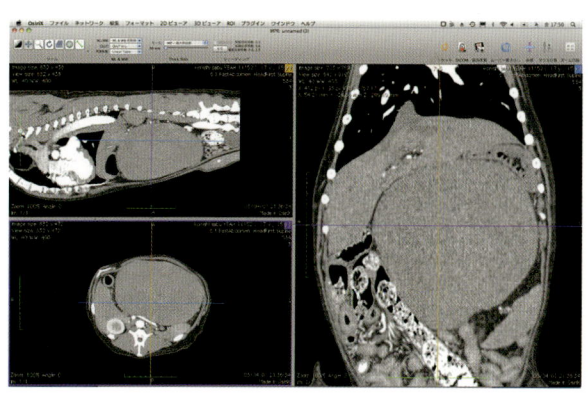

図101

● WL/WW & CLUTの変更

図102

　図101では、ビューアの画像に［WL/WW］アイコンを使って画像のコントラストを暗転させていますので［WL/WW値］は「その他」になっています（図102）。

　［CLUT］による彩色は、プリセットのメニューから［VR-Bones］を適用しています。

　［3D MPRビューア］では、1つのウインドウに対して行った［WL/WW値］の変更や［CLUT］の適用は、残り2面のウインドウへそのまま反映します。さらに、別のウインドウに変更を行った場合も同様です（［WL/WW値］の変更および［CLUT］操作法に関しては、［2Dビューア］の場合と同じです）。

● ウインドウの名前

　図103では、画像にその他の変更も行っていますので、通常とは違った見え方になっています。ビューア左下の［軸位面］の画像を90°横に回転させて［冠状面］方向に、右側の［冠状面］の画像は横に90°回転させて［矢状面］方向にしています。結果として左上の［矢状面］の様子は［軸位面］方向になります。ややこしいですが、各ウインドウの画像は回転させていくと、このように表示方向を変えることができます（結果としてウインドウの呼び名も変化します）。

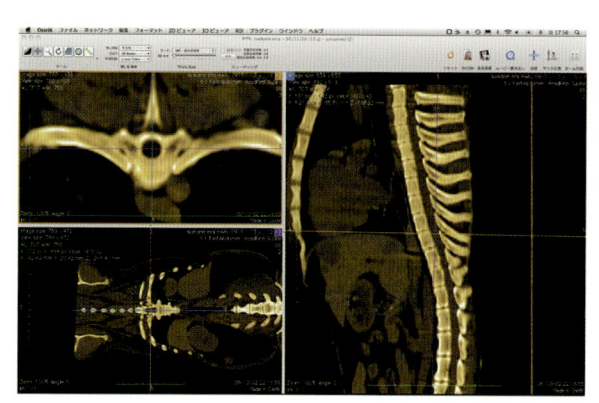

図103

● 画面の操作

　図104では、判りやすくするために暗い画像を作っていますが、各ウインドウの右上にウインドウカラーを示す色表示が、画像中央には十字線が表示されています。左上の［矢状面］のウインドウは橙色がウインドウカラーですが、ほかの2面のウインドウに表示された橙色のラインがこのウインドウの表示位置を示しています。このことは［軸位面（紫色）］でも［冠状面（青色）］でも同様です。

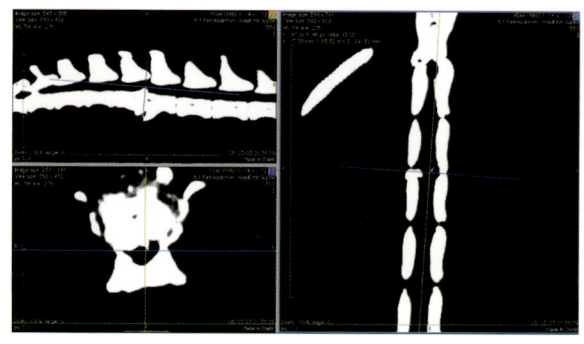

図104

　つまり、［矢状面（橙色）］のウインドウに表示されている紫色の線のところで縦に切った様子が［軸位面］のウインドウの様子に、青色の線の位置で水平に切った様子が［冠状面（青色）］のウインドウの様子になります。同じように［軸位面（紫色）］の橙色の線で縦割りにした様子が上の［矢状面（橙色）］の状態であり、青色の線の位置で水平に切った状態が右の［冠状面（青色）］の様子になるわけです。

　キーボードの［Tab］キーを押すと、ウインドウから文字を含めた全ての情報が消え、もう1回［Tab］

OsiriX Manual 99

キーを押すと十字線だけ（文字情報が消えた状態）に、さらに［Tab］キーを押すと元に戻ります。

では、この十字線で何ができるのかということを説明します。

● 実際の操作

図105は、［3D MPRビューア］にデータを読み込んだ状態ですが、この状態では何が何だかわかりません。しかし、みたいところは脊柱です。

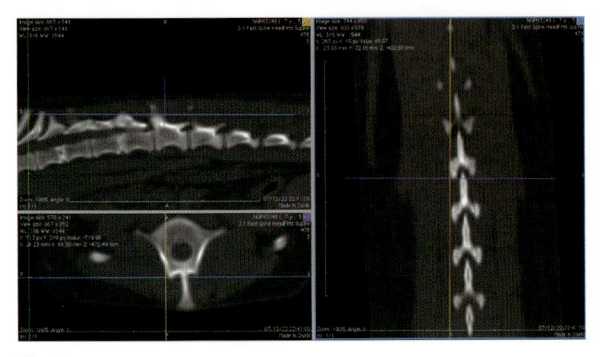

図105

各ウインドウに表示されている十字線の真ん中にマウスのポインタを合わせると、ポインタが「手のひらの形」に変わり、十字線をドラッグして動かすことができます。図106は、左下の［軸位面］で椎腔に十字線を合わせたところです。

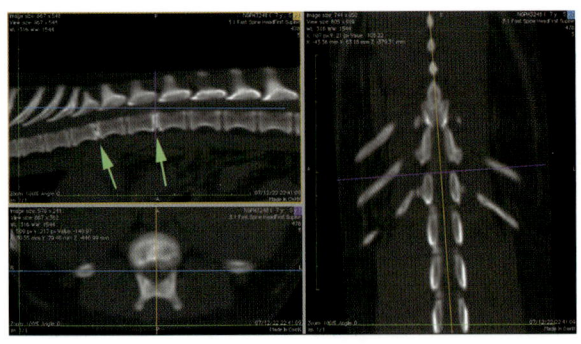

図106

十字線は端の部分を掴んで移動させると中心を軸に回転させることができます。図106では、右側の［冠状面］の十字線を少し左回りに動かして椎弓の中央線に合わせたところです。［矢状面］の様子をみると、脊椎の様子がよくわかるようになってきました。

どうやら椎骨に問題がある様子（矢印）です。

図107では、左上の［矢状面］を使って右側の矢印の病変部に十字線を移動させました。下の［軸位面］で椎間付近の様子がみて取れます。［矢状面］の青線の右側が椎腔内にあるために、［冠状面］の画像は椎腔内を上から見下ろした様子になっています。

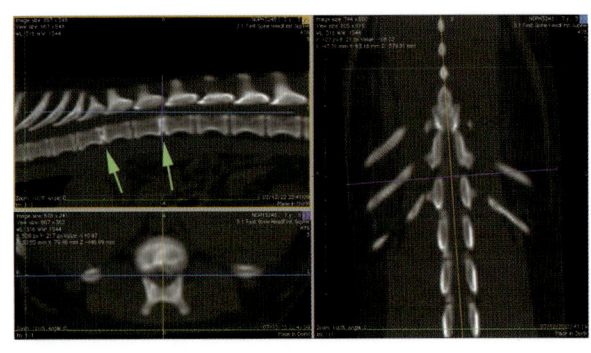

図107

左上の［矢状面］の青色十字線をマウスで掴んで左側を下げたのが図108です。［冠状面］ではさらに椎腔を観察できるようになりました。

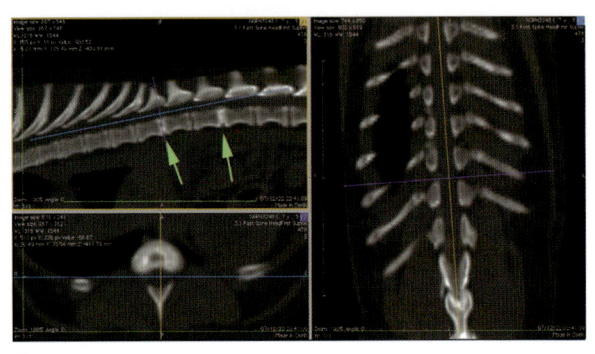

図108

［矢状面］でもう1回十字線を掴んで前方（左側）の矢印の位置に移動しました。少し角度を変えて紫の線を椎間に入れましたので、その様子が軸位面のウインドウに表示されています。今回は椎体内にラインを入れているために［冠状面］の画像は椎体内の様子を表示しています（図109）。

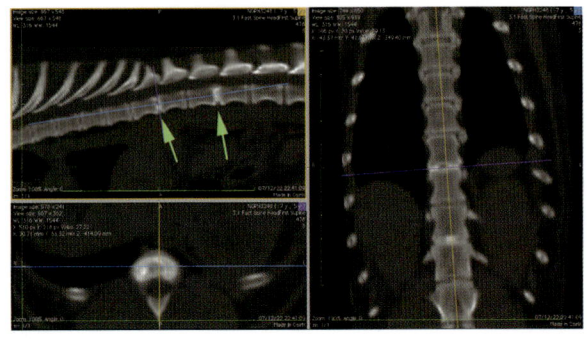

図109

> **著者の独り言**
> バージョン3.7.1から十字線の中心を選択し直すと、自動的にそこが中心にくるように処理されるようになりました。しかし、拡大や回転の変更が突然キャンセルされてしまうこともありました。次のバージョンアップでは改善されるのでしょうか？。

● Thick Slab

83ページと98ページでも取り上げましたが、[Thick Slab]の機能をもう少し詳しく説明します。

通常の2D処理は1枚ごとの画像情報を平面的な表示で行うのに対し、[Thick Slab]は「厚い板」や「厚切り」等の意味を持ち、画像を重ねることで厚みのある立体構造物を理論的に構築して処理を行います。さらに、そこから特定のCT値の部分を選択的に抽出して描画することで、平面の画像処理では到底みることのできない「厚さのある情報」を得ることができます。

[モード]

[モード]のプルダウンメニュー を開くと、次のような設定を使うことができます。

- MIP-最大値投影
- minIP-最小値投影
- 平均（Mean）
- ボリュームレンダリング（VR）

[MIP-最大値投影]

[MIP]は、Maximum intensity projectionの頭文字で「最大値投影」と訳します。画像の各ボクセルに存在する多彩なCT値を元に計算を行い、重ねた方向ごとに存在する最大値のみを抜き出し、立体的な画像としてモニターに表示します。例えば、通常の撮影では得られない高いCT値を示す物質（造影剤など）を使って撮影を行うと、血管の走行や分布を有効に描き出すことができます。しかし、立体画像は有用ですが、画像を重ね過ぎるとかえってみにくくなってしまうことがあります。

[平均（Mean）]

重なったボクセルのCT値の平均値で描出します。

[minIP-最小値投影]

[minIP]は、Minimum intensity projectionの略で「最小値投影」と訳します。MIP-最大投影値とは逆に、重ねた画像情報中に含まれるCT値の1番小さな値の部分を抜き出して描画を行うもので、空気の含まれている部分などを選択的に描出するのに有効なモードです。

図110上は[VR]、図110上から2番目は[MIP]、図110上から3番目は[minIP]、図110下は[Mean]の様子ですが、全て同じ症例の同じ位置です。

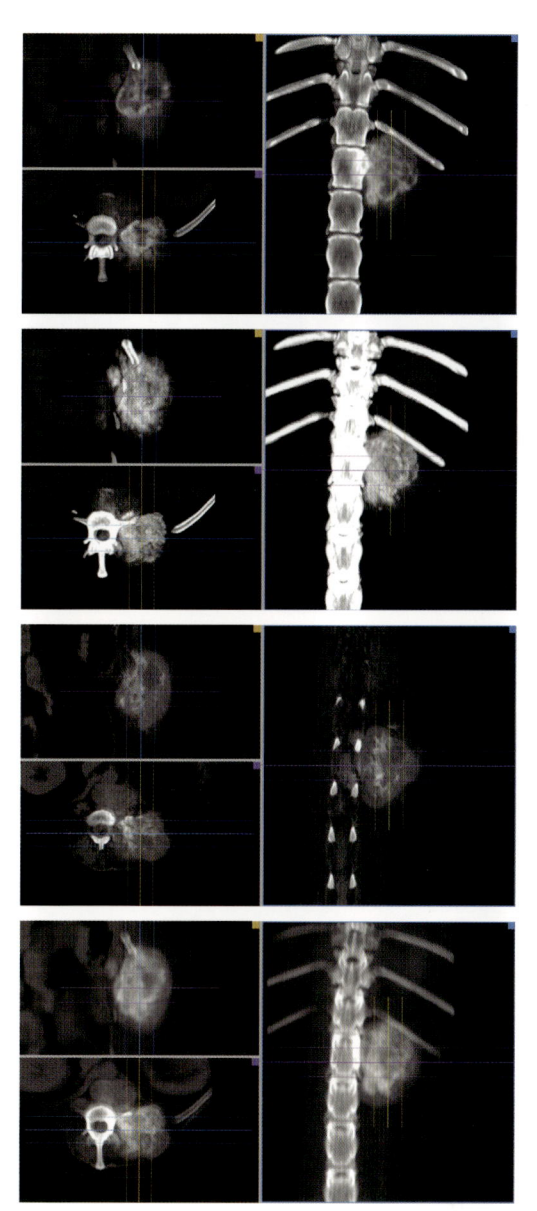

図110

[枚数]

[枚数]は、重ねる画像量を指定します。調整はスライドバーのつまみを移動させて行います（設定できる数は取り込みデータによって違い、単位はmmで[2Dビューア]とは仕様が違っています）。画像が重ねられると、各ウインドウの十字線に沿線が追加されそれを知らせます（十字線は [Tab] キーで［全て表示/全て非表示/十字線のみ表示］の変更が可能です）。

[Thick Slab]は、重ねる画像の量（いわゆる厚さ）が結果に影響します。厚いと立体感はあるのですが、それが災いしてしまうこともありますので、「じゃまなものがあって…」という場合は、重ねる画像の数を少なくすると上手くいくことがあります。

図111は肝臓の血管ですが、図111左では後ろに腎

臓が被ってしまい、見にくくなってしまいました。重ねる枚数を減らすことで図111右のように改善できました。

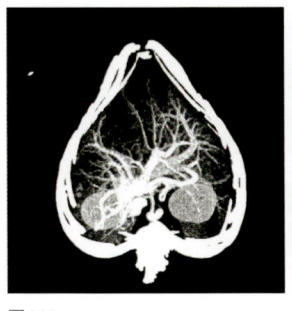

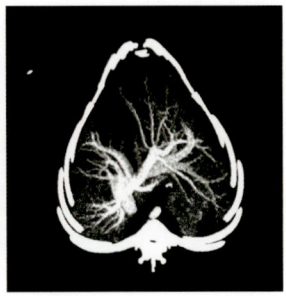

図111

S5-3：2D曲面MPR
2D Curved MPR

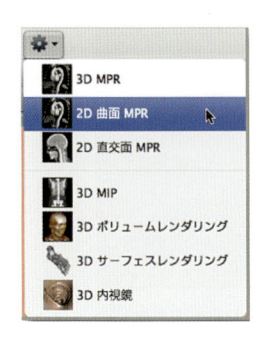

［MPR］としては最後の［2D曲面MPRビューア］です。

名前の「曲面」というのが少し理解しにくいですが、［2D直交面MPRビューア］は［スライス画像］を束ねて前後・縦横方向から、［3DMPRビューア］はそれに加えて斜め方向の情報を表示することで症例を検討することができました。

一方、この［2D曲面MPRビューア］は、直交や斜めにスライスしただけでは十分に表示しきれない場所を表現するための［MPR］です。

アイスクリームの固まりを用意して、上からスプーンを差し込んでいくとスプーンの曲面に合わせた切り欠きができます。この切り欠きの様子を多断面再構成で表示したのが［2D曲面MPRビューア］です（ですから［曲面］です。図112）。

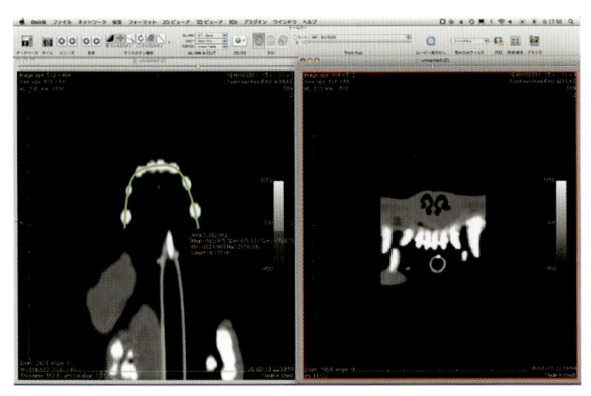

図112

利用法としてよく紹介されているのは、歯列に沿って［ROI］を設置し、［2D曲面MPR］処理を行うと全歯列がひとまとめに表示できるというもので、ある程度薄い奥行きで、（顎のように）曲面構造の部分を解析するのを得意としていますが、獣医領域ではいまのところ今後の活用が期待されるビューアです。

ダイコムとは？！

　CT装置を使って得られたデータは、1回の検査で取り込んだデータをひとまとめにして［スタディ］と、CT装置を動かすごとに得られた1走査分のデータを組にした［シリーズ］と、そして［シリーズ］として取り込まれた1枚1枚の画像データを［スライス画像］と呼んでいます。この［スライス画像］を称して、別名［DICOMファイル］という呼称が一般に知られるようになってきました。

　DICOMはDigital Imaging and COmmunication in Medicineの略で、「ダイコム」と発音します。

　DICOMは［規格］として扱われるもので、米国放射線学会（ARC）と北米電子機器工業会（NEMA）というところが開発した医用画像と通信の標準規格（DICOM規格）であると紹介されています。

　「画像と通信？・・・」ということは、私たちが通常［スライス画像］として扱っている画像は、単純な画像に「ほかの何か？！」も添付されているものであるということです。つまり、種類やメーカーの違う画像取り込み装置（CTやMRI、エコー）間で、画像情報を保存するための装置（サーバーなど）と表示や印刷を行う装置の間を相互に通信（接続）できる取り決めを持っていることが「ほかの何か」、つまりDICOM規格なのです。

　このことは、われわれが通常デジカメなどで画像ファイルとして使っているJPGやBMPやTIFFなども同様に他機種間での整合性がとれるように規格を持っている（だからいろいろなパソコンから印刷ができる）わけですから、気負って考え込むようなものではないのですが、要は医療用に有用な情報を持つことができる画像ファイル型式としてこのようなものがあるということと、その（DICOM）規格に準拠した形で医療用機器が開発されているということです。

　近年、画像を扱う多くの診断装置のDICOM規格への対応が進んでおり、さまざまな種類の機器・装置のデータを同じ形式で管理することが可能になってきていますので、今後も医療分野では主流の画像規格として使われていくと思います。

102　OsiriX Manual

S6：3D処理

S6-1：はじめに

では、いよいよ［3D画像処理］です。［スライス画像］を集積し、電算処理して立体的な構造物として再描画して利用します。

この作業も、前項の［2D MPRビューア］と同様［2Dビューア］の［2D/3D］アイコンから始めます。

● 概要とレンダリングモード

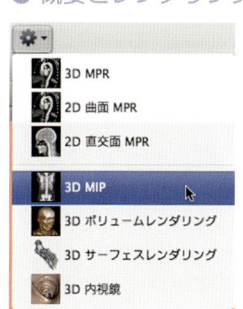

3D画像処理はメニューのように4種類のカテゴリーがあります（図113）。

- 3D MIP
- 3Dボリュームレンダリング
- 3Dサーフェスレンダリング
- 3D内視鏡

図113

図114は、［3D MIPビューア］を起動した様子です。

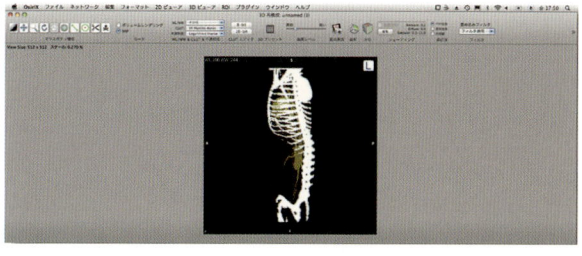

図114

図115は、［3Dボリュームレンダリングビューア］（以下、［3D VRビューア］）です。

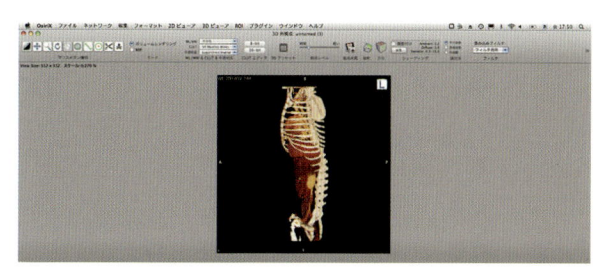

図115

最初に、ツールバーに［レンダリングモード］というアイコンを追加します。バージョンアップに伴ってこのアイコンが標準から削除されてしまいました（泣）が、とても有能なアイコンですので、手作業になりますが是非追加してください。

図116

まず、一旦どちらかのビューアを起動しておき、ツールバーの上でマウスの右ボタンをクリックすると、表示される［コンテクストメニュー］から［ツールバーをカスタマイズ］を選ぶと、アイコンのメニューが表示されます。その中から［レンダリングモード］というアイコン（図116）を見つけてツールバーに移動させると、この機能を使うことができるようになります。

このアイコンは、ボタン1つで（［2Dビューア］に戻ることなく）両方のビューアを行き来することができるようになります（開いているビューアの方のチェックボタンが［On］になります）。

［3D MIP］と［3D VR］の各ビューアは、それ自体が同じものですし、使うツールやアイコンも全く同じですので、まずこのアイコンの機能を認識しておくのがよいと思います。

● 3Dプリセットアイコン

最近のバージョンから［3Dモード］にデータが読み込まれると［3Dプリセット］というウインドウが開いて、画像をどのプリセットで開くのかを聞いてきます。これは最初に［シリーズ］を起動し［3D VRビューア］をリクエストしたときにだけ表示されます。一度プリセットを使用すると、次に同じシリーズを開くときにはOsiriXがその設定を記憶していて、前回の設定でビューアが開きます（図117）。

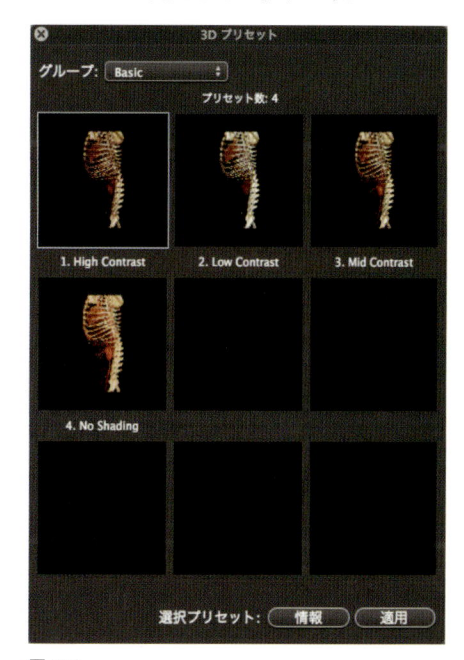

図117

用意されているプリセットは、グループが3種類（Basic / Bone CT / Soft Tissue CT）あります。

それぞれのグループには、Basicには4種類、Bone CTには10種類、Soft Tissue CTには15種類のプリセットが用意されていますので、［WL/WW値］や［CLUT］の設定を変えたり［不透明度］を変更したりという煩わしい作業をしなくても、手軽によい画像を手に入れることができます。

図118および図119で紹介する図は、プリセットを利用して作ったものですが、どのプリセットを選択するかについては、やはり試行錯誤になります。

一方のビューアに適用したプリセットは、［MIP］と［VR］のモードを切り替えても、そのまま双方に継承されます。

S6-2：3D MIPモード

［MIP］は、Maximum intensity projection：最大値投影といい、部分強調を最大値に、一般的には白い方のデータが強調される表示法です。ということは、基本的に「骨」や「造影剤」のような白い色（高いCT値）を持った部分が強調されることになります。

実際の見え方ですが、図118上は、ある症例の［2Dビューア］の様子です。

［3D MIPビューア］を起動すると、最初に表示される3D画像は図118中のように白い部分が強調された状態です。

ツールバーの左端に用意されている■ツールを操作すると図118下のように高い（白い）CT値の部分が強調されて骨の様子がより浮き上がってみえてきます。

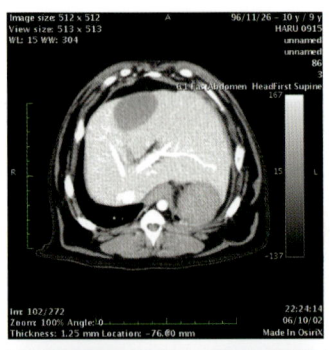

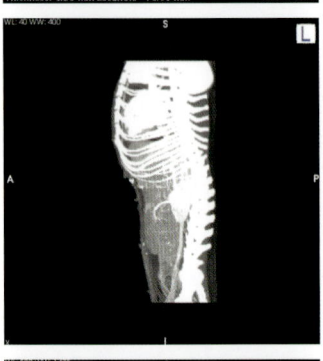

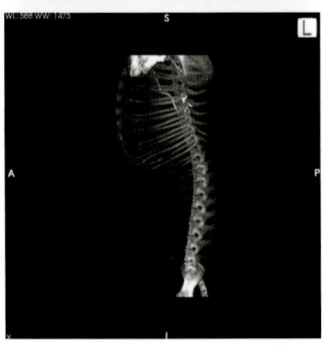

図118

［3Dプリセット］で設定を選ぶとさまざまな表現を行うことができますが、最後に使った設定が次に起動するときの設定として記憶されたままになります（もちろん起動後に変更することができます）。

S6-3：3D VRモード

取り込んだデータのボクセル単位の濃淡を「ボリュームデータ」といいますが、［ボリュームレンダリング：Volume rendering］では、画像を重ねておいてそれぞれのボクセルに存在するボリュームデータをそのまま（付加処理などをしないで）3次元画像として描画します。

図119上は、左の［3D MIP］モードの説明と同じ症例で、やはり［2Dビューア］の様子です。

ここから［3D VR］ビューアを起動しますと、前述のように1回だけ［3Dプリセット］がレンダリングオプションを聞いてきます。

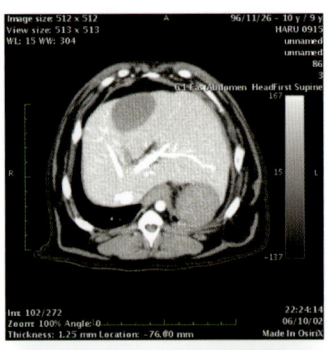

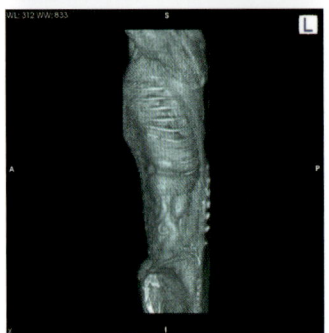

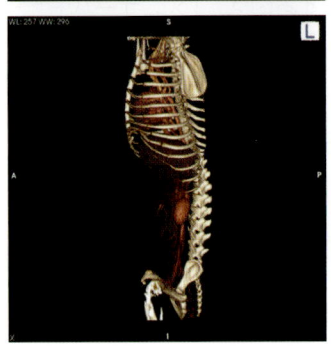

図119

［3D VR］処理は、奥行きがあってそのまま立体的にみえます。

図119中では、プリセットからPencilを、図119下では、プリセットのMild Contrastを選んでいますが、皮膚や臓器が分別表示されて、まるで直接体内を覗いているかのような情景が浮かび上がってきます。

S6-4：ビューアの機能

［3Dプリセット］の機能が充実したお陰で、ビューアに用意されている数々の機能はあまり使う必要がなくなってしまうかも知れないのですが、やはり微調整や新しい試みのためには、一応理解しておいていただきたい内容もあります。

● 画像の閲覧

3Dの各ビューアには、［2Dビューア］や［2DMPR］、［2D直交面MPR］などの2Dのビューアを操作するときのような［コマ送り/戻し］の機能は用意されていません。その代わり、3D画像を回転させて全体像をみることができます。

画像の回転は、OsiriXの標準の環境設定により表示後3分で自動的に始まります（自動回転をさせない設定の方法は次で説明します）が、すぐに画像を回転させて観察したい場合は、キーボードの［Space］キーを押すと回転が始まります（もう1回［Space］キーを押すと停止します）。

また、パソコンのマウスにホイールが装備されている場合は、それを前後方向に回すことで、3D画像を手動で回転させることができます。

● 回転の停止

［3Dビューア］が表示されてしばらくすると、「画像が勝手に回っている」ということがあると思います。ただみているだけであればそれでも楽しい？ のですが、これからいろいろな処理を行いたい場合などは、少し静かにしていてもらいたい機能です。これを最初から動かないようにするには、［メニューバー］－［OsiriX］－［環境設定］－［3D］を開いて、ウインドウ下段の［3DMIP/VRビューアウインドウが表示されてから3分後に画像を自動回転］の項に付いているチェックを外してください。

● 描画レベル

図120

図120は、ツールバーの中頃にある［描画レベル］と［最高画質］アイコンです。

［描画レベル］のつまみを［粗い］方へ移動すると、文字どおり画質が粗く、［精細］の方へ移動するとやはり文字どおり精細な描画となります。

［最高画質］では、さらに画質が向上します。CPUやメモリーに余力のないパソコンの場合は、レベルを粗めにしておくと速度を稼ぐことができますが、最近のMacは［精細］でも十分実用的です。

● 表示方向

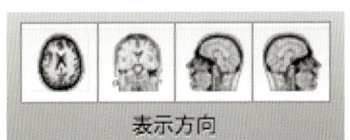

［表示方向］は、画像の表示方向を変更できるアイコンです。

一見［2Dビューア］の［方位］アイコンに似ていますが、こちらは画像処理の再計算なしで（すぐに）3次元の画像を指定した方向で表示します。なお、この機能は［メニューバー］－［3Dビューア］からも操作できます。

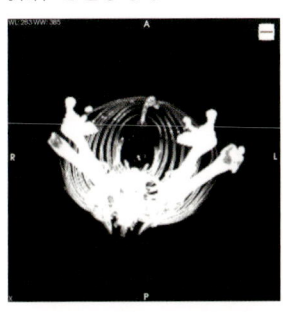

このとき体軸が正確な方向を示していなかったり、胸骨と脊椎のラインが上下で揃っていなかったりするのは撮影時の体位がそのまま反映されるからです。体軸とCT装置の位置関係でずれが生じていることになります。

厳密な位置で表示したい場合は、［マウスボタン機能］から［回転］や［移動］を使って修正してください。

この機能は、新バージョンになってツールバーから消えてしまいましたが、一発で方向を変えてみることができる有能なアイコンだと思いますので、是非使っていただきたいと思います。

ツールバーにアイコンを追加する方法は、起動したビューアに表示されている画像上で、マウスの右ボタンを押すと表示される［コンテクストメニュー］から［ツールバーをカスタマイズ］を選びツールバーにアイコンをドラッグして移動します（図121）。

［軸位面］
［冠状面］
［左矢状面］
［右矢状面］
図121

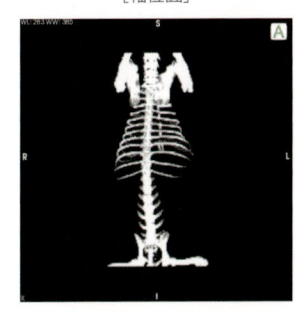

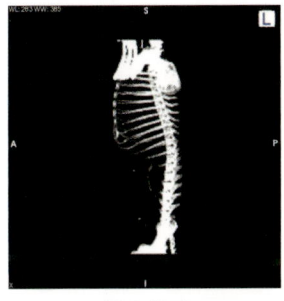

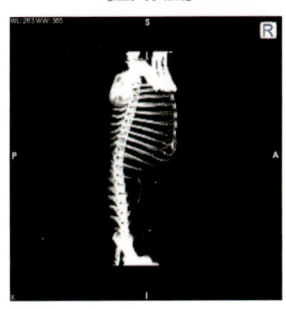

● WL/WW & CLUT & 不透明度

　　　　　　　　　　　　　　　［WL/WW］と
　　　　　　　　　　　　　　［CLUT］の機能や
　　　　　　　　　　　　　　設定に関しては、
　　　　　　　　　　　　　　これまでのビュー
　　　　　　　　　　　　　　アのところで説明
した内容と同じです。

● マウスボタン機能

これまでのビューアで使用してきた［マウスボタン機能］に、新しく４種類のアイコンが加わっています。
［ＲＯＩツール］は、反対にリストラされて２種類だけになりました。新しいアイコンのみ解説します。

［焦点を中心にして回転］

　　　　　　　このアイコンの名前は、［焦点を中心にして回転］といいますが、画面上に表示した３Ｄ画像を３次元回転させることができるアイコンです。

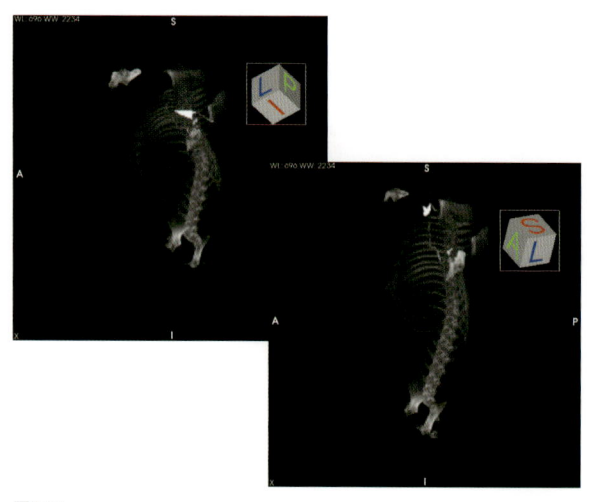

図122

このアイコンを選択し、（マウスボタンを押しながら）ビューア上でマウスを移動させると、画像をいろいろな方向に回転させることができます。
　例えば、マウスポインタを左右に動かすと画像が左右に回転、上下に動かすと［矢状面］や［冠状面］方向の画像が軸位面の方向へ回転します。斜め方向へ移動させると全体が斜位になり、斜め前や斜め後ろなどがみえてきます。このように方向を変えて観察することができるわけです。

ビューアの周囲各辺の真ん中には、アルファベットで位置方向が示されますが、透過した骨の状態をみているときなど、上下や前後が不覚で方向音痴になってしまうこともあります。
　このとき、ビューアの右上に表示されている四角いアイコン（キューブアイコン）が役に立ちます。
　画像上でマウスを操作すると、画像の動きに合わせて［キューブアイコン］も表示が変化します。
　図122左は斜位ですが、頭部が上に腹部が斜め左に、左側が斜め右に向いています。
　図122右は同じ斜位ですが、頭部が奥、腰が手前で、左側は斜め左位置になります
　このとき、［キューブアイコン］に書かれているアルファベットは体の方向を意味します。

　　［A：Anterior］は腹側
　　［P：Posterior］は背側
　　［L：Left］は左側
　　［R：Right］は右側
　　［S：Superiour］は頭側
　　［I：Inferior］は尾側です。

ビューアに表示されている画像と［キューブアイコン］の方位表示は常に一致しますので、これを頼りに画像を回転させると間違いが起きにくい…(^＿^;)。
　ＣＴ装置で症例の撮影をするとき、取り込み時に保定位置の前後・左右の方向を設定する手続きがあるのですが、かかわったいくつかの症例でこの段階での設定が間違っていたデータがありました。その場合は、ここで表示される方位からの情報が間違ってしまうことになりますので撮影時には注意が必要です。

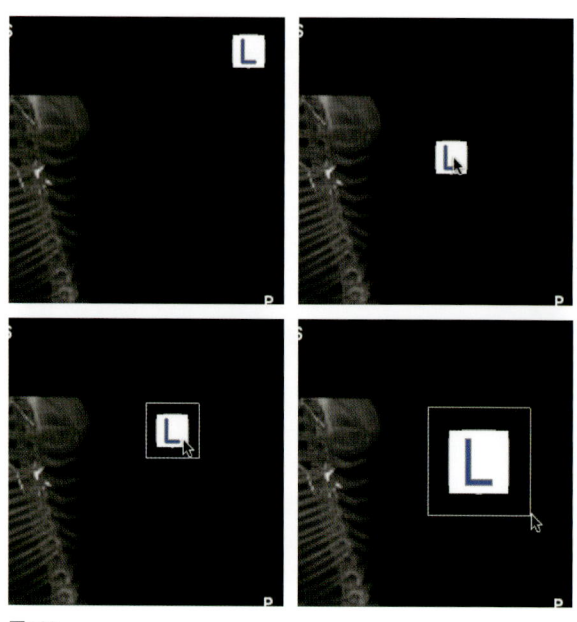

図123

［キューブアイコン］は、マウスでドラッグすると移動することができます（図123）。

　また、アイコン上でマウスの右ボタンをクリックすると、マウスポインタが虫眼鏡の形に変わり、そのまま少しマウスポインタを動かすと、アイコンの周囲に白色の線枠が表示されます（図123左下）。

　次に、線枠の端をマウスの左ボタンでドラッグして広げるとアイコンの大きさを変更することができます（図123右下）。なお、白色の線枠は、線枠の上にマウスポインタを乗せて右ボタンを押しながら線枠の外へずらすと消えます。

　「［キューブアイコン］はいらない！」という場合は、［ツールバー］の［方位］アイコンで［表示/非表示］を切り替えることができます。

［カメラを回転］

　画像を回転させる機能は前と同じですが、［カメラを回転］アイコンといいます。

　前述の［焦点を中心にして回転］は、自分の位置（目）が固定されていて相手（検体）が移動します。手に持った物体を下げたり、上げたり、ひっくり返したりしてみる感じです。

　この［カメラを回転］を操作する場合は、こちら側（私たちです）が移動して相手（検体）を観察する感じです。例えば、自動車をみるときに私たちが周りを回りながらみている状態に近いといえます。

　いずれにしても「そのようにみえる」感じを掴んでもらえればよいのですが、どの場合にどちらを使うかは経験を積む必要があるように思いますし、どちらを操作しても同じアングルをみることができます。

　また、［キューブアイコン］も同じように動作します。

［3Dはさみ］：アイコンははさみの形をしています。

　画像の中の不要な部分や特定の部位を切除することができます。3Dと言われる所以は、平面を切り取るのではなく奥行きを含めて切除することができるからです。図124の一連の図は不要な部分の除去例です。

　図124左上の図は、脊柱のあたりに意味不明な異物がみられます。これは［冠状面］画像です。

　図124右上の図は、同じものを［右矢状面］でみたものです。椎体の後ろに縦線状の異物がみえます（実は撮影時に患者を保定するための緩衝材です）。これが邪魔をしていたために、体軸の中央部の情報が十分に得られなくなっていたわけです。

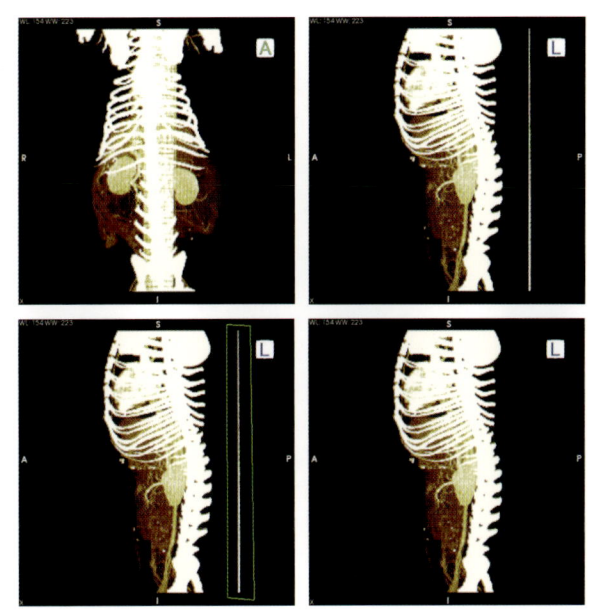

図124

　そこで［3Dはさみ］アイコンを使って、この邪魔者を排除するべく切除範囲を設定しているのが図124左下の図です。

　切り取りたい部分をマウスの左ボタンでクリックしながら範囲を設定していきます。切り取り範囲が決まったら、キーボードの［Delete］キーを押して選択範囲を削除します（図124右下）。

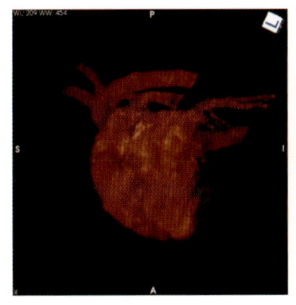

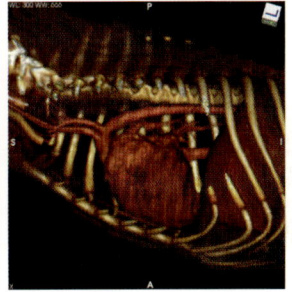

図125

　図124の例は異物ですが、体内の器官や臓器を対象にこの操作を行うと、特定の臓器を単独で切り出すようなことも可能になります（図125左）。

　図125右は、体側の一部を削除していますが、肋骨の部分が抜けて心臓や血管が良好に観察できています。

　ただし、画像の手前側から設定した削除範囲はその奥全部も削除対象になってしまいます。3D画像は、表示全体はソーセージような形で、実態と周囲の空間を含めて円柱状になっていますので、選択した部分を横からズボッと切り取ってしまうと、奥側の大事な部分が消えてしまうこともあるわけです。

　このアイコンを使って範囲設定をし、画像の一部を消去する場合、キーボードの［Delete］キーを使うと

選択範囲の中が、[Return]キーを使うと選択範囲の外が消去されます。選択した状態をキャンセルするには[Esc]キーです。また、一旦切り取ってしまった部分は、[メニューバー]-[編集]-[取り消し]から1回だけ元に戻すことができます。

画像のリセット

　画像にはいろいろな変更を加えることができますが、1つずつ元に戻すのは面倒です。とにかく、「位置を最初の状態に戻したい」ときは[メニューバー]-[3Dビューア]-[初期表示にリセット]のコマンドを使います。このとき、事前に画像に施した[移動]や[ズーム]、[回転]などの変更は元に戻りますが、[WL/WW]や[CLUT]のアイコンを使って加えた変更は維持されます。
　同じ場所に[シリーズを復帰]というコマンドがありますが、こちらは[3Dはさみ]や[骨除去]アイコンによる切除や削除の変更も元に戻すことができます（やはり、こちらも[WL/WW]や[CLUT]の変更は戻すことができません）。
　[WL/WW]や[CLUT]を戻すあるいは変更する場合は、それぞれのメニューから初期の設定を選んでください。

[骨除去]：アイコンは髑髏の形をしています。マウスポインタを乗せると表示されるコンテクストでは「取り除きたい骨部をクリック」というアナウンスが出ますが、これは[骨除去]アイコンという名前です。

このアイコンは、範囲の設定のような事前の手続きは必要なく、画像の骨の部分をクリックすると、その部分を選択的に除去することができます。

あくまでもCT値を頼りに計算しますので、確かに骨を指定したのに「これは骨じゃない！」といわれてしまうこともありますし、1本の肋骨を削除しようとしたのに「周辺の数本や脊椎も消えた」ということも起こります。本来はターゲットの器官や臓器の周囲から骨の部分を除去するためのツールです。

図126左上の様子が元の状態です。[骨除去]アイコンを選択して肋骨の1本を選んでクリックしました。

「骨除去を適用中」の表示の後（図126右上）数本の肋骨と椎骨の一部が除去されました（図126左下）。

このように、選択した部分が1本の骨であってもCT値が連続していると、まとめて消去されてしまうこともあります。

丁寧に骨除去を繰り返すと、ほとんど骨のない内臓

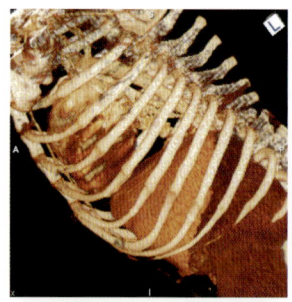

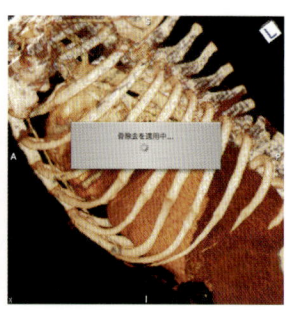

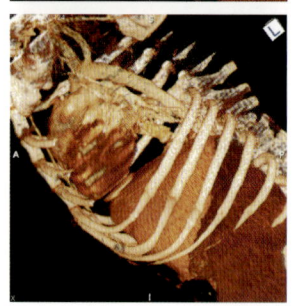

図126

だけの状態を作り出すこともできます（図127）。
　なお、ここで加えた画像への変更は[メニューバー]-[編集]-[取り消し]から元に戻すことができます。

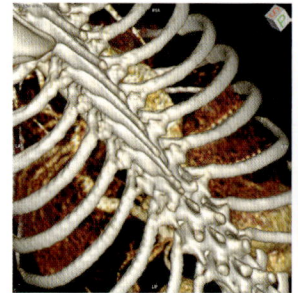

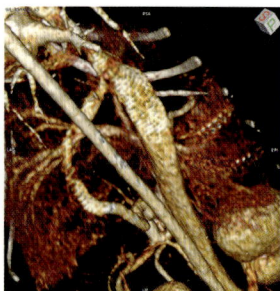

図127

[裁断]

裁断アイコンは、アイコンにマウスポインタを合わせると「裁断キューブを表示・操作する」というコンテクストが出るもので、ビューアに表示されている画像を裁断することができます。

アイコンを選択すると、ビューアには真ん中に緑色の点の付いた6面体が表示されます。この緑色の点をマウスでドラッグして動かすと、その面を移動することができます。移動できる方向は、対象に対して近づけるか遠ざけるかの2方向です。例えば、図128上左の例を使って体側左側の緑の点を掴んで体に寄せていくと図128上右のように6面体からはみ出した部分が透明化して抜けてみえます。図128下左は上面を縮めています。図128下右は、後部から縮めています。それぞれ線枠からはみ出した部分が消えています。

108　OsiriX Manual

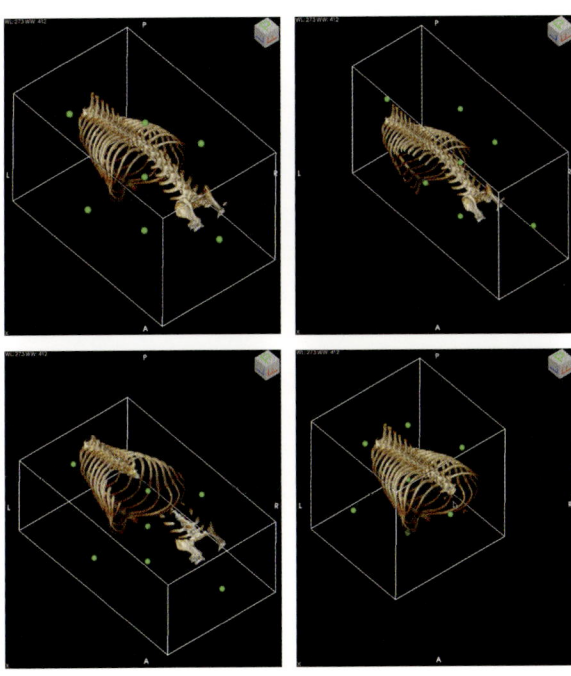

図128

　これを実際に応用したのが次の例です。図129は肺野における腫瘤を、図130は鼻鏡および眼瞼における腫瘍性増殖を［２Ｄビューア：左側図］および［３ＤＶＲビューア：右側図］にて表示した状態です。

　２Ｄと３Ｄの画像位置はほぼ同じ場所を抽出しています。設定や角度を変えて表示すると、同じ場所でも様子を変えてみることができます。体側から邪魔な部分をバッサリ切り取って、奥側や内部にある隠れた部分を描出するのに［骨除去］アイコンは大変有用なツールであるということです。

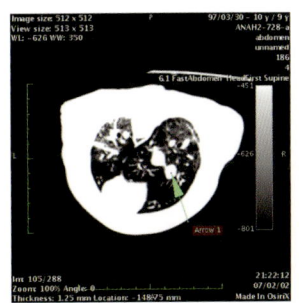

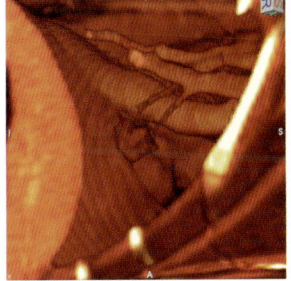

図129

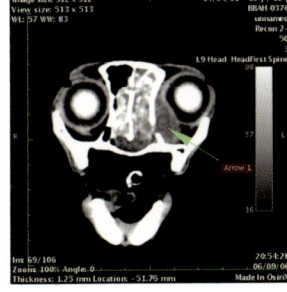

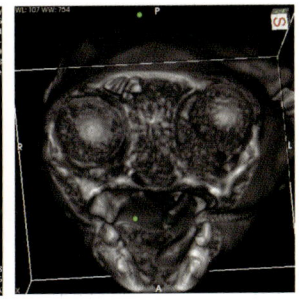

図130

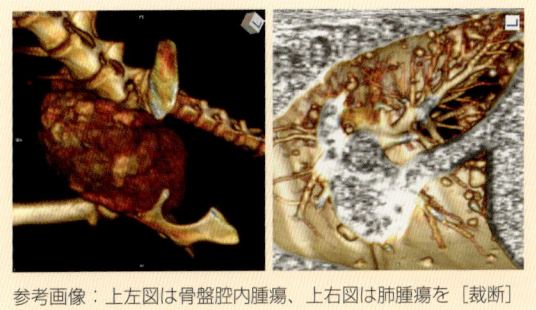

参考画像：上左図は骨盤腔内腫瘍、上右図は肺腫瘍を［裁断］処理で描き出したものです。

　このように、［３ＤＭＩＰビューア］や［３ＤＶＲビューア］はより視覚的な情報を提供することができます。最近は学術報告などでこのタイプの画像が提供されることが多く、視聴する方にとってもわかりやすく理解度も向上していると思われます。もちろん、この情報をインフォームド・コンセントとして用いる場合にも大変有能なツールです。

　なお、このビューアでみえる画像は、実際の病態と相違がある場合があります。その理由は、ほとんどのＣＴ撮影は［スライス画像］を1.25～2.5mmの間隔で撮影しており、その厚さから得られるボクセルの色は、厚さの中に含まれる色温度の平均値であるため、この厚さの中にどのようなものがあってもボクセルの色としては１色に統一されてしまいますので、その中にある変化までは抽出できないということと、このサイズの情報を元に描出される画像は、当然厳密な形状までを再現できるものではないということです。これさえ理解していれば、このビューアを利用するについて躊躇する理由などありません。

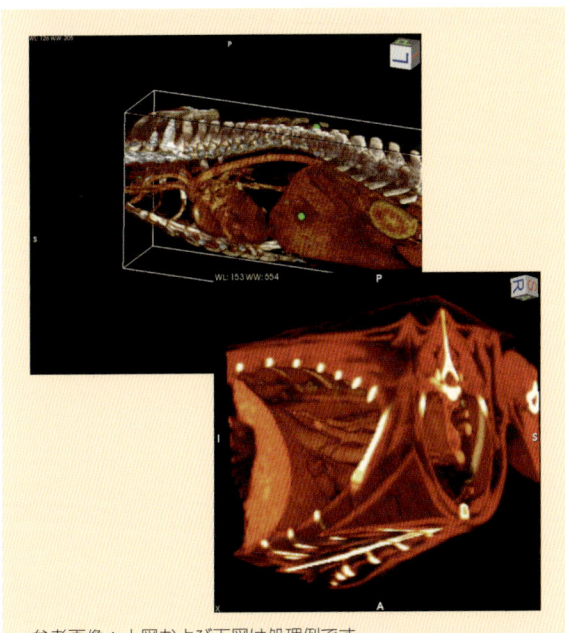

参考画像：上図および下図は処理例です。

OsiriX Manual　109

S6-5：３Ｄサーフェスレンダリング
3D Surface rendering

● 概要

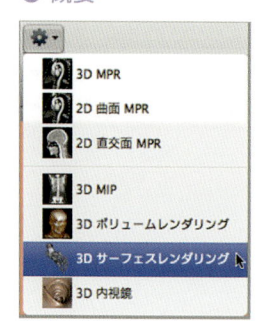

　連続する［スライス画像］で、特定の領域が前後方向に連なっている（例えば、皮膚や骨あるいは胃や気管など空洞が存在する器官）部分を連続して［ＲＯＩツール］で選択し、その領域が実際はどのような形をしているのか、表面的な造形を抽出してみようというのが、この［３Ｄサーフェスレンダリングビューア］です（図131は、実際の観察例です）。

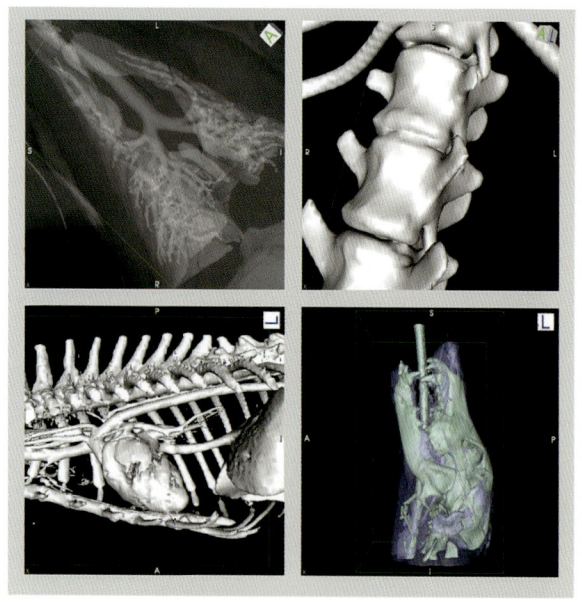

図131

　少しややこしいのですが、おもにほかの部位とは少し色（ＣＴ値）に隔たりがある部分、例えば「胃腔」のように［ＣＴ値］が体の中のほかの部分より際立って低い場所などの例がよく紹介されます。
　サーフェスレンダリングを行う元の［シリーズ］は、まず［２Ｄビューア］で表示し［２Ｄ/３Ｄ］アイコンのメニューから起動します。

● リージョングローイング

　まず、特定の部分に［ＲＯＩ］を設置する作業です。
　例として用意したのは、図132です。緑色にみえる部分は「胃」です。この画像の前後方向に空洞として取り込まれています。この選択を前後方向へ重ねていって空洞の全体像を抽出しようというわけです。

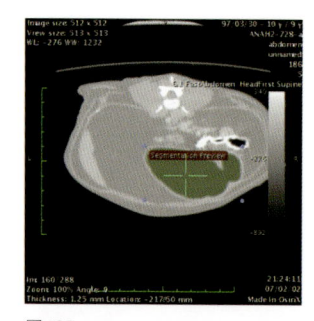

図132

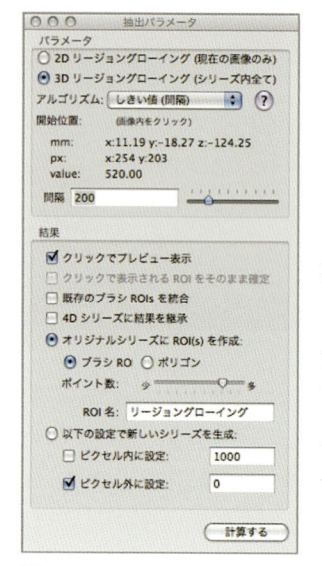

図133

　このような場合は、［ツールバー］の［ＲＯＩツール］から［Closed Polygon］を使って１枚ずつ選択範囲を作っていきます。画像が進めば先細りの状態になる空洞ですから、それぞれの［スライス画像］に合わせて微調整を行う必要があります。
　でも、これを１枚１枚［ＲＯＩツール］で設置していくのは並大抵の作業ではありません。
　そこでお助けツールの登場です。［２Ｄビューア］を表示した状態で［メニューバー］から［ＲＯＩ］-［リージョングローイング］を選んでください。
　このツールは、前後方向に連なった（指定したＣＴ値の範囲にある）領域をまとめて選択することができます。効果としては［ＲＯＩツール：Closed Polygon］で選択した領域を［ＲＯＩツール：ブラシ］で塗りつぶした状態です。
　メニューから［リージョングローイング］を選ぶと、［抽出パラメータウインドウ］が開きます（図133）。ここでは特定の部分の［ＣＴ値］を設定して、選択領域を設置することができます。ウインドウの［アルゴリズム］の項に４種類のカテゴリーがあり、カテゴリーを選択後［間隔］の項目に数値を入れることで取り込み範囲を指定することができます。
　画像上をマウスでクリックすると、ＣＴ値が［Value］の数字として表示されますので、その数字を元に間隔を入力するのが基本です。図133のパラメータでは、［しきい値（間隔）］の［value］が［520］となっており［間隔］に［200］を入力しています。こうすると［320〜720］までのＣＴ値を持つ近隣のボクセルが選択されて選択範囲が示されます。間隔の数字を調整すると選択範囲を変更することができます。
　この状態から［計算する］ボタンを押すと、前後の［スライス画像］に領域が選択されていきます。
　この画像を捲ってみると、胃の空洞は［シリーズ］

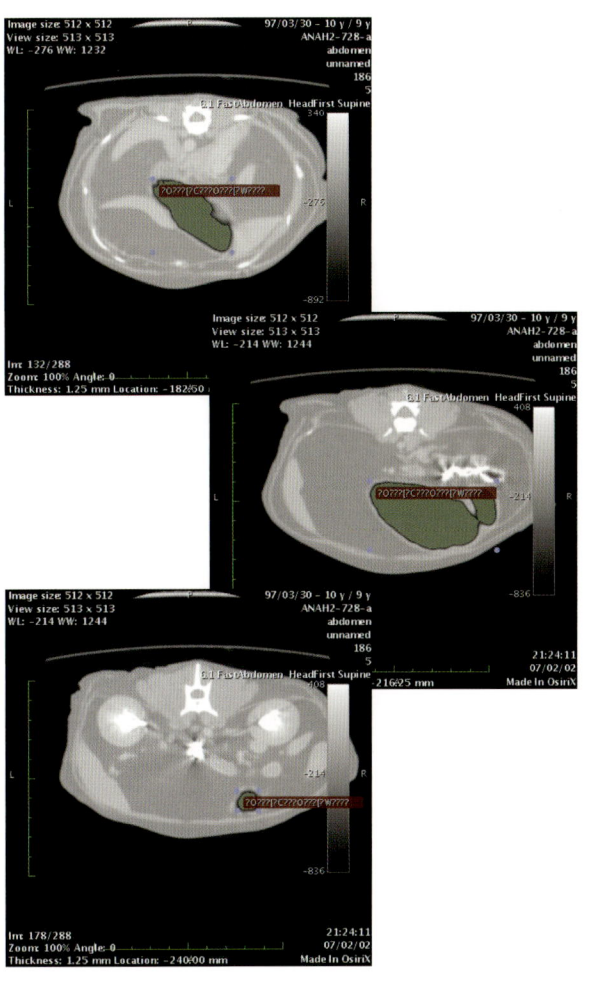

図134

の124枚目から179枚目まで存在しました。図134上は132枚目、図134中は159枚目、図134下はほぼ終了の178枚目です。それぞれの領域で胃の輪郭がきちんと選択されています。

やはり、これを1枚ずつ設置していたのでは、文字どおり日が暮れてしまいます。

領域の確保はこれで終了です。

リージョングローイングを使う場合

リージョングローイングのアルゴリズムメニューには、[しきい値（間隔）]、[しきい値（上限/下限）]、[隣接]、[信頼区間] の4種類のカテゴリーがあります。通常は、[しきい値（間隔）]で用が足ります（本文に書いたとおりです）。

[しきい値上限/下限)] は、選択する領域に含まれるＣＴ値の上限と下限を入力して範囲を選択する方法ですが、[value]でＣＴ値を確認しながら数値を試入力する必要があります。

また、この場合は抽出パラメータの1番上の入力項目の [3Dリージョングローイング（シリーズ内全て)]にチェックが入っている必要があります。

● 3Dサーフェスレンダリングビューア

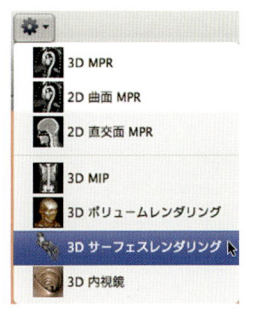

設置したＲＯＩを選択した（表題が赤い）状態で[ツールバー]の[2D/3D]アイコンのメニューから[3Dサーフェスレンダリング]を指定します。

[サーフェス設定ウインドウ]（図135）が現れますが、この場合はそのまま[OK]を押して次に進みます。

図135

通常の状態で読み込んだ[3Dサーフェスレンダリングビューア]が開きます（図136）。

次に、ツールバーから[3Ｄ ＲＯＩ マネージャ]を起動します（図136右）。

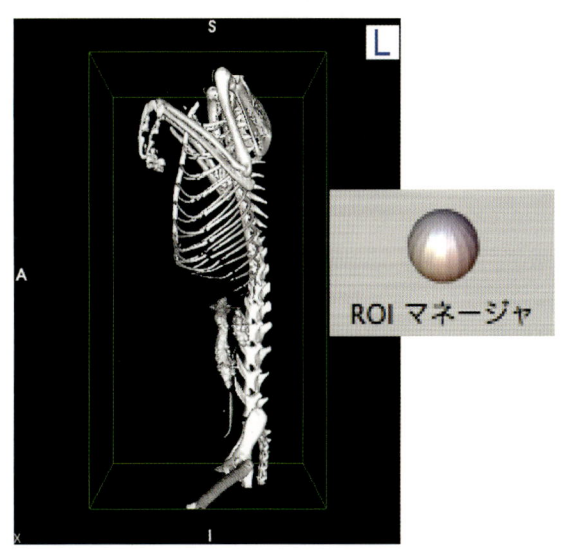

図136

ＲＯＩ名［グローイング‥］という項目の左側にあるチェックボックスを[On]にしてください（図137）。

OsiriX Manual 111

図137

計算の結果です（図138）。

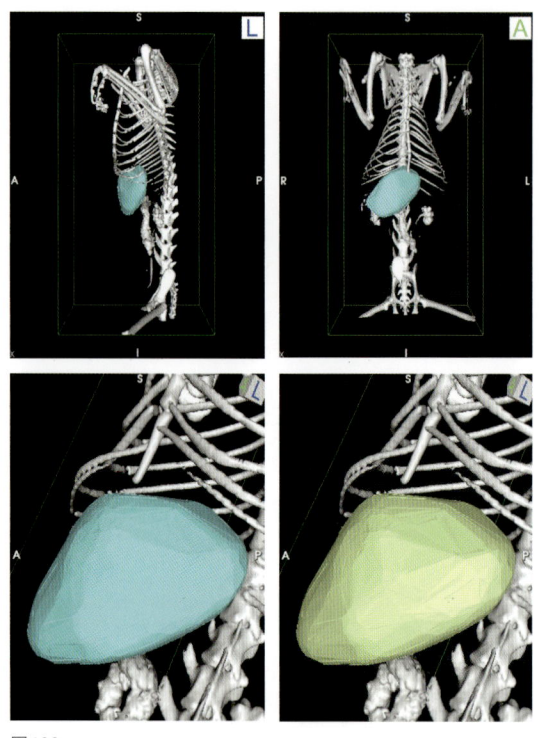

図138

さきほど［ＲＯＩツール］で選択した部分が全てまとめられて、表面の形状が描画されました（ここで抽出された場所はすべて「胃」です）。色の設定のバーを調節すると、表示色と透明度も変更できます。

このビューアは、［サーフェス設定ウインドウ］の［透過度］を調整する、とレンダリングされた［ＲＯＩ］設置範囲以外の部分を透過させてみることもできます（110ページ、図131を参照）。

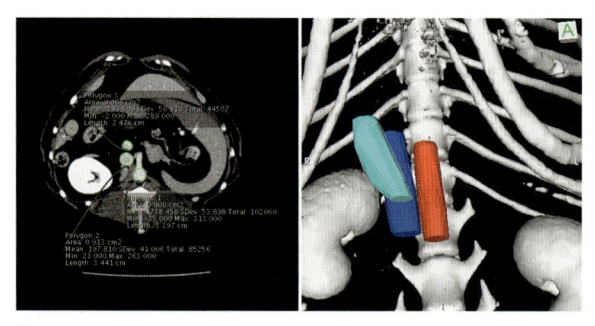

図139

図139は別の例ですが、血管を抽出しています。色の設定を変えて判りやすい像を作ることができます。

サーフェスレンダリングの操作

- マウスボタン機能の［ズーム］、［回転］、［移動］などのアイコンで画像の位置を調整することができます。
- ［ＲＯＩ］は、［ポインタ］のみ装備されています。
- ［方位］アイコンは、［方位キューブ］と［画像四辺中央部の方位アルファベット］の［表示/非表示］を選択できます。
- ［表示方向］は、［３ＤＶＲビューア］の場合（106ページ）と同じです。
- ［立体視］は、映画やテレビで流行の３Ｄ画像を表示（プリントも）できますが、専用のメガネが必要です。
- とりあえず最初の状態に戻したいときは、［メニューバー］-［３Ｄビューア］-［初期表示にリセット］です。

S6-6：３Ｄ内視鏡

● 概要

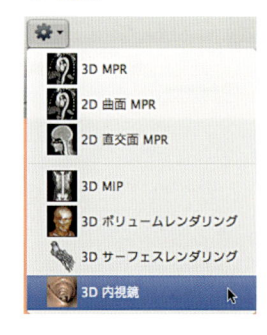

名前は「内視鏡」ですが、それに近いものがみえるという機能で、基本的にはＭＰＲビューアと３Ｄ処理を組み合わせたものと考えてよいと思います。

おもに管腔臓器の空洞部分を描出するための計算法で、３Ｄ画像の中心部はタイトに、外側に向けてワイドな描出法になっています。図140は、［２Ｄビューア］から［シリーズ］を呼び込んだ状態です。上段２枚と下段左側は［２Ｄ］の表示、右下のウインドウが［３Ｄ］

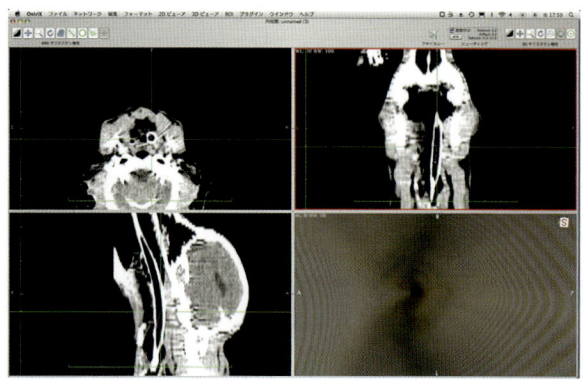

図140

112　OsiriX Manual

の表示です。

　図例は、気管挿管をしたチューブの中です。意味はないのですが（＾＿＾；）、わかりやすい管腔ですので利用してみました。

　図140の様子を具体的にみると、ビューア左上のウインドウには読み込まれた症例の［軸位面］の様子が、右上のウインドウには［冠状面］の様子が、そして左下のウインドウには［矢状面］様子が表示されています。まさに２Ｄ直交面ＭＰＲビューアの様子そのものです。

　ビューア右下のウインドウが３Ｄの画像ですが、チューブ内の様子です。

　年輪のようにみえるのは［スライス画像］が連なって処理されている様子です。

　図141左はビューアの上段左側の、図141中はビューア上段右側の、図141右はビューア下段左側の表示位置を示すポインタの状態です。

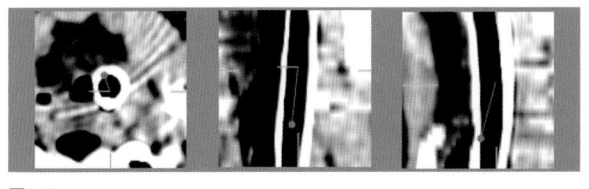

図141

　図142は、ビューア左下位置の［矢状面］のウインドウの様子です。図中の［緑色の十字線］の真ん中が現在のポイント位置です。ポイント位置はツールバーの［断面の移動］アイコン（図143左）をマウスボタンに機能付けし、画像上の任意の場所をクリックすると、その位置に直接ジャンプします。

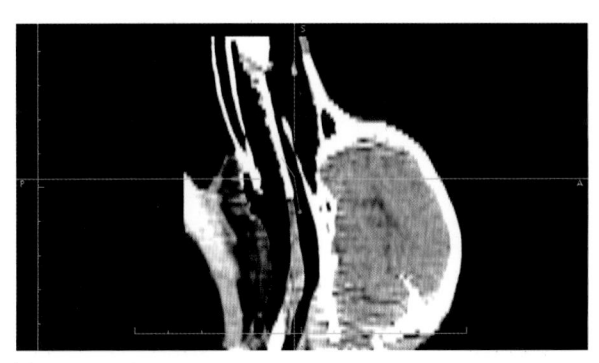

図142

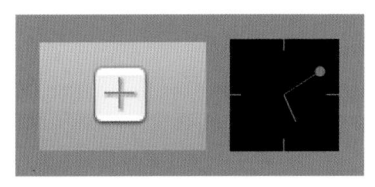

図143　［緑色の十字線］の中央部にある虫ピンのようなものが正確なポイント位置で、ピンク色の線が視点の方向［アイポイント］を指しています（図143右）。

　［緑色の十字線］の位置と［アイポイント］は、マウスボタンでドラッグして、移動させたり回転させたりすることができます。それに伴って、ほかのウインドウの画像にも変化が出ます。また同時に［３Ｄ］の画像も変化します。

　図142では、ポイント位置が上顎洞にありますが、［アイポイント（ピンクの点）］は奥を向いています。これから奥へ向かって先をみながら進んでいく形になります。反対に［アイポイント］が鼻鏡方向を向いている場合は、奥へ向かって進んで行っても画像としては後ろをみながら（奥に）進んでいく見え方になります（必ずしも進行方向を示しているわけではないということです）。実際の様子で説明します。

　図144は、挿管チューブ内を奥に向かってみています。ピンクのポイントはチューブの奥に向いています。奥にみえる穴は気管の中へ繋がっています。

　図145は、同じ位置ですが、ピンクのポイントが外向きになっています。同じようにみえる挿管チューブの絵ですが、穴の向うにみえるのは外界です。

　それぞれのウインドウで［２Ｄ］の画像を［コマ送り/戻し］を行うにはマウスのホイールを使います。キーボードからは［End/Home］キーを使って同じ作業を行えます。この状態で奥に向かって表示位置を進めると、外をみながら後ずさっていく様子になるわけです。このとき、ある程度のところまで侵入すると「その先が曲がっていて進めない！」という状態になります。以下に［実例］で説明します。

● 実際の操作

　紙面の都合で［矢状面］と［３Ｄ画像］のウインドウのみを載せていますが、実際は管腔が３次元で折れ曲がりますので、（３面）全ての［２Ｄ画像］をみながら操作していくことになります。

1　鼻咽頭道の入り口位置にポインタがあります。奥をみていて向こう側（奥）が下に向けて下がっています。右側の［３Ｄ画像］でも同じようにみえます（下側の明るい部分は上口蓋、上は前蝶形骨です。図146）。

2　もう少し奥へ進めます（マウスホイールをゆっくり回しています）。これは上の画像のまままっすぐ先に進めた状態ですが、上口蓋の奥（咽頭鼻部）は下に向かって下がっているのでこうみえます。このままつっこむ（ホイール操作だけで進める）と、上側の黒いホールへ向けて突き抜けてしまい

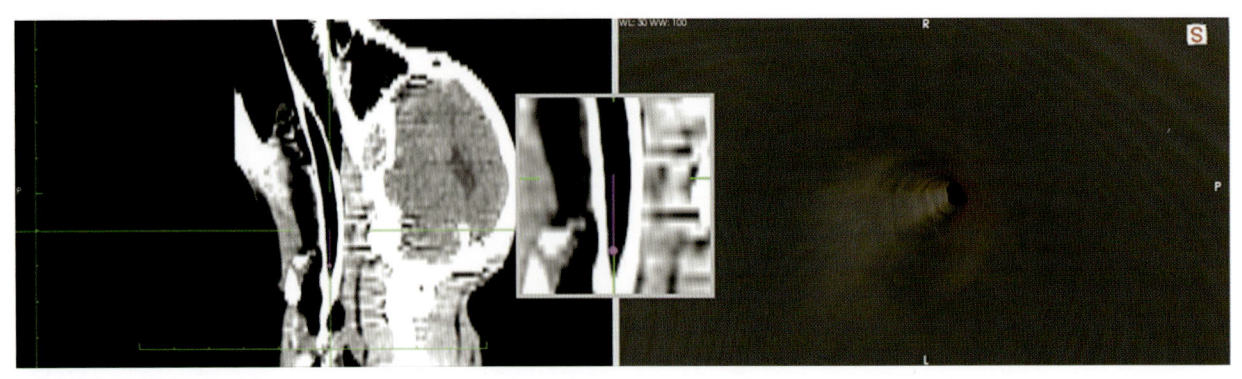

図 144

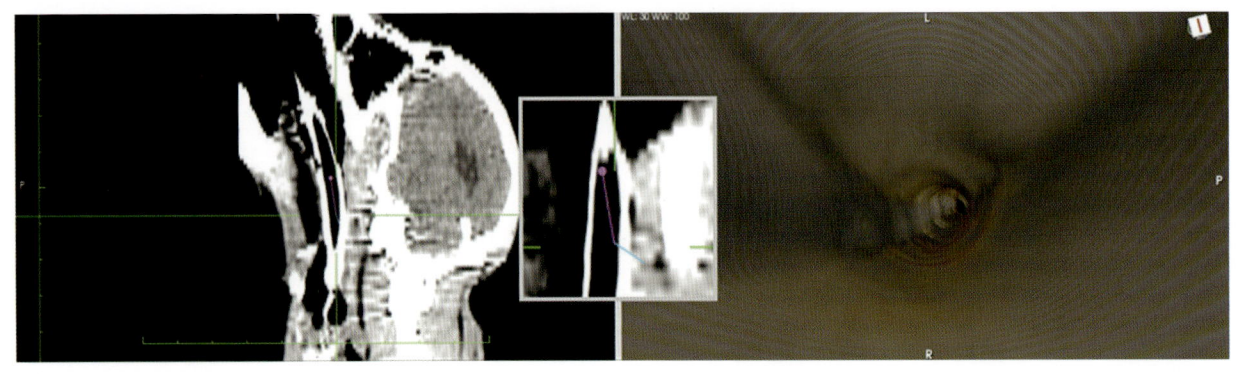

図 145

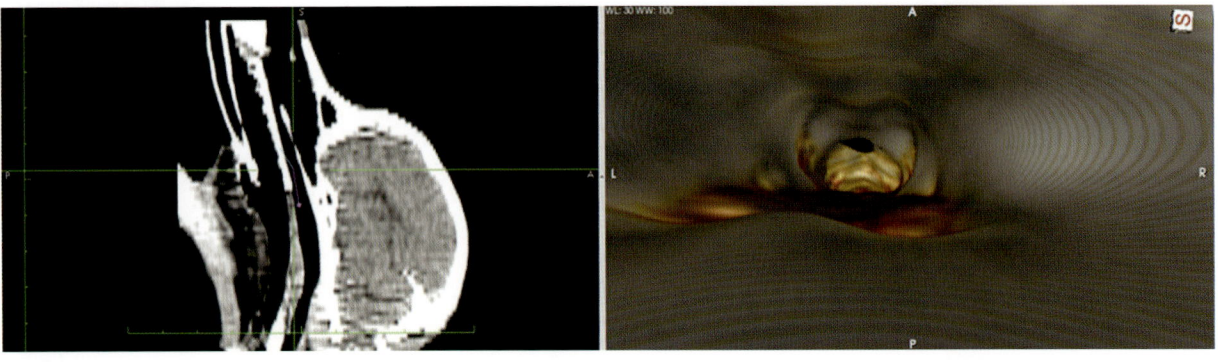

図 146

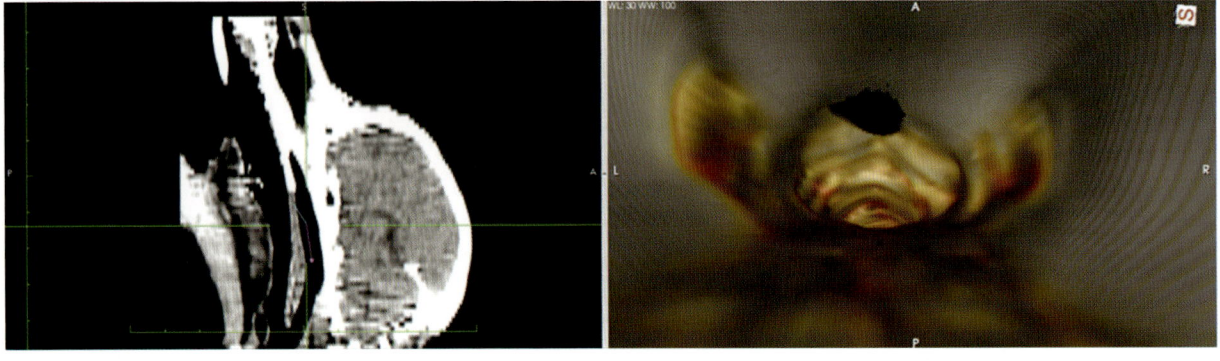

図 147

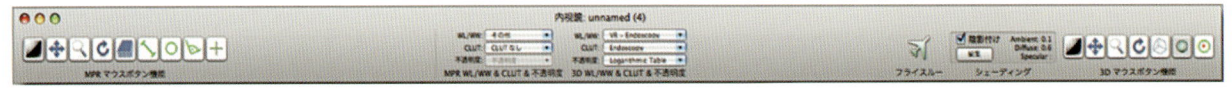

図 148

114　OsiriX Manual

ます（図147）。

3 ここで、テクニックを使います。

図148は、［ツールバー］の様子です。ほかのビューアとは少し様子が違っていて、これまでは［マウスボタン機能］として紹介した機能アイコン群が左右2ヵ所に用意されています。左側のアイコン群は［ＭＰＲマウスボタン機能］、右側のアイコン群は［３Ｄマウスボタン機能］という名前が付けられています。このアイコン群はそれぞれ違うウインドウに対して機能します。左側の[ＭＰＲ]は、上段の2面と下段左側のそれぞれの［２Ｄウインドウ］を担当して画像に修正を加えることができます。一方、右側の［３Ｄ］の方は、下段右側の［３Ｄウインドウ］にのみ機能が限定されます。どちらのアイコンを選択しても、そのグループが対応するウインドウの機能としてマウスボタンに割り付けられます。急場のテクニックは、右側の方のアイコン群を使って「行き詰まった」事態を打開します。

これ以上進むと突き抜けるという場合は少し手前で前進を止め、まず ⬤ アイコンを使って画像を少し動かしてみます。これは[カメラを回転]という名前のアイコンですが、機能を選んでからマウスを［３Ｄ画像］上でゆっくり動かすと、先にみえている様子が少しずつ変化して移動します。動きに慣れるのに少しコツがいりますが、おおむねマウスポインタを移動した方向とは逆の方向へ画像が動きます（頭で考えた方向とも逆？）。この場合 ⬢ アイコンも同じように相手の方向を変えることができるのですが、こちらは動きが急で最初から使うことはお薦めできません。⬤ でおおざっぱな位置を修正し、次に ⬢ アイコンで「グッ」と方向を定めるとうまくいきます。

実際の操作ですが、これから進む方向をビューアの中心に据える、というのは言葉では簡単ですが、いざやってみるとなかなかうまくいきません。ちょっとしたゲーム感覚ですが、何度か試しているうちにすぐに慣れて上手にできるようになると思います。向こう側がみえるようになっても、ウインドウの端に寄ってしまったら、✥ アイコンで真ん中に修正してください。変な方を向いてしまったら ↻ や ⬤ アイコンです。

このビューアの使い方の大事なことは、操作系を大きく（たくさん）動かしすぎないことです。さもないと、画像がみえなくなってしまったり、画面が全く別の場所に飛んでしまったりします。

図149では、奥斜め下に降りてゆく通路がみえます。こうなったらまた前に進みます。

4 微調整をしながら進む方向をなるべくビューアの中央部に合わせてゆっくり前に進みます（図150）。

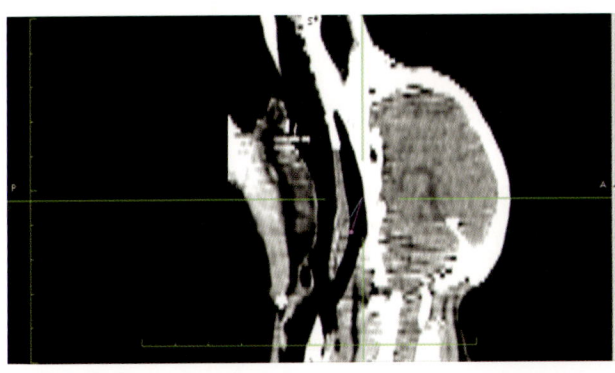

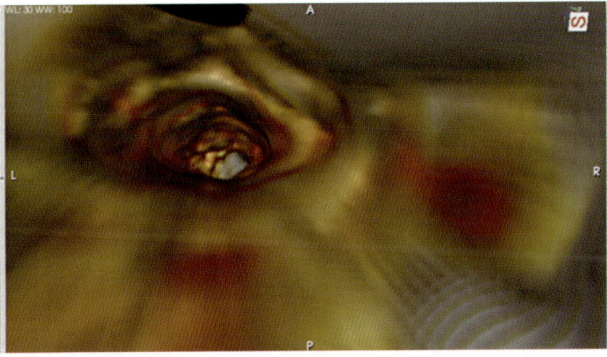

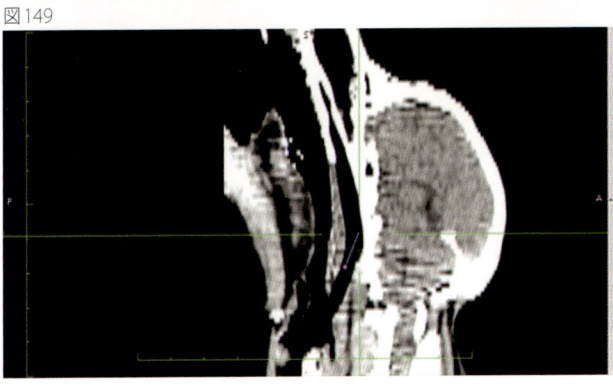

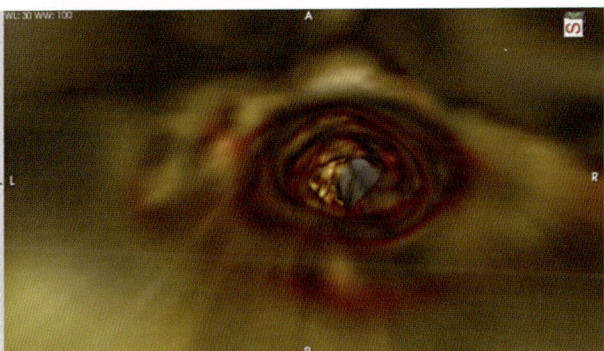

図149

図150

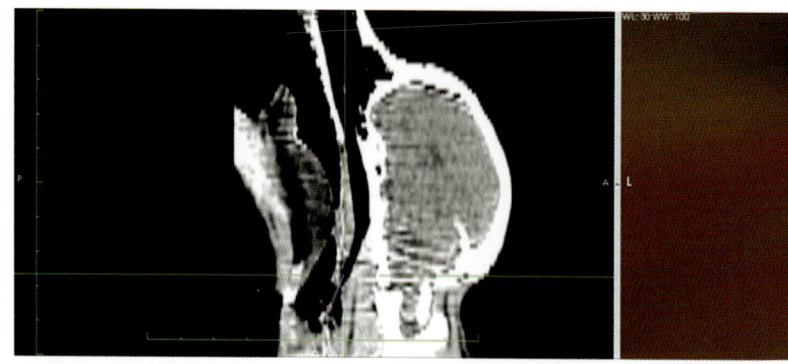

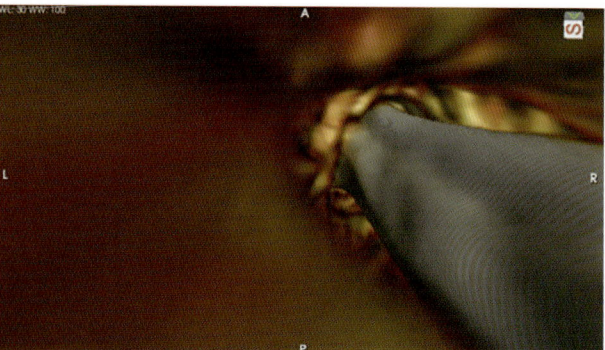

図151

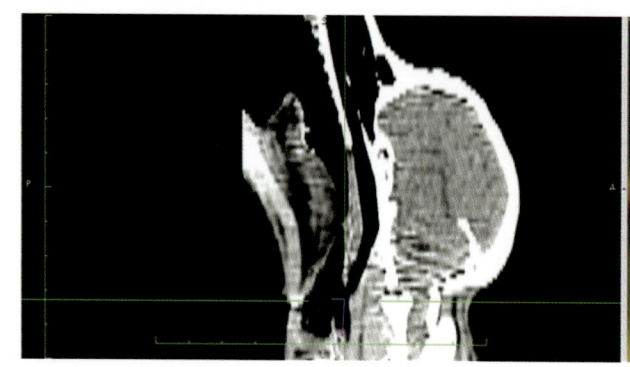

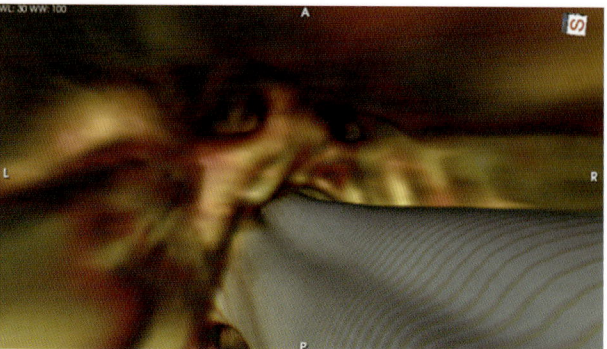

図152

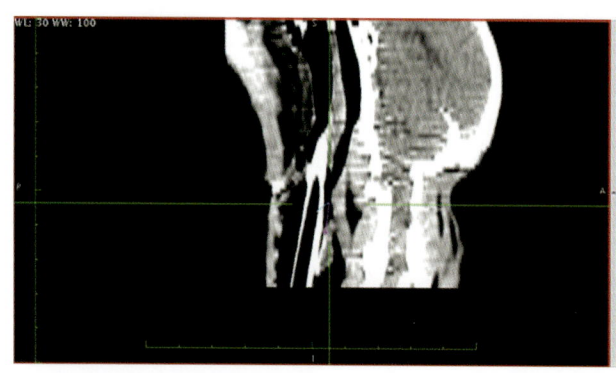

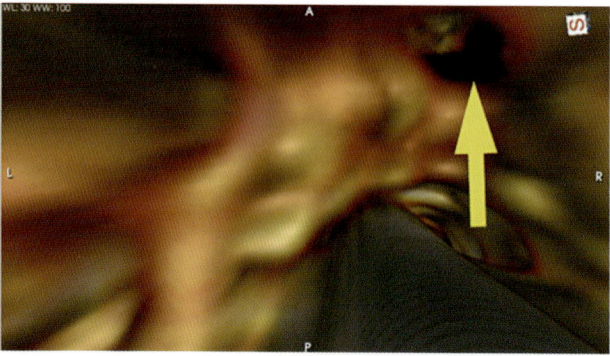

図153

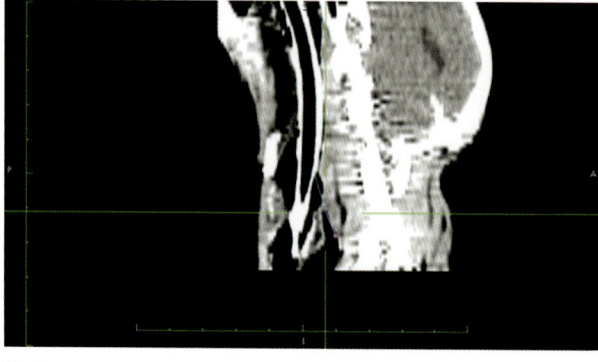

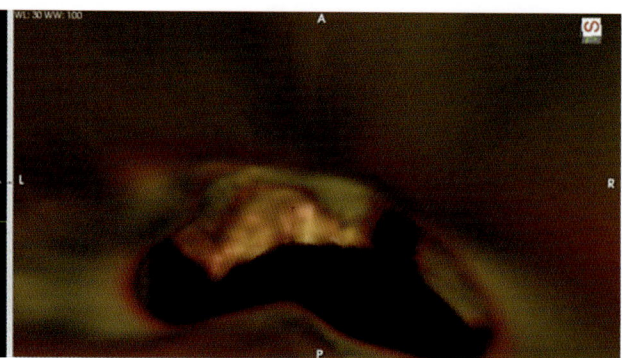

図154

5　図151は、口蓋喉頭部に出たところです。右側にみえるのは口腔内からきた挿管チューブです。右手前から中央奥に向けて挿管されているのがわかります。ここから「明るくみえている」方へ向けて進行方向を調整します。

6　ゆっくり進めると、そのまま喉頭部に出ます。少し前に進めて右側をみると、食道への入り口がみえてきます（図152）。

7 図153の右には気管と挿管チューブとの隙間がみえます。画像の右上に食道への入り口（黄色矢印）があります。

8 今回の症例では撮影時の取り込み範囲が限定されていて、この先は「スライス画像がない！」ために追跡は終了です。図154左の［矢状断面ウインドウ］の［アイポイント］は食道まで達しています（胃までいけたらよかったですが）。「今どこにいるのか？」は、左側の［矢状断面ウインドウ］が教えてくれます。今回のように背側と腹側の湾曲のみの場合は、［矢状断面］のみでもここまで侵入することができましたが、場所によって進路が体側に対して左右方向にも湾曲している場合は、位置情報を［冠状面ウインドウ］からも得る必要があります。

優秀なビューアですが問題もあります。ＣＴ撮影されたものなら「どの部分でも」再現できるわけではないということです。このことは、前項の［サーフェスレンダリング］の場合でもそうですが、なんとかうまくいきそうな状況でもそこに有効な空間がなければ成り立たないレンダリングだからです。とくに、計算で成り立つ画像処理ですから「みえそう」でも「みえない」ということがあるのです。

終わりに

「３Ｄ」処理は・・・というご意見もあろうかと思いますが、先入観に支配されずに「少しでもわかりやすい状況が読めるなら、使う！」というスタンスで活用していけば、必ずよい結果に結びつくだろうと考えています。

そのためには、「これで判った！」とか「この部分は利用できる！」という検索操作をたくさん積み重ねて実績を作るしかないと思っていますので、多くの先生方にこのプログラム（OsiriX）をご活用いただいて、有効な診断資料を作る操作方法が得られた症例の解析情報や操作法のノウハウをご提供いただいて、全体として画像診断の経験値と信頼性が上がっていけばよいと思っています。

最後になりましたが、当初は「横浜動物ＣＴセンターの会員向けマニュアル」として作成した本書を、さまざまな方面にお声をかけていただき、熱心に発刊にまでこぎ着けてくださった小野隆之先生に、症例集の執筆のみならずすべての症例の編集を一手に引き受け見事に仕上げてくださった酒井秀夫先生に、ただでさえ日々の診察でお忙しい中で熱心に症例集の執筆に携わってくださった、新井弦、住谷和宣、松倉源太郎、峰崎央、森下圭、吉池正喜（アイウエオ順に掲載させていただきました）の諸先生方に、つたない文章のしつこい校正にも手間を惜しまずご協力いただいたアニマル・メディア社の清水嘉照さんとスタッフの皆様に、そして動物病院の先生と主婦と母親の３重苦にもかかわらず延々と誤字、脱字の検出と文脈の修正につきあってくれたわが女房殿に、心より感謝申し上げる次第であります。

私の、無知と経験不足の代償が関係者の皆様に多大なご迷惑をおかけすることになってしまいませんように…。

御子柴（祈）

索 引

【あ】
アイポイント ……………………………… 113、117
赤色の線枠 ………………………… 77、78、80、96
アルバムとソース ……………………………… 12
胃癌 ………………………………………… 60、63
インストール …………………………………… 71
Window level ………………………………… 67
Window width ………………………………… 67
ウインドウサイズ調整 ………………………… 76
HU ……………………………………………… 67
ＳＲ（Surface rendering）…………………… 50
ＭＩＰ（Maximum intensity projection）… 28、36
ＭＰＲ（Maltiplanar reformaton）………… 19
Endキー ………………………………………… 74
オープンソースプログラム …………………… 71
同じスタディの中から複数のシリーズを表示する …… 17

【か】
回転の停止 …………………………………… 105
課金 ……………………………………………… 71
角度 ……………………………………………… 65
角度の測定 …………………………………… 66
仮想内視鏡 …………………………………… 60
画像のリセット ……………………………… 108
カメラを回転 ………………………………… 107
眼球突出 ……………………………………… 45
肝硬変 ………………………………………… 14
肝細胞癌 …………………………………… 13、32
関心領域（ＲＯＩ：Region of interest）… 65、88
キー画像 ……………………………… 17、18、80
黄色の線枠 ………………………………… 18、80
気管支 ……………………………………… 36、38
気管支炎 ……………………………………… 38
気管支拡張症 ………………………………… 38
気管支鏡検査 ………………………………… 39
気管支喘息 …………………………………… 38
気管支肺炎 …………………………………… 37
気管内異物 …………………………………… 38
起動（OsiriX）………………………………… 71
　　（２Ｄビューア）………………………… 75
キューブアイコン …………………………… 106
CLUT …………………………………………… 82
経気管支肺生検 ……………………………… 39
計算の結果 ………………………………… 112
検索の文言 …………………………………… 12
甲状腺癌 ……………………………………… 56
骨除去 ……………………………………… 67、108
骨折 …………………………………………… 50
骨盤腔内腫瘍（軟骨肉腫）………………… 57
異なるスタディから複数のシリーズを選択・表示する　17
コマ送り/戻し ………… 76、78、87、97、105、113
コントラスト ………………………………… 85

【さ】
サーフェス設定ウインドウ ………………… 111
細気管支 ……………………………………… 38
最高画質 …………………………………… 105
最小値投影（MinIP）……………… 36、83、101
最大値投影（MIP）………………… 28、83、101
裁断 ………………………………………… 59、108
Soundex アルゴリズム ……………………… 12
左心房拡張 …………………………………… 14
サムネイル ………………………………… 9、74
三次元ＭＰＲ（３ＤＭＰＲ）………………… 43
ＣＴ gastrography …………………………… 60
ＣＴ値 ………………………………… 36、38、67
時間差で撮ったシリーズを比べる …………… 48
仕切り位置 …………………………………… 75
歯根膿瘍 ……………………………………… 43
シックネス …………………………………… 85
自動再生 ……………………………………… 75
終了（OsiriX）………………………………… 72
　　（２Ｄビューア）………………………… 76
シリーズ ……………………………………… 74
白色の線枠 ………………………………… 106
Thick Slab ……………… 5、35、40、83、98、101
ズーム ………………………………………… 86
スケールのつまみ …………………………… 40
スタディ ……………………………………… 74
スマートアルバム ………………………… 9、12
スライスID完全一致 ………………………… 78
スライスID相対一致 ………………………… 78
スライス位置-絶対位置 ……………………… 78
スライス画像 ……………………………… 40、76
３ＤＭＰＲ …………………………………… 43
３ＤＶＲモード …………………………… 104
３ＤＭＩＰビューア ……………………… 103
３ＤＭＩＰモード ………………………… 104
３Ｄオパシティー（透過）………………… 56、57
３Ｄカット（裁断）………………………… 54
３Ｄサーフェスレンダリング …………… 110
３Ｄサーフェスレンダリングビューア …… 111
３Ｄ処理 …………………………………… 103
３Ｄ透過処理 ………………………………… 59
３Ｄ内視鏡 ……………………………… 60、112
３Ｄはさみ ……………………………… 53、69、107
３Ｄプリセットアイコン ………………… 103
３Ｄボリュームレンダリングビューア …… 103
脊髄造影 ……………………………………… 23

【た】
ダイコム（DICOM）………………………… 102
体積の測定 ………………………………… 65、69
ダウンロード ………………………………… 71
WL ……………………………………………… 67
WL/WW ……………………………………… 80、85
WW ……………………………………………… 67
WL/WW & CLUT …………………… 97、99、106
断面の移動アイコン ……………………… 113
断面の移動ツール …………………………… 27

椎間板ヘルニア……………………………………… 21
椎骨心臓サイズ……………………………………… 65
２ＤＭＰＲビューア………………………………… 98
２ＤＯ-ＭＰＲ ……………………………………… 27
２Ｄ局面ＭＰＲ ……………………………………102
２Ｄ多断面再構成処理……………………………… 96
２Ｄ直交面ＭＰＲビューア…………………… 27、96
２Ｄ直交面多断面再構成…………………………… 96
２Ｄビューア………………………………………… 13
ツールバー…………………………………… 72、76
データ管理……………………………………………… 9
データベースウィンドウ…………………………… 72
同一の症例をＭｉｎＩＰで比べる………………… 41
動画…………………………………………………… 87
動作環境……………………………………………… 71
髑髏…………………………………………………108
Dock ………………………………………………… 72
取り除きたい骨部をクリック………………………108

【な】
軟骨肉腫……………………………………………… 57
Norberg angel ……………………………………… 66

【は】
肺炎…………………………………………… 36、37、38
肺癌…………………………………………………… 38
肺腫瘍………………………………………………… 38
Hounsfield unit（HU）……………………………… 67
はさみツール………………………………… 67、69
鼻腔内異物…………………………………………… 19
ビューア……………………………………………… 76
描画レベル…………………………………………105
ファイルをコピー…………………………………… 73
ＶＨＳ（Vertbral heart size）……………………… 65
腹腔内腫瘤…………………………………………… 23
複数の症例のデータを比べる……………………… 42
複数のシリーズを読み込む………………………… 77
複数のファイルを選択……………………………… 79
複数ビューア………………………………………… 13
Fly-thru……………………………………………… 60
ブラウズアイコン…………………………………… 76
フリーソフトウェア………………………………… 71
プリセット…………………………………… 59、80
振り分け……………………………………………… 9
プレビューウインドウ……………………………… 72
プレビューリスト…………………………… 72、76
平均………………………………………… 83、101
片側椎弓切除………………………………………… 23
方位…………………………………………………… 79
方位アイコン………………………………………… 40
Homeキー …………………………………………… 74
ホットキー…………………………………………… 85
ＶＲ（Volume rendering）………………… 54、83、101

【ま】
マウススクロールホイールを反転………………… 77
マウスボタン機能…………………………… 84、106

マウスボタン機能：焦点を中心にして回転………106
マウスを使わない方法……………………… 86、87
Maximum intensity projection（MIP）…………… 28
Multiplanar reformation（MPR）………………… 19
慢性鼻炎様症状……………………………………… 19
緑色の十字線………………………………… 97、113
緑色の点の付いた６面体…………………………108
ＭｉｎＩＰ（Minimum intensity projection）
……………………………………… 36、37、38、39
メニューバー………………………………… 72、76
面積の測定………………………………… 65、66、68
モード………………………………………………… 83
門脈体循環シャント………………………… 16、28、57

【や】
読み込みアイコン…………………………………… 73
読み込み操作………………………………………… 73

【ら】
リージョングローイング………………… 95、110、111
リンクをコピー……………………………………… 73
リンパ球性胃炎……………………………………… 61
レンダリングモード………………………………103
ＲＯＩ（Region of interest）………………………… 65
ＲＯＩツール………………………………………… 88
　　　移動…………………………………………… 89
　　　鉛筆…………………………………………… 92
　　　Open Polygon ……………………………… 91
　　　角度…………………………………………… 90
　　　カラー………………………………………… 89
　　　矩形…………………………………………… 90
　　　Closed Polygon ……………………………… 91
　　　図形の修正…………………………………… 88
　　　図形の訂正…………………………………… 88
　　　体積…………………………………… 65、66
　　　楕円形………………………………………… 91
　　　テキスト……………………………………… 91
　　　長さ………………………………… 65、68、90
　　　表題…………………………………………… 88
　　　ブラシ………………………………………… 92
　　　ポイント……………………………………… 92
　　　面積…………………………………… 65、66
　　　矢印…………………………………………… 91
　　　Repulsor ……………………………………… 92
　　　ＲＯＩ-Ｉｎｆｏ …………………………… 89
ＲＯＩの削除………………………………………… 94
ＲＯＩの抽出………………………………………… 67
ＲＯＩの保存………………………………………… 94
ローカルデータベース（L.D.Bウインドウ）ウインドウ
……………………………………………… 17、72

<編・著者 紹介>

横浜動物ＣＴセンター（ＤＶＭｓ動物病院グループ）

　横浜を中心とした開業獣医師が、日々の診療に活用できるようＣＴを共同購入し、検査および運営を行っている医療機関。ＤＶＭｓ動物病院グループにおいて、夜間診療を行う「横浜夜間動物病院」、専門医療を提供する「動物二次診療センター」と共同施設内にあり、連携するとともに、ＣＴ検査を通して地域の小動物診療に貢献している。現在50病院以上の会員により運営されている。

http://www.yokohama-dvms.com/

獣医師のための 実践 OsiriX マニュアル （CD-R版マニュアル付）

2010年11月20日　初版第1刷　発行

- ●編・著者　　　　　　横浜動物ＣＴセンター
- ●監修者　　　　　　　藤原玲奈
- ●発行者　　　　　　　清水嘉照
- ●発行所　　　　　　　株式会社アニマル・メディア社
  　〒113-0034　東京都文京区湯島2-12-5　湯島ビルド3Ｆ
  　TEL 03-3818-8501
  　FAX 03-3818-8502
  　http://www.animalmedia.co.jp
- ●表紙・本文デザイン　森　義治（株式会社文昇堂）
- ●印刷・製本　　　　　株式会社文昇堂

© 横浜動物ＣＴセンター　　Printed in Japan

ISBN　978-4-901071-20-8

本書の無断複製・転載は禁じます。
本書の定価は、裏表紙に記載してあります。製作には十分に注意しておりますが、万一、乱丁、落丁などの不良品がありましたら、小社あてにお送りください。送料小社負担にてお取り替えいたします。